彩图 1-1 自乌菲齐美术馆望西纳瑞亚广场上
的老钟塔

彩图 1-2 乌菲齐美术馆临阿尔诺河畔外观

彩图 1-3 柏林老博物馆

彩图 1-4　纽约古根海姆美术馆扩建后外观

彩图 1-5　南通博物苑南馆外景

彩图 1-6 成都华西协合大学博物馆和图书馆外观(旧址现状)

彩图 1-7 成都华西协合大学博物馆和图书馆大厅顶部的环廊、屋架、天窗(旧址现状)

彩图 1-8 成都华西协合大学博物馆和图书馆局部外观(旧址现状)

彩图 1-9　甲午海战纪念馆外观

彩图 1-10　山东省交通学院汽车博物馆外观

建筑设计指导丛书

博物馆建筑设计

清华大学　邹瑚莹　王　路　祁　斌

中国建筑工业出版社

图书在版编目 (CIP) 数据

博物馆建筑设计/邹瑚莹等.—北京:中国建筑工业
出版社,2002 (2022.3重印)
（建筑设计指导丛书）
ISBN 978-7-112-05068-0

Ⅰ.博…　Ⅱ.邹…　Ⅲ.博物馆-建筑设计
Ⅳ.TU242.5

中国版本图书馆 CIP 数据核字 (2002) 第 022015 号

博物馆是一个国家经济发展水平、社会文明程度的重要标志。近年来,由于我国经济的高速发展,博物馆的建设也正在形成新中国成立以来的第二个高潮。

本书在深入研究博物馆建筑的文化性、艺术性以及功能要求的基础上,从博物馆建筑的特点出发,通过对国内外大量优秀博物馆建筑设计实例的剖析,探讨设计博物馆建筑的方法。主要内容包括:博物馆的定义、职能与分类,博物馆建筑的选址、建筑设计创意与构思的途径,博物馆建筑的基本组成、功能与流线,博物馆建筑的总体布局、陈列区的平面设计、空间设计、光环境设计,博物馆的陈列展示、建筑造型设计、扩建设计及 55 个国内外经典实例。

全书图文并茂,内容讲解深入浅出,透彻明了,可作为高等院校建筑学专业设计课教材或相关专业的参考书,也可供建筑设计研究人员、博物馆管理和基建管理人员阅读参考。

＊　　＊　　＊

责任编辑:王玉容

建筑设计指导丛书

博物馆建筑设计

清华大学　邹瑚莹　王　路　祁　斌

＊

中国建筑工业出版社出版、发行（北京西郊百万庄）
各地新华书店、建筑书店经销
廊坊市海涛印刷有限公司印刷

＊

开本:880×1230毫米　1/16　印张:21¼　插页:34　字数:663千字
2002年9月第一版　　2022年3月第十六次印刷
定价:**91.00**元
ISBN 978-7-112-05068-0
(10595)

版权所有　翻印必究
如有印装质量问题,可寄本社退换
(邮政编码 100037)

出版者的话

　　"建筑设计课"是一门实践性很强的课程,它是建筑学专业学生在校期间学习的核心课程。"建筑设计"是政策、技术和艺术等的综合体现,是学生毕业后必须具备的工作技能。但学生在校学习期间,不可能对所有的建筑进行设计,只能在学习建筑设计的基本理论和方法的基础上,针对一些具有代表性的类型进行训练,并遵循从小到大,从简到繁的认识规律,逐步扩大与加深建筑设计知识和能力的培养和锻炼。

　　学生非常重视建筑设计课的学习,但目前缺少配合建筑设计课同步进行的学习资料,为了满足广大学生的需求,丰富课堂教学,我们组织编写了一套《建筑设计指导丛书》。它目前有:

《建筑设计入门》 《小品建筑设计》
《幼儿园建筑设计》 《中小学建筑设计》
《餐饮建筑设计》 《别墅建筑设计》
《城市住宅设计》 《现代旅馆建筑设计》
《居住区规划设计》 《休闲娱乐建筑设计》
《山地城镇规划设计》 《现代图书馆建筑设计》
《博物馆建筑设计》 《交通建筑设计》
《现代医院建筑设计》 《现代剧场设计》
《体育建筑设计》 《场地设计》
《现代商场建筑设计》 《乡土建筑设计》
《快题设计方法》

　　这套丛书均由我国高等学校具有丰富教学经验和长期进行工程实践的作者编写,其中有些是教研组、教学小组等集体完成的,或集体教学成果的总结,凝结着集体的智慧和劳动。

　　这套丛书内容主要包括:基本的理论知识、设计要点、功能分析及设计步骤等;评析讲解经典范例;介绍国内外优秀的工程实例。其力求理论与实践结合,提高实用性和可操作性,反映和汲取国内外近年来的有关学科发展的新观念、新技术,尽量体现时代脉搏。

　　本丛书可作为在校学生建筑设计课教材、教学参考书及培训教材;对建筑师、工程技术人员及工程管理人员均有参考价值。

　　这套丛书将陆续与广大读者见面,借此,向曾经关心和帮助过这套丛书出版工作的所有老师和朋友致以衷心的感谢和敬意。特别要感谢建筑学专业指导委员会的热情支持,感谢有关学校院系领导的直接关怀与帮助。尤其要感谢各位撰编老师们所作的奉献和努力。

　　本套丛书会存在不少缺点和不足,甚至差错。真诚希望有关专家、学者及广大读者给予批评、指正,以便我们在重印或再版中不断修正和完善。

前　言

　　博物馆是一个国家经济发展水平,社会文明程度的重要标志。英国学者,自由主义作家肯尼斯·赫德林认为,"博物馆不再被认为仅仅是保管一个国家文化和自然遗产的宝库或代理人,而是最广泛意义上的强有力的教育手段"。正因为这样,我国许多博物馆已作为精神文明的教育基地。近年来,由于我国经济的高速发展,博物馆的建设也正在形成新中国成立以来的第二个高潮。

　　从建筑设计的角度来看,在我国新一轮的博物馆建筑创作中,那种构思平庸,形象呆板,内部空间单调的状况正在改变。尽管如此,但与世界上许多优秀的博物馆建筑相比,仍然存在着不少差距。

　　国际上许多优秀的建筑师,正是在博物馆建筑设计的创作中留下了杰出的建筑艺术瑰宝,为人类的建筑史增添了光灿的一页。如赖特设计的纽约古根海姆美术馆,路易·康设计的金贝尔艺术博物馆,贝聿铭设计的美国国家美术馆东馆和巴黎卢浮宫的扩建,皮阿诺设计的曼尼尔博物馆,盖瑞设计的毕尔巴鄂古根海姆美术馆等。在这些作品中,他们创造了新的建筑观念和理论,展示了新的建筑风格,作出了独特的建树。

　　博物馆建筑的文化性、艺术性,以及它那较为宽松的功能限制,为建筑设计提供了较为理想的创作环境。从这一点上说,博物馆建筑也是学生学习建筑设计最好的设计课题。通过博物馆的建筑设计,在训练学生理解与把握建筑的创意与构思;建筑的造型;建筑的内部空间以及处理建筑与环境的关系上,都有积极的作用。尤其在发挥青年学生的创造性,提高学生的设计能力上,更是一个不可多得的设计课题。

　　本书在深入研究博物馆建筑的文化性、艺术性以及功能要求的基础上,从博物馆建筑的特点出发,通过对国内外大量优秀博物馆建筑设计实例的剖析,探讨设计博物馆建筑的方法。但是,任何事物都是在不断发展的,因此,学生通过博物馆建筑课题的学习,最重要的是学习设计建筑的思想与方法。

　　在本书写作过程中,关肇邺、张锦秋、何镜堂、赵炳时、栗德祥、高冀生、朱文一、沈三陵、刘力、徐舫、周卫华、韩林飞、贾东东、薛恩伦、李虎、包泡、王静等为本书提供了部分相片,在此仅表示谢意。

　　本书各章编写人员

　　第1章至第12章　　邹瑚莹

　　实例01至实例30　　邹瑚莹

　　实例31至实例46　　王　路

　　实例47至实例55　　祁　斌

邹瑚莹

2002.2. 于清华大学

目 录

第一章　博物馆建筑概述

　　博物馆是人类文化遗产与自然遗产的宝库，是展示人类文明的橱窗，也是对公众进行文化普及的机构。在一定意义上，博物馆是一个国家经济发展水平、社会文明程度的重要标志。它对提高国民文化素质，促进国家科学技术发展起着积极的推动作用。

　　博物馆的这种职能，赋予它崇高的社会使命，也使它具有深刻的文化内涵。正因为如此，博物馆建筑设计常常成为建筑师创新和实践设计理论的最好场所，也是建筑师展现设计才华、体现独特风格、创作建筑精品的最佳项目。所以，许多著名的建筑大师，如路易·康(Louis Kahn)、贝聿铭(I. M. Pei)、詹姆士·斯特林(James Stirling)、伦佐·皮阿诺(Renzo Piano)、弗兰克·盖瑞(Frank Gehry)等都是博物馆建筑的高产作家。许多著名的建筑大师都在博物馆建筑设计中作出了独特的建树。他们在博物馆建筑设计中所作的创造，不仅突破了旧的传统，甚至影响了建筑发展的方向，在建筑史上留下了光辉的篇章。

一、西方博物馆建筑的发展

　　博物馆最早的起源没有准确记载的日期。从语源上看，欧洲对博物馆所用的 museum 一词，是从 muse (缪斯)发展而来的。museum 原意指供奉缪斯女神的神殿。16 世纪欧洲文艺复兴以来，museum 一词也指大学校舍、礼堂和学者的书斋。大约 17 世纪以后，它才开始指藏品和收藏设施的总和，与现在用法大体一致，不过，现在所指的范畴比过去有所扩大。

　　博物馆起源于人类的收藏活动。公元前 5 世纪，建于雅典赫利孔山的特菲尔·奥林帕斯神殿里有一个收藏各种战利品的宝库，被看作是博物馆的滥觞[1]。其后，建于公元前 280 年的埃及亚历山大宫是古代最有名的博物馆，它是埃及学者的活动中心。但是，它们与现代意义的公共博物馆并不相同。现代意义的公共博物馆，是在文艺复兴时期私人收藏的基础上慢慢发展起来的。

　　在古代，文物、珍宝、美术品往往由王宫、神庙与权贵所收藏，没有专门收藏、展出这些物品的建筑。许多美术作品和稀世珍品常常保存在一些宫殿、修道院、教堂、大学和达官贵人的府邸里，并偶尔向上层社会少数人士展出，供其欣赏品玩。虽然这些与今天的公共博物馆不同，但其性质类似。文艺复兴时期，在意大利、法国和德国出现了一种"博物馆现象"，即常常在私人的房屋里展出一些藏品，而且，仅仅在有限的时间内向公众开放。

　　公元 1550 年意大利佛罗伦萨显赫一时的美狄奇家族(Medici Family)修建了一座供其办公用的建筑。其后二三百年间，美狄奇家族的成员将他们从世界各地搜集来的美术品不断存放在那里。后来，这座建筑专门用来收藏美术品，并逐渐发展成为世界上第一座专业美术馆，这就是"乌菲齐"(Uffizi)美术馆(图 1-1)。在意大利语中"乌菲齐"是办公厅的意思(文前彩图 1-1、1-2)。

---

[1]　(日)伊藤寿朗 森田恒之主编.博物馆概论(中国博物馆学会丛书).吉林省博物馆学会译.长春:吉林教育出版社,1986

英国牛津大学的阿什姆廉博物馆(Ashmolean Museum)1683年向公众开放，成为世界上第一座对外开放的公共博物馆。它是一座希腊文艺复兴时期风格的古典建筑(图1-2)。这座博物馆是收藏家阿什姆廉1675年将他的全部藏品捐献给他的母校牛津大学后建立的。它专门收集考古与艺术珍品，一方面为学校教学、科研服务，同时又向社会公众开放。

1753年英国政府收购了英国一位医生和自然科学家汉斯·斯龙爵士(Hans sloane)的藏品，这批藏品当时价值10万英镑。同年，英国议会通过一项法案，决定建立一座国家博物馆来保存私人捐赠与国家收购的文物。这就是世界著名的大英博物馆(British Museum)。它于1759年正式对外开放。这也可能是用公众纳税的钱建造的第一座博物馆(图1-3)。大英博物馆的藏品十分丰富，所展出的文物还不到馆藏的1/5，其分设埃及文物馆、希腊和罗马文物馆、东方艺术馆、西亚文物馆等部分。它是一座世界性综合博物馆，至今仍然是世界上最著名的博物馆之一。

1789年，法国爆发了资产阶级革命，推翻了封建专制制度，实行君主立宪制。在资产阶级民主思想影响下，法国国民议会决定把卢浮宫改为国立博物馆。1793年卢浮宫向公众开放，它在每10天中，有7天将艺术品挂在视高处允许年轻的画家们临摹。卢浮宫向公众开放的举措是社会进步的表现。它表明艺术品仅由少数权贵品玩的时代已成为历史，同时对公共博物馆的发展起了积极的推动作用。从此，博物馆在全世界逐渐发展、繁荣起来。

一种新建筑类型诞生之初，总摆脱不了产生这种新建筑的原型的影响。最初的博物馆多是由旧有的宫殿、府邸、城堡连同其间收藏的艺术品向公众开放形成的，所以19世纪到20世纪初的博物馆建筑受其影响很大。那时博物馆的平面大多是田字形或日字形对称布局;建筑外观纪念性很强，有古典的大理石柱廊和大量的雕饰;室内空间高大，楼梯宏伟，装饰繁琐，但参观流线不合理，照明不足，不能满足博物馆的功能要求。那时对博物馆的设计存在着争论，一种意见认为封闭的空间能使艺术品更加神圣，另一种意见则认为博物馆应具有开放自由的空间。在卢浮宫向公众开放之后不久，法国理论家杜瑞德(J. N. L. Durand)发表了博物馆设计范例。杜瑞德更喜欢"封闭式的博物馆"。他

图1-1 自佛罗伦萨西纳瑞亚广场望乌菲齐美术馆及阿尔诺河畔的过街楼

图1-2 英国牛津大学阿什姆廉博物馆

2

图1-3 大英博物馆

以长长的连续画廊围绕四个庭院和一个圆形大厅作为博物馆的典型范例（图1-4）。1823～1830年，卡尔·弗瑞德瑞奇·辛克尔（Karl Friedrich Schinkel）设计的德国柏林老博物馆（Altes Museum）就是这种模式（图1-5、1-6及文前彩图1-3）。

18世纪末，西方开始的工业革命促进了新材料、新结构、新技术的发展，并逐渐用于房屋建筑。而建筑观念、建筑理论、建筑形式改变的滞后现象，使主张创新的"新建筑运动"到19世纪末、20世纪初才发展起来。20世纪20～30年代，西方形成了现代主义建筑思潮，博物馆建筑也渐渐走向现代主义建筑，其较早的代表是美国建筑师古德温（P. Goodwin）和斯东（E. D. Stone）于1939年设计的纽约新艺术博物馆（即纽约现代艺术博物馆）。该博物馆立面简洁，使用横向带形窗，是博物馆建筑从复古主义走向现代主义的典型代表（图1-7）。在20世纪50～60年代，现代主义建筑进入兴盛时期。美国建筑师赖特（F. L. Wright）设计的纽约古根海姆美术馆（Guggenheim Museum）于1959年建成。它是这个时期现代主义博物馆建筑的杰作（文前彩图1-4）。

第二次世界大战以后，建筑走向多元化发展时期。新古典主义建筑、高技派建筑、后现代主义建筑、解构主义建筑，多种建筑风格、流派共存。这个时期，博物馆建筑形式的发展变化，就是这个时期建筑文化发展变化的缩影。

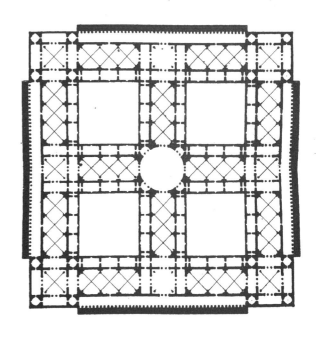

图1-4 田字形博物馆平面

图1-5 柏林老博物馆外观

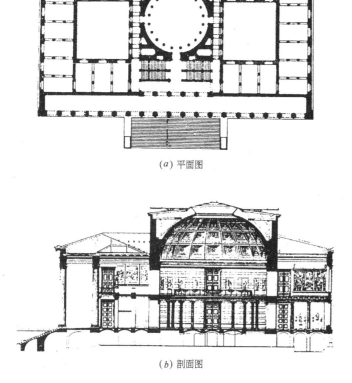

(a) 平面图

(b) 剖面图

图1-6 柏林老博物馆

图1-7 1939年古德温和斯东设计的
纽约现代艺术博物馆

二、中国博物馆建筑的发展

(一) 中国早期的博物馆建筑

我国作为世界文明古国,"早在商周时代就有专官保藏国家典策、庙堂重器"。很早就有皇家或私人的文物收藏所。隋文帝时在洛阳建妙楷台藏书法,建宝迹台藏名画。到了宋代,"曾专建稽古阁、博古阁、尚古阁,'以储古玉、印玺、诸鼎彝礼器、书法、图画'"❶。这些都是我国博物馆建筑的萌芽形态。

中国近代的博物馆建筑是在鸦片战争以后形成和发展起来的。鸦片战争以后,中国沦为半殖民地半封建社会。随着帝国主义对中国的文化侵略,西方近代博物馆开始在中国兴建起来。1868 年,法国人率先在上海创办震旦博物院(图 1-8),这是中国近代最早的博物馆。1868～1922 年间,外国人先后在中国创办的主要博物馆还有英国人在上海筹建的亚洲文会博物院(1874 年)和创办的济南广智院(1904 年);法国人创建的天津北疆博物院(1914 年);美国人在四川创办的成都华西协合大学博物馆(1914 年);日本人在台北建立的台湾总督府民政部殖产局附属纪念博物馆(1915 年)和旅顺满蒙博物馆(1916 年)。

1905 年,中国清末实业家张謇在江苏省南通市创建南通博物苑(图 1-9)。初建时,该博物苑附属于通州师范学校,除收藏展出文物、标本外,还包含植物园和动物园,展厅分散于园内各处。它既是一所综合性的博物馆,又是一所园林式的博物苑。该博物苑于 1911 年基本建成,初创时的中馆、南馆、北馆和东馆还保留至今。这是中国人自己创办的第一座博物馆。张謇还在《上学部请设博物馆议》和《上南皮相国请京师建设帝国博物馆议》中提出了博物馆建筑的理论和主张。张謇提出:"博物馆要建在交通便利,便于开拓的地方。整个建筑要考虑到储藏和陈列的要求,要美化周围环

图 1-8　上海震旦博物馆(旧址现状)

境。馆中贯通之地'宜间设广厅,以备入观者憩息。宜少辟门径,以便管理者视察'。库房'庋阁支架,毋过高,毋过隘,取便陈列,且易拂扫'"❷。

旧中国的博物馆发展缓慢。20 世纪 20 年代末,全国仅有博物馆 34 所。20 世纪 30 年代,中国博物馆有所发展,1936 年上海市立博物馆建成。抗战前全国博物馆已达 77 所。但是,在日本侵华战争中,中国的博物馆受到严重破坏。到 1944 年,全国博物馆仅存 8 所。直到 1949 年全国也只有 21 所博物馆。

中国早期的博物馆是外国人率先创建的。这反映了西方对中国的文化传播,也对中国早期的博物馆建设起着示范与积极的推动作用。同时,由于鸦片战争结束了中国的闭关自守,西方建筑文化和建筑思潮也随之涌进中国,中国早期的博物馆建筑受到西方建筑的影响也是一种不可避免的历史必然。中国人最早自建的南通博物苑南馆就是一个典型的例子(文前彩图 1-5)。这幢砖木结构的 2 层楼房,其弧形阳台栏杆的铁花饰、外墙面的线角和平屋顶都是西方建筑式样。然而,平屋顶上局部突起的歇山式红铁皮屋顶又具中国传统建筑特征。

❶ 赵作炜主编.文物博物馆专业基础课纲要.北京:文化部文物局教育处,1983
❷ 赵作炜主编.文物博物馆专业基础课纲要.北京:文化部文物局教育处,1983

成都华西协合大学博物馆因曾获哈佛燕京学会基金资助，又称之为哈佛燕京博物馆，它是20世纪初叶中西建筑文化交融的又一个有趣的例子（文前彩图1-6、1-7、1-8）。这座博物馆建于1926年，由英国建筑师朗曲（Rowntree）设计，与该校图书馆合建于一幢建筑内。设计前，朗曲到北京、四川等地参观。他所设计的这座博物馆选取了中国南方大屋顶的式样，屋顶正中饰以二龙戏珠的雕饰，木构件、木门窗漆以中国传统的大红大绿，室内简化的雕梁画栋具有中国意境。然而，清水砖墙上大面积的玻璃窗、博物馆宽敞的大厅、大厅四周的两层环廊、大厅顶部的空间和带形天窗，又让人将它与西方建筑联系在一起。这幢至今看来依然别有风趣的博物馆建筑，是西方建筑师汲取中国建筑文化，力图实现"西中合璧"的努力（图1-10）。

图1-9　南通博物苑外景

20世纪20～30年代在中国建筑中所形成的"民族形式"建筑风格对中国早期博物馆建筑的影响很大。1936年建成的上海市立博物馆就是这种建筑风格的代表作（图1-11）。这座博物馆建筑面积3430m²；钢筋混凝土结构；有门厅、衣帽间、大厅、图书馆、讲演厅、陈列室、办

图1-10　成都华西协合大学博物馆和图书馆外观（旧址现状）

公、研究、储藏室等用房。陈列室内顶部采光，室内装有冷暖气自动调节设备，具有完善的内部功能。但这座博物馆的外形却具有民族形式的建筑风格。它在入口处采用了中国重檐歇山式门楼；在类似中国城墙的墙体上，入口及门窗都用民族形式的建筑符号；门厅及主要陈列厅用朱红色柱子和中国彩画梁坊、藻井等装饰，给人以中国传统建筑的形象。这是中国建筑师在吸收西方建筑文化基础上，把现代功能与中国传统形式在博物馆建筑上结合起来的早期例子，是对创造中国现代民族风格建筑所作的一种探索。

从中国早期博物馆建筑中，我们既可以看到中国传统旧有建筑形式的延续和发展，也可以看到西方建筑文化对中国建筑的早期影响和渗透。同时，还可以看到中国近代建筑师为创造具有中国民族传统风格建筑的尝试和努力。

（二）中国现代博物馆建筑的发展

1949年新中国成立之后，中国现代博物馆的发展大致可以分为三个阶段。

1. 第一阶段：1949～1965年

新中国成立之后百废待兴，在对解放前留下的旧博物馆进行整顿、改造的同时还建了一批新馆。如1950年开始筹建北京自然博物馆，1959年正式对外开放。1957年建成北京天文馆。为了庆祝国庆十周

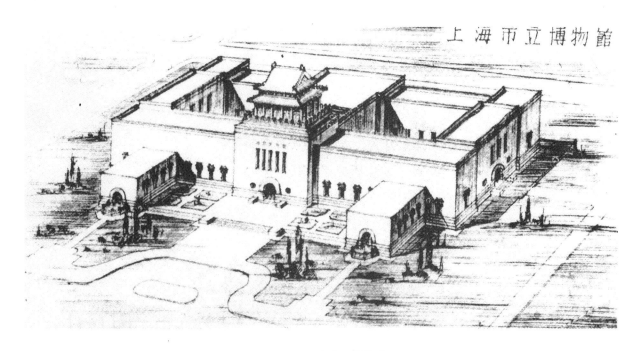

图 1-11　上海市立博物馆

年,1959 年北京建成国庆"十大工程",这也是中国现代博物馆的一次建设高潮。在国庆"十大工程"中博物馆就有五幢,这就是中国革命博物馆和中国历史博物馆、中国美术馆、民族文化宫博物馆(1979 年改称民族文化宫)、中国人民革命军事博物馆和中国农业博物馆(全国农业展览馆)。除上述重点博物馆建筑外,这段时期所建的多数博物馆,在适用、经济、可能的条件下注意美观的建筑方针指导下,大都造价经济、形象简朴。

在这一阶段中,由于当时全面学习苏联,苏联建筑对中国博物馆的建设也产生了很大的影响。如北京天文馆(图 1-12)和 1959 年建成的新疆维吾尔自治区博物馆。而中国人民革命军事博物馆,无论是体形或是细部处理,都有着明显的苏联建筑风格影响(图 1-13)。

第一阶段博物馆建筑艺术的高峰是国庆"十大工程"中的五个博物馆建筑。它们反映了建国初期博物馆建筑艺术的另一特色,这就是对民族形式的继续探索。中国美术馆、民族文化宫博物馆和中国农业博物馆都冠以中国传统大屋顶,挂有彩色琉璃(图 1-14)。中国革命博物馆和中国历史博物馆尽管没有采用传统大屋顶的式样,但在门廊、檐口和柱头的处理上都吸收了中国民族传统建筑的手法,有着强烈的民族特色(图 1-15)。

总之,第一阶段的中国博物馆建筑处于学习苏联和进行"新而中"的探索时期。

2. 第二阶段:1966～1978 年

1966 年 5 月,中国开始了"文化大革命",中国的博物馆也遭受了空前的劫难,博物馆的建设基本上处于停顿状态。许多博物馆或被撤销,或与图书馆、文化馆合并,或被停办,或被改作"毛泽东思想展览馆"(即"万岁馆"),有的甚至连文物都被洗劫一空。此间,新建博物馆不足 100 所。其内容多为革命历史或英雄人物纪念馆,带有当时强烈的思想意识影响。而且,多数建在革命根据地、革命老区,不少是利用革命事件旧址。如 1975 年所建宁都起义纪念馆的馆址即全国重点文物保护单位——宁都起义指挥部旧址。"文革"期间,所建博物馆不仅数量少,而且多数形象简单朴素,很少具有博物馆建筑的文化特征,有的甚至与简易办公楼、简易食堂相似(图 1-16),只有极个别的博物馆建筑具有艺术特色。如 1969 年所扩建的湖南韶山毛泽东同志纪念馆,因山就势,因地制宜,小青瓦坡屋顶,不仅与环境十分协调,也极富地方特色。

1976 年 10 月粉碎"四人帮",结束了"十年动乱"之后,我国的博物馆建设也逐渐得以复苏。在 1977～1978 年的短暂过渡时期中,建成了毛主席纪念堂。它于 1977 年 9 月在北京天安门广场落成。它的外形

图 1-12 北京天文馆

图 1-13 中国人民革命军事博物馆

图1-15 中国革命博物馆和中国历史博物馆门廊局部

虽然略似华盛顿林肯纪念堂,但仍然是国庆"十大工程"所创造的"新而中"建筑形式的延续(图1-17)。

3．第三阶段:1979年至今

1978年12月中国共产党十一届三中全会之后,随着整个国家的改革开放和经济发展,建筑界也空前活跃。中国的博物馆建设也逐渐兴旺。打开国门之后,中外建筑文化的频繁交流在促进我国建筑业发展与进步的同时,也促进了我国博物馆建筑的发展与进步。我国的博物馆不仅类型增加,数量增多,规模扩大,环境优化,而且走向多元化发展的道路,建成了一批优秀作品。如侵华日

图1-14 民族文化宫博物馆

军南京大屠杀遇难同胞纪念馆、上海博物馆、炎黄艺术馆、西汉南越王墓博物馆……。1993年中国共产党十四大提出加强精神文明建设之后,各地竞相新建一批博物馆、科技馆、文化馆,将我国博物馆建设推向一个新高潮。自1995年批准首批私人博物馆成立以后,我国私人专题性博物馆也逐渐发展起来。据统计,至1992年,全国共有博物馆1106座,1999年,全国博物馆已增至1800座。

图1-16 佳木斯市刘英俊纪念馆(图片由刘英俊纪念馆提供)

图 1-17　毛主席纪念堂

三、中国现代博物馆建筑的特点

纵观半个世纪以来的我国现代博物馆建筑,有以下几个特点:

(一)"再生型"博物馆数量多

在我国,除了名人故居、历史事件旧址作为故居博物馆和纪念馆以外,还有相当多博物馆是利用旧建筑再生建立的。这包括对旧建筑的利用、修复、改建、扩建、重建、拆迁复原等等。所利用的旧建筑种类也很繁多,如宫殿、行宫、古刹、寺庙、民居、祠堂、县衙、官府、书院、会馆、园林、私宅等。尤其以利用孔庙、关帝庙居多。

这些旧建筑有的是国家重点文物保护的历史建筑,其本身就是一座建筑博物馆。有的旧建筑在新时代失去了原有的功能,而它所具有的文化性、民族性用于博物馆又正好用得其所。而另一个重要原因则是资金匮乏,难于解决新建馆舍的需求。如自贡市盐业历史博物馆就是利用全国重点文物保护单位——建于清乾隆年间的西秦会馆(俗称关帝庙)以及四川省文物保护单位王爷庙作为馆址的(图 1-18)。

"再生型"博物馆往往存在一些不易解决的矛盾,主要是旧建筑难于适应新功能。或层高过高,使空调费用昂贵;或采光不足,影响对藏品的观赏;或难于组织人流,使参观流线混乱;或防盗防虫极难保证,以致使珍贵的文物存放在不良的环境之中,十分可惜……。而且许多古建筑本身就是珍贵文物,由于缺乏维修和使用不当,也造成了对古建筑的损坏。

在"再生型"博物馆中也有少数别具特色。如安徽潜口民宅博物馆,就是将原来分散在歙县郑村、瀹潭、许村、潜口、西溪南等地十几处既典型又不宜就地保护的明代建筑,拆迁复原集中保护的古建筑群。

(二)新建博物馆民族形式多

这个特点与我国博物馆类型以革命、历史类居多,陈列品中国珍贵的历史文物又占很大比重有一定的关系。博物馆的这种文化内涵,使建筑师偏好在博物馆建筑设计中进行传统民族形式的探索。今后,这种探索还会继续下去。但是,随着博物馆范畴的扩大,社会审美意识的变迁,以及思想价值观念的改变,这个特点还会有所变化,所占比重将会缩小。对民族形式特色的探索会更加丰富、成熟,也可能呈多元化的趋势。

值得一提的是,在博物馆建筑中,即便是采用传统民族形式,也有"仿古式"和"民族风格式"之别。

"仿古式"博物馆,基本上按中国传统古建筑形式建造。有仿古宫殿,有仿古民居,有仿古园林,有仿古庙宇……如唐华清宫御汤遗址博物馆就是一组仿唐风的建筑群(图1-19)。

"民族风格式",是中国建筑界长期探索的一种建筑风格。这种把中国传统建筑语言与现代功能、现代技术、现代材料、现代建筑风格相结合的探索是对中国传统建筑的重构。1936年所建成的上海市立博物馆就是在博物馆建筑上进行这种探索的尝试。辽沈战役纪念馆(图1-20)、江苏淮安周恩来纪念馆(图1-21)都是"民族风格式"的博物馆建筑。应该看到,在这种探索中曾出现过不少优秀的作品,如1959年建成的中国革命博物馆和中国历史博物馆、中国美术馆等都曾在国内产生过广泛的影响。

图1-18 自贡市盐业历史博物馆

图1-19 唐华清宫御汤遗址博物馆

11

（三）博物馆建筑正在迈向多元化

自 20 世纪 80 年代以来，随着中国建筑业的兴旺，建筑思想的活跃，建筑创作处于空前繁荣之中。博物馆建筑设计也进入了一个新阶段。一批个性突出、风格各异，具有强烈时代精神的优秀博物馆建筑涌现出来。如荣获中国 80 年代建筑艺术作品奖的侵华日军南京大屠杀遇难同胞纪念馆造型简洁、寓意深刻，整个环境设计烘托出一种悲壮的纪念气氛（实例 7）。甲午海战纪念馆用象征、隐喻、联想等多种手法，渲染出一种沉重和壮烈的氛围（文前彩图 1-9）。位于上海市中心的上海博物馆新馆，用现代设计手法，提炼了中国传统鼎的造型，把博物馆作为华夏瑰宝的象征，成为上海的标志性建筑之一（实例 5）。何香凝美术馆融合了我国传统院落式布局的特点，以现代造型手法，使人感到新颖、简朴、明快、清新（实例 6）。这些优秀作品也代表了当前我国博物馆建筑向多元化方向发展的趋势。

图 1-20　辽沈战役纪念馆

图 1-21　江苏淮安周恩来纪念馆

除以上三大特点外，国庆"十大工程"的建筑形象对我国 20 世纪 80 年代以前以及 80 年代初期的博物馆建筑也有一定的影响，以致被不少地方博物馆所仿照。如 1969 年建成的江西安源路矿工人运动纪念馆模仿中国革命博物馆和中国历史博物馆（图 1-22）。1971 年所建的江西乐安县博物馆与人大会堂入口相仿（图 1-23）。1962 年所建的广东湛江市博物馆酷似中国革命军事博物馆（图 1-24）。

我国还有部分博物馆的外形与一般办公楼极其相似，或布置在某办公楼中占有几层。这在学校博物馆、研究机构所属博物馆中较为多见，如中国地质大学博物馆（图 1-25）、四川大学博物馆等。

四、世界博物馆的发展趋势

世界经济的增长、科学技术的进步、人类社会实践的丰富、生活内容的扩展都影响着博物馆的发展。当代博物馆的发展有如下几种趋势。

（一）博物馆的建设蓬勃发展

二次世界大战之后的经济恢复使博物馆建设进入了一个蓬蓬勃勃的发展时期，尤其是 20 世纪 70 年代之后，博物馆的建设更加欣欣向荣、蒸蒸日上。到 80 年代末，全世界博物馆的总数已经超过 35000 座，比二战前增加了二倍半。20 世纪 80～90 年代，日本大约有 6000 座博物馆，是 30 年前的 13 倍。80 年代末，美国和前苏联的博物馆都达到万座左右，德国的博物馆也在 5000 座以上。10 年前德国波茨坦地区就

图 1-22　江西安源路矿工人运动纪念馆

图 1-23　江西乐安县博物馆(图片由乐安县博物馆提供)

图 1-24　广东湛江市博物馆(图片由湛江市博物馆提供)

图 1-25　中国地质大学博物馆

有 18 座博物馆。在发达国家平均 1~2 万人或 3~4 万人就有一座博物馆,美国还曾经有过平均每 2~3 天就增加一座新博物馆的记录。不仅大型博物馆还在不断修建,小型博物馆、社区博物馆的数量也在大量增加,有的小博物馆仅有 1~2 名工作人员。美国小型博物馆所占的比例已高达 75%。目前,联合国教科文组织的统计局正在统计全世界博物馆的最新总数,并且还分类统计世界各类博物馆的数量。相信新的资料将更充分显示出当前世界上博物馆建设的蓬勃发展。

在博物馆不断增加的同时,博物馆的藏品也在不断地增加,这也促进了博物馆建设的兴旺。1984 年据美国博物馆协会估计,仅在美国的博物馆内就收藏有 10 亿件艺术品。而据华盛顿地区的史密森学会(Smithsonian institution)估计还有 137 万件艺术品散落在各地,而且将以 3%的速度增长。可见,仅贮藏空间的需求量就很大。而且,当博物馆从以收集艺术珍品的珍宝馆为主,进而发展为对人类和人类环境的物质见证进行收集时,对博物馆建设的需求也会大大增加。不仅需要新建博物馆,老博物馆的改扩建工作也势在必行。因此,在 20 世纪 70 年代之后,掀起了扩建博物馆的高潮。法国卢浮宫和英国泰德美术馆的扩建就是最好的例证。

法国卢浮宫的藏品大约已超过 40 万件。然而,扩建前陈列面积只有 3 万 m^2,办公与贮藏面积仅占总面积的 10%,没有修复和研究的场所。1981 年法国总统密特朗决定扩建卢浮宫,并请贝聿铭先生设计。二次扩建工程相继于 1989 年、1997 年完成,陈列面积由 3 万 m^2 增加到 6 万 m^2。接待观众的能力也由每年 300 万人增加到 450 万人。伦敦著名的泰德美术馆建于 19 世纪末期,又称英国国家艺术馆,是 1899 年由亨利·泰德爵士捐赠其私人藏品建立起来的,20 世纪 70 年代曾作过一次扩建,80 年代又由著名建筑师斯特林进行了第二次扩建设计,这就是 1987 年所完工的克罗画廊。当设计完成之后,斯特林又为它第三次将扩建的 20 世纪艺术博物馆作了设计方案。除此之外,巴黎的奥塞美术馆的改建、纽约现代艺术博物馆的扩建、巴黎蓬皮杜文化中心的建立、西班牙毕尔巴鄂古根海姆美术馆以及洛杉矶盖蒂中心的建成,都是 20 世纪 70 年代以后的重大博物馆建设工程。

(二)博物馆的社会效益日益增强

20 世纪以来,博物馆的服务对象已由精英阶层向整个社会转化。博物馆逐渐由少数高雅人士欣赏艺术珍品的场所,转变为广大公众休息娱乐接受教育的课堂。近年来,世界上不少国家每周实行双休日制,使人们有了更多的闲暇时间需要消遣。旅游事业的发展也把一部分游客吸引到博物馆的观众行列之中。博物馆的社会效益也与博物馆观众的不断增加相辅相成。在人口近 3 亿的美国,每年有 3 亿人次参观博物馆,其中 43% 的人平均每年参观 4 次。1980 年,在美国纽约现代艺术博物馆举行的毕加索回顾展中,每天平均有 7400 人前去观看。购票量与棒球比赛和百老汇表演差不多。巴黎蓬皮杜文化中心自 1977 年开放以来,平均每天有两万名观众,而且在周日还要翻番,超过预计数字的 4~5 倍。美国华盛顿航天航空博物馆建成后,第一个月吸引了 100 多万参观者,平均每年有 7300 万观众。博物馆是传授知识的领域,但它与学校教育又完全不同。它使观众在没有压力的情况下,轻松愉快地接受教育。博物馆吸引了如此众多的观众,取得这样好的社会效益,可见它在现代社会生活中的重要地位和对国民进行社会教育的积极作用。

(三)博物馆的类型走向多元化,功能不断扩展

过去的博物馆多为收藏展示珍宝、古董、历史文物的珍宝馆。而今天的博物馆,是人类文明的橱窗。它对人类和人类环境的物质见证进行搜集、保护、研究、传播和展览。20 世纪人类的生活,人类对自然、对宇宙的认识,人类所创造的现代化文明都在日新月异地变化。人类的今天,就是人类明天的历史。今天的博物馆,已经不仅是珍宝馆,它不仅收藏昨天,还收藏今天,甚至展望未来。火箭、宇宙飞船等现代化的尖端科学技术已进入博物馆的展室。

今天的博物馆不仅保护、展示主流文化,少数民族文化以及土著文化也都是博物馆保护、展示的内容。为了保护自然环境,保护民族的传统文化,生态博物馆、乡土博物馆、民俗博物馆正在不断涌现。

今天的博物馆不仅保存展出无生命的藏品,还保存、展出有生命的藏品。植物园、动物园也是当今博物馆的成员。

过去,历史文物走进博物馆的大墙之内。今天,不少历史文物、风俗民情保护在没有围墙的原生地中,让观众身临其境,参观、感受。现在,博物馆已不仅仅是存在于一栋博物馆建筑中的机构,它有着广义的含义。在世界博物馆大观一书中将今天的博物馆分成 11 大类 39 个群种。荷兰鲜花拍卖市场、纽约证券交易所参观中心、纽约百老汇……都作为人类的文化遗产进入了博物馆的行列。

博物馆不仅类型走向多元化,功能也不断扩展。一些博物馆成为旅游者的观光目标,成为双休日人们的休憩场所。博物馆观众除了欣赏展品之外,还同时要求在博物馆内进行娱乐和休闲活动。因此博物馆也就需要增设相应的娱乐、服务设施。1977 年所建成的巴黎蓬皮杜文化中心就由公共图书馆、现代艺术博物馆、工业美术设计中心和音乐与声乐研究中心四大部分组成。它有电影院、餐厅、咖啡厅、音乐厅等休闲娱乐设施。建筑师罗杰斯在他最初的草图和规划中称蓬皮杜文化中心为"一个用于文化、信息与娱乐的建筑物"。虽然蓬皮杜文化中心被批评家们称作"末代"博物馆的混合建筑形式,但它却反映了人类文化发展过程中的一种客观需求。又如,在纽约现代艺术博物馆里,就有一家价廉物美的饭馆,它是纽约最受欢迎的饭馆之一。纽约现代艺术博物馆不光是一个博物馆,也是艺术爱好者汇集的文化中心。

(四)现代科学技术使传统博物馆走向现代化

20 世纪末期人类已进入信息化时代,计算机与电子技术在博物馆中的广泛使用,革新了博物馆的收藏技术与展出方式。传统的博物馆收藏人的视觉、触觉能感知的"有体物"。而现代的博物馆,除此之外,还利用计算机与电子技术将反映人类生活、文化的思想、感情、习惯、惯例等无形遗产,用录音、录像、摄影、光盘等加以记录。这样将"无体物"转化为"有体物",方便长期保存。不仅如此,随着电子艺术的出现,对它们的收藏展出也势在必行。大约从 20 世纪 80 年代开始,电子媒体开始成为展室中的辅助设备。当你参观华盛顿大屠杀博物纪念博物馆时,你可以从电脑中提取德国集中营与你同龄犹太人的信息。通过电子设备,你可以选择听取二战期间的各种录音,甚至可以听到希特勒的疯狂演讲。当你走进陈列室中所布置的德国集中营的犹太人住房时,音响设备中传来的猫叫声、小孩哭声、脚步声、切菜声使你感到身临其境。在许多博物馆的展室中,除了常规的实物展出外,还布置着各种电子音像设备,向观众展示各种信息(图1-26)。

图1-26　德国维特拉家具博物馆展室内的电子展示屏幕

道格拉斯·戴维斯(Douglas Davis)在《新博物馆建筑》(The New Museum Architecture)一书中预言,"在下个世纪,组织一场艺术展而不用大量的多媒体设备,几乎是不可想像的。那时,由于计算机的检索功能,使图像和文字信息可以不受限制地及时传递。每一个博物馆有潜力成为任何一个博物馆"。电脑的普遍使用扩大了信息贮存量,方便了信息的流通和信息的提取。美国纽约国际现代美术中心利用电脑收集现代美术的信息,并打算在世界范围联网,使美术信息能在电脑中提取出来,成为"电子美术馆"。现在,不少博物馆已将它的收藏及展出信息输入国际互联网,供网民浏览。网上已诞生了新型的"虚拟博物馆"。

第二章　博物馆的定义、职能与分类

一、博物馆的定义

什么是博物馆,如何给博物馆下定义,这经过了多年的争论与多次的修正。随着社会生活的发展,博物馆的范畴正处在不断的发展变化之中。在1974年第十届国际博物馆协会通过的章程中指出,博物馆是"一个不追求营利的、为社会和社会发展服务的、向公众开放的永久性机构,它为研究、教育和欣赏的目的,对人类和人类环境的物质见证进行搜集、保护、研究、传播和展览"。章程还补充说,除了那些指定为这种机构的博物馆外,下列机构也被认为符合上述含义。

(1) 图书馆和档案馆长期设置的保管机构和展览厅;

(2) 在搜集、保护和传播活动方面具有博物馆性质的考古学、人种学和自然方面的遗迹与遗址及历史遗迹与遗址;

(3) 陈列活标本的机构,如动植物园、水族馆、动物饲养场或植物栽培所等;

(4) 自然保护区;

(5) 科学中心和天文馆。

可以看出,博物馆已摆脱了传统的概念,而将其范畴大大扩展。我们不妨把这视为博物馆学对广义博物馆所下的定义。而对建筑师的设计工作来说,所面对的是博物馆建筑及其室内外环境。我国1994年出版的《建筑设计资料集》(第二版)指出,"博物馆是供搜集、保管、研究和陈列、展览有关自然、历史、文化、艺术、科学、技术方面的实物或标本之用的公共建筑。"同时它也认同1974年国际博物馆协会所通过章程中的补充说明。

博物馆建筑是绝大多数博物馆的外在形式,但并不是所有的博物馆都必然有博物馆建筑。

二、博物馆的职能

博物馆的定义指出博物馆要"对人类和人类环境的物质见证进行搜集、保护、研究、传播和展览"。这体现了博物馆所具有的收集保管、调查研究和普及教育三大基本职能。

(一) 收集保管职能

博物馆所陈列的展品是由博物馆采集得来的。要采集什么样的物品,必须有选择性。要根据博物馆所进行教育的目的,也就是根据博物馆的性质和内容来挑选。美术博物馆所收集的就是美术品。历史博物馆所收集的则是某时期的历史文物。收集得来的藏品经过整理、筛选、修复,选出有代表性的,能把博物馆的教育内容很好地抽象概括的、有价值的藏品加以保管。这也就是博物馆的收集保管职能。

(二) 调查研究职能

如何确定藏品的价值,就需要对它进行调查研究,分析它的背景材料。要使博物馆的藏品从保存它的库房走向陈列室,去面对它的教育对象,也需要研究、组织、充实它的相关材料,经过加工,使它成为博物馆教材中的一个部分。比如刀是一件展品,如果陈列在历史博物馆中,它就是某个历史事件的一部分,或者是某次革命所使用的武器,或者是某某烈士的遗物……。如果陈列在冶金博物馆中,这把刀也许在展示人类冶炼技术的进步。如果陈列在刀的收藏博物馆中,它也许以其独特的艺术造型供观众欣赏。所以,如何陈列,如何展出,博物馆的研究人员需要调查研究藏品的抽象内容,加工、组织它的抽象材料,根据博物馆的教育目的,向观众进行展示。这些说明了博物馆具有调查研究职能。

（三）普及教育职能

可以说博物馆是从事学校之外教育的社会教育机构。博物馆所教育的对象是观众,这些观众是自觉到博物馆来学习的。博物馆的观众也是不受年龄限制的。它所进行的教育是一种普及教育,这也就是博物馆的普及教育职能。这种教育是通过向观众陈列、展示展品或者由观众亲自操作、体验来实现的。

博物馆的三大职能是相辅相成的(图 2-1)。博物馆一般都具有这三大基本职能,只不过因博物馆的性质不同而各有侧重。除此之外,博物馆的职能又并不局限于此。有些博物馆还是当地的文化中心、学术活动中心……。有些博物馆还有休息、游乐等内容。作为一个建筑师,了解博物馆的职能的目的是为了掌握博物馆的建筑功能。

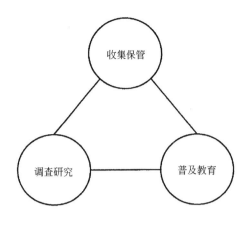

图 2-1　博物馆三大职能图

三、博物馆的分类

博物馆分类的方法比较多,不同国家不同书刊对博物馆分类方法也不尽相同,归纳起来大体可按四种方法进行分类。

一种是按博物馆的规模来划分。我国《建筑设计资料集》(第二版)中按建筑面积将博物馆分为大、中、小三种类型。建筑面积大于 $10000m^2$ 为大型馆。适用于省(自治区、直辖市)及各部(委)直属博物馆。建筑面积在 $4000 \sim 10000m^2$ 之间为中型馆,适用于省辖市(地)及各省厅(局)直属博物馆。建筑面积小于 $4000m^2$ 为小型馆,适用于县(市)及各地、县局直属博物馆。

第二种是按照藏品内容划分。如分为综合型或专门型博物馆。

第三种是按照服务对象来划分。如分为成人博物馆或儿童博物馆。

第四种是按照管理者来划分。如分为国立、公立、私立博物馆等。

按照藏品内容的不同给博物馆分类,比较容易反映博物馆不同的特色,对建筑设计的构思有一定的帮助。所以本书根据藏品内容将博物馆分为九大类,每大类中又可分为若干分类。

（一）综合类

1. 世界性综合博物馆

如大英博物馆(不列颠博物馆),收藏陈列着埃及、希腊、罗马、英国、中国、西亚等国价值连城的稀世珍宝与历史文物。

2. 国家与地方综合博物馆

如东京国立博物馆,收藏陈列着日本各个时代的历史文物和艺术珍品。

（二）历史类

1. 历史文物博物馆

如中国历史博物馆,是收藏研究陈列中国古代、近代历史文物规模最大的博物馆。

2. 社会历史博物馆

如中国革命博物馆,是收藏、研究、陈列中国自 1840 年鸦片战争以来的中国近、现代革命历史文物的博物馆。

3. 战争与军事博物馆

如中国人民革命军事博物馆,是收集、整理、保存、陈列中国人民解放军建军以来的宝贵文物、文献资料,展示中国人民解放军丰功伟绩的博物馆。

4. 考古与遗址博物馆

如秦始皇兵马俑博物馆,主要陈列秦始皇陵园从葬的1、2、3号兵马俑坑及秦始皇陵西侧出土的两套彩绘铜车马。

(三) 民族民俗类

1. 人类与民族博物馆

如加拿大人类学博物馆,收藏和展出加拿大西北海岸的海德人、齐姆希恩人、瓜基特尔人、赛利希人、努特克人和贝拉·席勒人的古老遗物和复制品。

2. 民俗博物馆

如美国夏威夷波利尼西亚文化中心,展示夏威夷、萨摩亚、塔希提、汤加、斐济、新西兰、马克萨斯等7个岛屿上波利尼西亚人的7个村庄和村民生活,表现他们的文化传统与风土人情(图2-2)。它是一座露天民俗博物馆。

3. 宗教博物馆

如孟加拉国的达卡博物馆,收藏和陈列着印度教、佛教、伊斯兰教的雕刻、绘画、古兰经的碑铭、古代钱币及世界闻名的"穆斯林纺织品"。

(四) 艺术类

1. 绘画与雕塑博物馆

如美国纽约现代艺术博物馆,收集和展出各种当代的视觉艺术作品及建筑模型(图2-3)。

2. 工艺珍宝博物馆

在北京故宫博物院中有一处金碧辉煌的皇极殿珍宝馆,珍藏着皇家的金玺、玉牒、红珊瑚、玛瑙、钻石……。

3. 建筑博物馆

印度泰姬陵、巴黎凯旋门、泰国大王宫、中国万里长城、德国法兰克福建筑博物馆都属建筑博物馆。

(五) 文化教育类

1. 学校博物馆

如哈佛大学美术系所设立的福格美术馆、四川大学博物馆等都是既为学校教学服务,又向社会开放的学校博物馆(图2-4)。

2. 儿童博物馆

如华盛顿儿童博物馆、芝加哥儿童博物馆,都是向儿童传播各种知识,又生动活泼适合儿童特点的博物馆。

3. 影剧传播博物馆

在拍摄电视电影《红楼梦》的场景地大观园里,陈列着拍戏的服装、道具、布景、陈设,园内还建有《红楼梦》资料馆,既可让观众身临其境在园中游乐,又可增加影视知识。

图2-2 美国夏威夷波利尼西亚文化中心的民俗表演

图2-3 美国纽约现代艺术博物馆内的建筑模型

图 2-4 四川大学博物馆民俗陈列室中所陈列的茶馆、皮影

4．体育卫生博物馆

中国体育博物馆是我国第一座收藏、陈列、展览和研究体育文物史料的专业博物馆。

5．文化与娱乐中心

巴黎蓬皮杜文化中心是其典型代表。

（六）自然类

1．综合性自然历史博物馆

如英国自然历史博物馆,陈列内容包括古生物、矿物、植物、动物、生态和人类等方面。

2．专门性自然历史博物馆

如矿物博物馆、古生物博物馆、地震博物馆、火山博物馆等。

3．园囿性博物馆

指陈列活生物的植物园、动物园、国家公园与自然保护区。

4．水族馆

参观美国巴尔的摩水族馆犹如海底漫游,还可观看海豚表演和在热带雨林中漫步(详见实例17)。

5．天文馆

如北京天文馆,是一座普及现代天文学知识的博物馆,除了向观众展览天文学知识外,它还拥有一座天象厅,向观众演示人造星空及宇宙奇观,人们还可在天文馆利用望远镜观测宇宙。

（七）科技产业类

1．综合性科技产业博物馆

这类博物馆汇集了物理、化学、医药、矿业、农业、交通等各方面科技知识。

2．专门性科技产业博物馆

如宇航博物馆、矿业博物馆、钟表博物馆、邮政博物馆等。

3．科技中心

科技中心一般是向观众普及科技知识的博物馆,观众可以参与操作,寓科学教育于娱乐之中。

（八）纪念类

1. 历史事件纪念馆

参观珍珠港"亚利桑那号"纪念馆，你可以观看日本偷袭珍珠港的电影，还可参观当年被炸沉的主力战舰"亚利桑那号"的残骸和阵亡将士纪念碑（图2-5）。

2. 名人纪念馆

名人纪念馆范围广泛，是政治界、文化界、科技界、教育界、商业界、艺术界……的名人以及各种英雄人物的纪念馆。

图2-5 "亚利桑那号"露出水面的残骸和阵亡将士纪念碑

3. 名人故居

是利用名人故居再现名人生活环境，展示其成就的博物馆。

（九）收藏类

收藏类博物馆包罗万象，玩具、食品、罐头盒、领结、邮票、钱币、车辆、钟表、服装……应有尽有。

现将以上九大类博物馆汇总列于图2-6中。

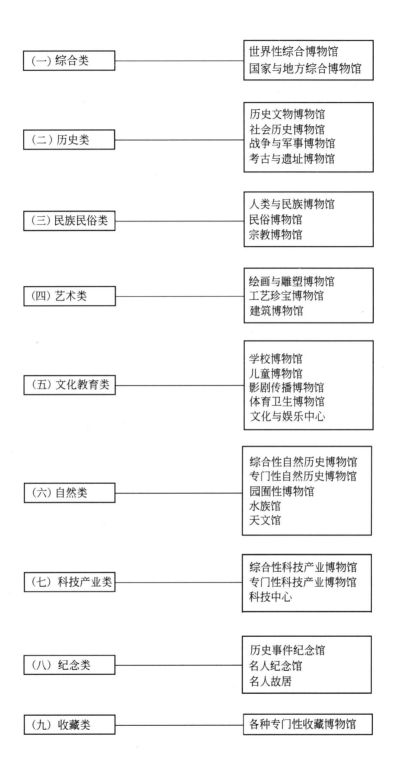

（一）综合类	世界性综合博物馆 国家与地方综合博物馆
（二）历史类	历史文物博物馆 社会历史博物馆 战争与军事博物馆 考古与遗址博物馆
（三）民族民俗类	人类与民族博物馆 民俗博物馆 宗教博物馆
（四）艺术类	绘画与雕塑博物馆 工艺珍宝博物馆 建筑博物馆
（五）文化教育类	学校博物馆 儿童博物馆 影剧传播博物馆 体育卫生博物馆 文化与娱乐中心
（六）自然类	综合性自然历史博物馆 专门性自然历史博物馆 园圃性博物馆 水族馆 天文馆
（七）科技产业类	综合性科技产业博物馆 专门性科技产业博物馆 科技中心
（八）纪念类	历史事件纪念馆 名人纪念馆 名人故居
（九）收藏类	各种专门性收藏博物馆

图 2-6 博物馆分类图

第三章 博物馆建筑的选址

当我们准备建一座新博物馆时,选址是其建筑策划中极为重要的一环,馆址选择是否恰当,不仅关系着博物馆社会效益的发挥、藏品的安全保障以及博物馆未来的扩建发展,而且还关系着博物馆对城市环境的影响。建筑师最好在博物馆的策划阶段就积极介入,协助博物馆选择恰当的馆址。虽然不同规模、不同类型的博物馆对馆址的选择不尽相同,例如遗址博物馆、故居博物馆、纪念馆往往将馆址选择在事件原生地,国家级博物馆常常建在城市中心区,小型收藏型博物馆在城市中的位置可以相当灵活……,但是,对于大多数博物馆来说,它们所共同具有的一些特性,又形成它们在选址上的一些共同特点。

一、博物馆的特性及其选址特点

(一)博物馆的文化性——宜于选择具有文化氛围的场所

博物馆是人类文化遗产与自然遗产的宝库,是对公众进行文化普及教育的公共文化设施,它还要对藏品进行调查研究并开展相关的学术活动。博物馆深厚的文化内涵,强烈的文化性,使它宜于建在自然环境相对安静、优美,城市环境具有文化氛围的场所之中。例如德国斯图加特美术馆新馆,其南侧是斯图加特音乐学院,西侧隔康拉德·阿戴诺大街同斯图加特国家剧院相邻,北侧是斯图加特美术馆旧馆,附近还有斯图加特老皇宫,这些建筑共同形成城市中的文化节点。

还有许多博物馆的馆址选择与历史建筑为邻,法国尼姆现代艺术中心的馆址就坐落在一座建于公元3世纪的古罗马神庙梅森卡里旁边(图3-1)。德国科隆瓦拉夫·理查茨和路德维希博物馆建在著名的科隆大教堂与莱茵河之间。历史建筑本身就是城市传统文化的重要组成,新博物馆的加盟可以共同延续城市文脉,强化场所的文化氛围。

图3-1 法国尼姆现代艺术中心的建造环境和古罗马神庙

(二)博物馆的大众性——馆址所在地段应有方便的公共交通

博物馆是为公众文化需求服务的公共建筑,它每天要接待大量的观众,具有大众性。但是它并不像学校建筑、办公建筑那样有相对固定的使用者,它有赖于广大观众的积极参与才能实现良好的社会效益。而这种参与又是观众自觉自愿的行为。为了吸引大量的观众,除了精彩的陈列展览外,馆址选在市内公共交通很方便的地方是吸引观众、方便藏品运输的基本条件。因此,世界上大多数博物馆都建在市区内。在1995年出版的《中国博物馆》一书中,北京市市区内有博物馆67座,郊区县的博物馆仅为20座,而且其中一半以上的馆址是遗址、古迹或事件原生地。然而,当今世界的交通工具、道路系统都在迅速发展之中,这为博物馆更大范围的选址提供了可能。因为远离市区的馆址环境更为优越,地价也更为低廉。不过建在那里的博物馆需要对观众有强大的吸引力,能吸引观众专程前往,否则博物馆会陷入门庭冷落的尴尬境地。

美国洛杉矶的盖蒂中心是个占地44.5hm²、建筑面积8.8万 m²的博物馆综合体。基地东侧是圣迭戈

(San Diego)高速公路,基地北端在高速公路旁建有停车场,机动车辆一律停放在这里。游客到达后,从这里换乘盖蒂中心的专用有轨观光电车,电车每4分钟一趟,在经历5分钟蜿蜒上山的行程后到达中心广场,博物馆就坐落在中心广场南端(图3-2)。虽然这座博物馆建在距洛杉矶市中心14英里❶的圣塔·莫尼

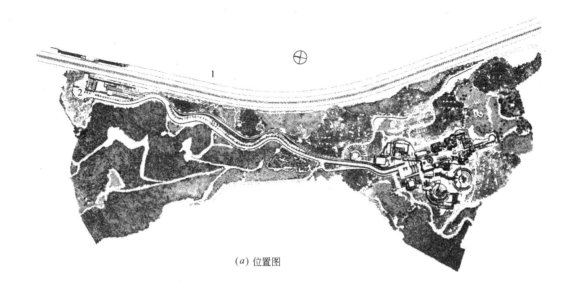

(a) 位置图

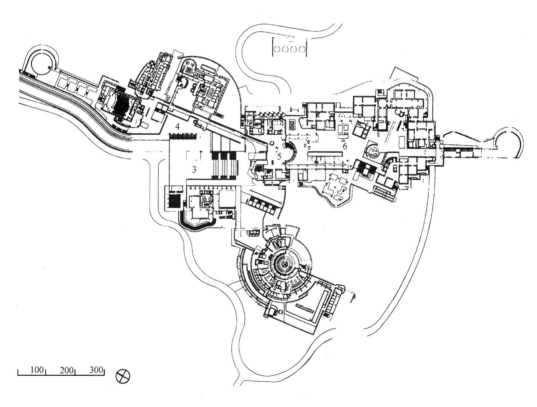

100 200 300

(b) 总平面图

图3-2 盖蒂中心位置图及总平面图

1.高速公路;2.停车场;3.中心广场;4.观光电车站;5.博物馆;6.博物馆内院

❶ 1英里 = 1.6093km。

卡(Santa Monica)山脉的南端。但是私人汽车的普及、完善的交通系统、良好的自然景观和优美的建筑群体使它已经成为洛杉矶著名的旅游景点。

（三）博物馆的集珍性——馆址要保障藏品的安全

博物馆对藏品有收集保管功能，博物馆里高度汇集了人类文明珍贵的物质见证，其中不少是历史文物，艺术珍品，还有价值连城的无价之宝，因此博物馆具有集珍性。除了在博物馆的设计中要有严密的安全系统外，在选址上也要保证利于藏品的妥善保存，使它不受损坏，处在安全可靠的自然环境与人为环境之中。博物馆的馆址不应选在环境污染的区域内，例如工业废气、烟气中所含的硫对艺术品有害；馆址还应远离易燃、易爆物及震源；而且还要确保馆址不受滑坡、火山、泥石流、水灾等自然灾害的侵袭。所以馆址应选在地势干燥、排水通畅、通风良好、安全可靠的环境中。

（四）博物馆的艺术性——选址要为城市环境作出积极贡献

博物馆与一般学校、图书馆、科研机构等文化建筑不同，尤其是综合类、艺术类、历史类、民族民俗类、收藏类的博物馆，不仅有广泛的收藏，而且许多藏品是人类文明的艺术结晶。这使博物馆比一般文化建筑具有更强烈的艺术内涵，更能激发建筑师为它们创造具有特色的建筑造型。因此许多博物馆能成为城市环境中的景观，或者在建筑群中占据主导地位，或者使原有城市环境得到改善。因此，城市规划往往为博物馆提供适当的位置，以利于博物馆对城市环境做出积极贡献。

美国著名建筑师盖瑞设计的西班牙毕尔巴鄂古根海姆美术馆建在该市那威河南岸的旧仓库区，横跨那威河的梭飞桥从基地上方越过。该美术馆以其独特的艺术造型以及

图 3-3　毕尔巴鄂古根海姆美术馆与旧仓库区的景观

与那威河、梭飞桥的有机配合，不仅为该地区注入了新生的活力，成为毕尔巴鄂标志性建筑，还带动了该市旅游业的发展，为振兴毕尔巴鄂的经济作出了贡献(图3-3)。

（五）博物馆的游乐性——可选择与其他旅游、文化娱乐设施邻近或联合，形成规模效应

当今博物馆的功能已向多元化方面发展，参观博物馆不仅仅是单纯的学习或欣赏，也是一种休闲与娱乐。如果将博物馆布置在旅游沿线，成为旅游途中的一站，或者与其他旅游文化娱乐设施邻近，或者将它们组合在一起形成规模效应，这样可以为博物馆提供更多的观众来源。

例如我国陕西省西安市临潼县秦始皇兵马俑博物馆、临潼县华清池、唐华清宫御汤遗址博物馆、西安半坡博物馆同在一条旅游线上，且相互邻近，它们的联合形成一定规模，成为到西安一日游的最佳选择。

（六）博物馆的生长性——选址要为日后发展留有余地

随着时间的推移，博物馆总是处在藏品不断增加，展出不断丰富的动态发展中。这种生长性使它在经历一段时间之后需要扩建，法国卢浮宫的改扩建就是最典型的例证。早在20世纪80年代之前，卢浮宫的改扩建就迫在眉睫。1983年，当贝聿铭受托为卢浮宫作扩建设计后，他曾4次参观这座著名的博物馆。参观之后，贝聿铭对卢浮宫的"可怜"处境感慨万千。他说："在国家美术馆整修前，服务空间与公共空间之比大约是1:5，而它应该是1:1。但在卢浮宫，天哪！它是1:15"❶。从1984年到1997年，卢浮宫历时13

❶　(美)赖贝克(Timothy W·Ryback).从魔鬼到英雄：贝聿铭历险卢浮宫.胡纹，刘涛译.世界建筑,1997(1):78~81

年,耗资10亿美元,完成了二期扩建工程。博物馆由于受所选馆址的限制,影响日后发展的例子也不乏存在。我国1994年建成了上海博物馆新馆,它建在上海人民广场的一片绿地之中。这里是上海的中心地带,又正对市政府办公楼,周围有数十个公交车站及地铁站,交通十分方便。博物馆本身造型优美,馆址周围的知名商厦及娱乐场所都为博物馆增添了不少客源,该博物馆的位置可谓得天独厚。但美中不足的是人民广场地下众多的各种设施牢牢地限制了博物馆的地上发展,加上近年来广场周围新建了一批各自为政的高层建筑,使人民广场原有的优美环境遭到破坏,这不能不说是很大的遗憾。

二、博物馆建筑常见选址方案

(一) 博物馆群区

由数个博物馆聚集形成的博物馆群是城市中重要的文化区。美国首都华盛顿的史密森博物馆群是世界上最著名的博物馆群。1848年,英国科学家詹姆斯·史密森(James Smithson)将其遗产捐赠给合众国,从而设立了史密森学会,并在华盛顿建立了美国国家历史博物馆。历经100多年,这里已经聚集了15座博物馆,它们坐落在从国会大厦到华盛顿纪念碑间的林阴大道两旁。这个庞大的博物馆群区环境优美、宁静,充满文化气息,林阴道上游人来来往往,具有强烈的场所精神(图3-4)。

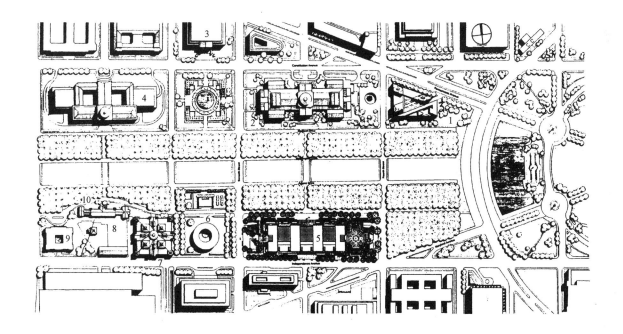

图3-4 华盛顿史密森博物馆群的部分博物馆

1. 美国国家美术馆东馆;2. 美国国家美术馆西馆;3. 国家档案馆;
4. 国家自然史博物馆;5. 华盛顿国立航空航天博物馆;6. 赫什霍恩
博物馆及雕塑庭院;7. 艺术工业馆;8. 国家非洲美术馆和阿瑟·M·萨
克勒画廊;9. 弗里尔画廊;10. 史密森学会

在德国法兰克福美因河畔、日本东京上野公园内都有这样的博物馆群。它们既方便观众选择参观,又美化了城市环境,成为城市中颇具规模的文化景观。

(二) 公园与风景区

不少博物馆将馆址选在公园里或风景区。那里空气清新,极少污染,环境优美,景色秀丽。博物馆成为环境中的景点,环境又烘托了博物馆的文化性与艺术性。美国达拉斯弗特沃斯的金贝尔艺术博物馆就坐落在一座公园里。它由著名建筑师路易·康设计(图3-5)。博物馆入口前的一片小树林将公园的绿化渗入到博物馆的领地。博物馆简洁朴素、不露声色的造型以及室内优雅别致的屋顶采光使参观者自然而然地走进宁静的艺术天地。

图3-5 公园中的金贝尔艺术博物馆

图3-6 堪培拉帕克斯文化中心区

贝聿铭设计的日本 MIHO 美术馆建在滋贺县甲贺郡风景区的一片自然保护公园内。这里的环境受到贝聿铭的精心保护。从远处望去,博物馆掩映在绿阴丛中,而自博物馆的玻璃大厅外望,绿树山色一览无余,它们与博物馆融为一体。

风景区的博物馆占据着环境优势,但是它们更需要方便的公共交通、完善的公用系统以及严密的保安措施。

(三) 文化中心区

博物馆与其他公共文化设施联合,形成城市文化中心区,可以组成大型的博物馆综合体,也可以形成城市文化广场、文化街区。美国洛杉矶的盖蒂中心,就是一个包括博物馆、报告厅、信息中心、艺术教育所、艺术史与人文研究所以及餐饮中心的博物馆综合体,建筑面积88000m^2。澳大利亚首都堪培拉的帕克斯区也是一个文化中心区,那里的古里芬湖沿岸坐落着国立美术馆,最高法院,国立图书馆(图3-6)。公共文化设施的联合更加突显了区域环境的文化特色,也为观众提供了方便参与多种文化活动的选择,并且还提高了文化机构本身的集客能力。

(四) 历史环境

世界上不少博物馆选择建在与历史建筑相关的环境中。这包括利用改造历史建筑的"再生型"博物馆,将历史建筑组织在新建筑中的"组合型"博物馆,以及馆址与历史建筑相邻的博物馆。

法国巴黎奥塞艺术博物馆就是利用建于1900年的奥塞火车站改造而成的。德国法兰克福建筑博物馆选用了20世纪初一幢别墅的外壳,利用"房中房"技术,在别墅内部套建了博物馆5层高的展室内核(图3-7)。德国法兰克福工艺美术博物馆以L形的新馆平面,围绕一幢19世纪末的老别墅组合而成。德国法兰克福的席恩美术馆位于市中心的市政广场(古罗马堡)与大教堂之间,馆址旁还有一处古建筑遗址(图3-8)。

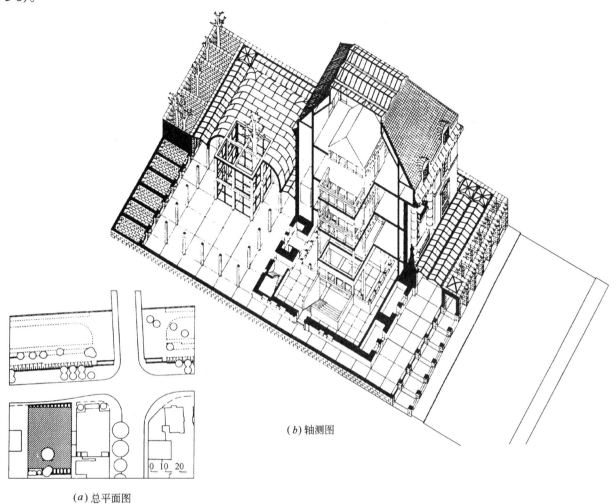

(b)轴测图

(a)总平面图

图3-7 法兰克福建筑博物馆

1. 古建筑遗址;
2. 大教堂;
3. 市政广场;
4. 美术馆

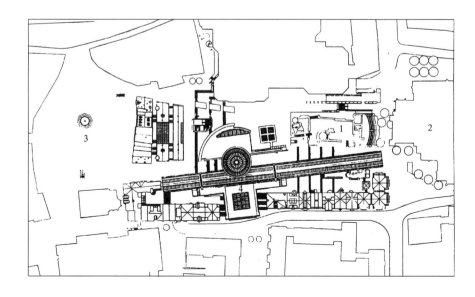

图3-8 法兰克福
席恩美术馆总平面图

为何博物馆的选址如此倾向与历史建筑相关的环境呢？除了历史建筑本身就是人类建筑文明的结晶外,历史建筑所具有的文化价值与艺术特色正是许多博物馆所需求的环境氛围。二者的结合不仅有利于城市文脉的延续,有利于博物馆文化身价的提升,还能为历史环境注入新的活力,有助于城市环境的更新。

（五）游乐建筑群

当今的博物馆已不再只是高雅的艺术殿堂,它们是旅游者的观光目标,双休日的休憩场所。尤其是水族馆、科技馆、儿童博物馆、收藏博物馆、电影博物馆……有更强烈的游乐色彩,更容易与游乐建筑组成群体。观众在生动活泼、轻快愉悦的环境里接受教育,博物馆也自然而然地取得了良好的社会效益。

离休斯敦荷比机场45分钟车程的莫蒂花园(Moody Garden)就是建在海边的一组游乐建筑群(图3-9)。你可以看到父母带着快乐的孩子,三三两两轻松的游客在这里度假。莫蒂花园环境优美,空气清新,游乐设施丰富,旅馆、剧场、海水浴场、球场、餐厅等应有尽有。游客还可以乘游艇到海上游玩,与海鸥嬉戏。这个游乐群的主要建筑是三座不同颜色的玻璃金字塔,蓝色的是水族馆,红色的是展示航天知识的探索博物馆,透明的是热带雨林。在这里,游乐活动与博物馆参观交织在一起,寓教育与学习于娱乐之中。

1. 游客中心；
2. 探索博物馆；
3. 热带雨林；
4. 水族馆；
5. 旅馆；
6. 会议中心；
7. 球场；
8. 海水浴场；
9. 停车场；
10. 游船；
11. 码头

图3-9　莫蒂花园鸟瞰示意图

（六）事件原生地

历史事件纪念馆、故居博物馆、遗址博物馆等一般建在事件原生地。韶山毛泽东同志纪念馆建在毛泽东同志诞生地湖南省韶山市韶山乡韶山村,距离毛泽东同志故居0.5里的引凤山下。南昌八一起义纪念馆馆址设在南昌起义总指挥部旧址内。胡庆余堂中药博物馆就设在胡庆余堂古建筑内。杭州南宋官窑博物馆的馆址是宋代著名瓷窑——南宋官窑遗址的所在地。这座博物馆由展厅与遗址保护建筑组成,遗址展示分成作坊遗址与龙窑遗址两部分。大型的建筑护罩覆盖在作坊遗址上方,保护遗址免受自然因素的侵害。观众自厅内四周的高架展廊上可以俯视遗址全貌,犹如身临其境,置身于历史现场。观众还能从龙窑遗址旁的阶梯参观道顺工艺流线拾阶而上,凭栏观望,近距离感受古代瓷器的烧制环境(图 3-10)。停泊在俄罗斯圣彼得堡的"阿芙乐尔"号巡洋舰,1917 年 10 月曾发出了震惊世界的十月革命第一炮。如今这艘巡洋舰已成为一座水上博物馆,在甲板下的陈列室里展示着巡洋舰的革命历史与当年舰上水兵的生活,还有革命当时升起的那面红旗。

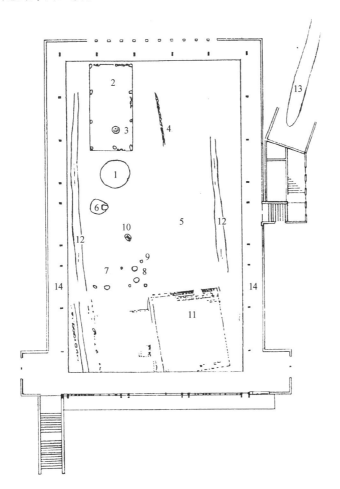

1. 练泥池;
2. 成型工房;
3. 陶车坑;
4. 挡土墙;
5. 晾坯场;
6. 素烧炉;
7. 修坯、上釉工房;
8. 釉缸;
9. 修坯陶车;
10. 素烧坯堆积;
11. 房屋;
12. 排水沟;
13. 龙窑;
14. 高架展廊

图 3-10　南宋官窑博物馆作坊遗址及展示建筑平面图

（七）所属社区

社区所建设的博物馆往往设在所在社区内,除为社区服务外,还对公众开放。最常见的就是学校博物馆、企业事业博物馆或部分私人博物馆。美国耶鲁大学的不列颠艺术和研究中心、美国康乃尔大学的约翰逊艺术博物馆、美国哈佛大学萨克尔博物馆以及我国四川大学博物馆等都是建在校园内的博物馆。加拿大哥伦比亚大学的贝尔金美术馆还与学校的建筑艺术馆、音乐馆、剧场围合成校园内的艺术广场(图 3-11)。学校博物馆可以在校园内单独建立,也可以与其他建筑合建于一幢楼内。我国四川西南民族学院博物馆就设在西南民族学院办公楼的四、五层。德国魏尔的维特拉家具博物馆就是一座属于企业的博物馆,它建在厂区围墙外的绿地上(图 3-12),展出各式各样的椅子,也为其他临时展览提供场地。美国休斯敦的曼尼尔博物馆是一座私人博物馆,展出美国富豪曼尼尔夫

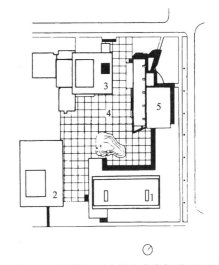

图 3-11　哥伦比亚大学艺术广场总平面图
1. 建筑艺术馆;2. 音乐馆;3. 剧场;4. 广场;5. 美术馆

妇的收藏。这座博物馆坐落在曼尼尔家族的住宅区——"曼尼尔带"中。社区所建设的博物馆设在社区中能为社区提供方便的服务。

图 3-12　自厂区内望围墙外的维特拉家具博物馆

三、博物馆建筑选址评估

博物馆的选址工作在建筑设计前的策划阶段进行,常常要对可能的几种选择进行多方面比较与综合平衡,尤其是大型博物馆,还需要请各方面的专家对选址进行论证。建筑师应当参与这个阶段的工作,从建筑设计的角度做好馆方的参谋。对于馆址的评估可以着重于以下几个方面:

(一)基地的城市环境

包括基地在城市中的区域位置,现有的公共交通状况,以及城市规划的发展趋势。这关系着博物馆将来的客源以及能否取得预期的社会效益。

(二)基地的地理环境

包括基地的面积、形状与标高,基地内有无可能受到滑坡、火山、泥石流、洪水等自然灾害的影响。这关系着是否能为建筑设计提供良好的基础条件,关系着投资的多少和藏品的安全,以及扩建的可能。

(三)基地的物理环境

包括基地的自然通风、空气污染、噪声污染等。这关系着藏品的保护。

(四)基地的人文环境

包括周围建筑的性质及状况,尤其是有无古建筑存在,还包括基地已有的环境氛围。这关系着博物馆的内容与环境的协调性,以及博物馆建筑在城市环境中的作用。

(五)基地的人工物质环境

主要指基地附近有无人造震源、爆炸源或污染源和基地市政主要设施状况。所选基地要确保藏品安全。良好的市政设施可以为博物馆的运转提供方便,并能节约投资。

(六)基地所受的法规限制

主要指城市规划对用地的制约,包括容积率、建筑密度、绿化率、限高、退红线等方面的限制。这一点关系到对建筑设计所提供的宽容度。

(七)博物馆方所具备的经济实力

这对选址有极大的影响。当馆址选在城市中心,尤其是大城市的市中心时,黄金地段昂贵的地价常常限制了对最佳用地的选择,使选址不得不舍近求远。基地的地理环境、市政状况也常常关系着投资的多少与可能。

博物馆的选址需要放眼全局的综合平衡。建设基地难以具有全方位的优势,因此,必须抓住主要矛盾,考虑经济的制约,经过综合平衡来选择符合馆情的理想用地。

第四章 博物馆建筑设计创意与构思的途径

博物馆建筑设计同其他建筑创作一样要"意在笔先"。"意"即设计的创意,即构思,即是从总体着手对设计的把握。创意与构思的好坏往往是一个建筑设计成败的首要因素。许多成功的博物馆设计首先是构思的巧妙和新颖。这也得助于博物馆所具有的文化艺术内涵,它为建筑师的创意和构思提供了丰富的"营养"。博物馆设计创意与构思的思路从何而来呢?这与其他建筑设计有其共性的一面,也有其个性的一面。搞清设计的客观条件,掌握项目的主观特色与内涵,熟悉建筑的风格、流派、理论、理念,对相关事物的敏锐观察都能激发创作思路的开阔和敏捷。从成功的博物馆建筑设计中,可以归纳出创意与构思的几条主要途径。这些途径不是孤立单一的,而是相互关联的。在实际的设计中还需要通过综合操作才能设计出一座具有新意的博物馆建筑来。

一、构思由博物馆的建造环境入手

(一) 巧妙面对环境的挑战

建筑的建造环境往往是设计的制约因素,有时还成为设计中的难题。如何抓住诸多环境因素中的主要矛盾,寻找一条解决矛盾的巧妙出路,化不利条件为创作契机,赋设计以自身特色,这是设计创意构思的一条途径。

被称之为"华盛顿文化之冠"、"三角形的凯旋"的美国国家美术馆东馆,是贝聿铭巧妙利用地形挑战的杰作。他因此于1979年获得美国建筑师协会的金奖。

东馆用地位于老馆(西馆)东侧,是皮埃尔·朗方在1791年城市规划中所造成的最不规则的地块之一,地段呈直角梯形。但是地段西侧的西馆却是有着严格的对称轴线,如何处理这一对看似难以调和的矛盾?贝聿铭在乘飞机回纽约的途中拔出一支圆珠笔涂涂画画,巧妙的构思就在这涂涂画画中产生了(图4-1)。

贝聿铭说:"我在信封后面画了一个梯形,在梯形里画了一条对角线,这样就形成了两个三角形:一个给艺术馆,一个给研究中心,一切就这么开始了"[1]。贝聿铭还解释说:"不管采用何种建筑风格,新的建筑都必须认准老艺术馆的中轴线,你看,这个入口的中轴线和鲍甫建筑的中轴线实际上是排列成行的。从那一点开始,这条线就自成一体了"[2]。

贝聿铭的这条著名的斜线巧就巧在它所分成的两个三角形,正好分开了博物馆的两大功能。巧就巧在那个等腰三角形的高正好是西馆对称轴的延伸。不规则地形正对对称严谨老馆的矛盾就这么巧妙地迎刃而解。不仅如此,这个构思,还带来了新颖的三角形造型。当时西馆的副馆长卡特·布朗满意地认为,三角形体形令人缭乱的多种透视效果,很适合20世纪的艺术。

(二) 寻求与环境得体的对话

博物馆的建造环境有着各种各样的状况,有的文化气息浓厚、城市文脉清晰;有的杂乱无章缺乏统帅的主题;有的主导建筑突出;有的与历史建筑邻近……。当一个新博物馆加入到这些环境中时,如何得体地处理二者之间的关系,如何使它们建立有机的联系?为博物馆在环境中恰当的角色与作用定位是设计构思的关键问题。新博物馆是成为环境中的主角还是配角?它的加盟是维持原有环境的和谐统一还是给它注入活力促进更新?新建筑是成为环境中的景观还是老环境被新博物馆观景?……。总之,寻求博物馆与环境得体的对话,使它们合成有机联系的整体,是设计构思的又一途径。

---

[1] 〈美〉迈克尔·坎内尔.贝聿铭传.倪卫红译.北京:中国文学出版社,1983

[2] 同[1]

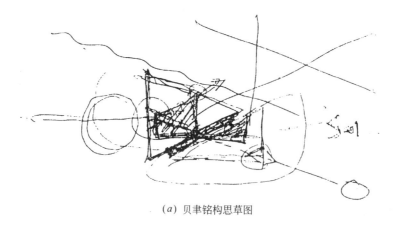

(a) 贝聿铭构思草图

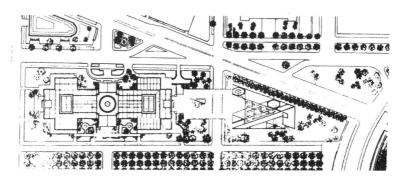

(b) 总平面图

汉斯·霍莱因所设计的法兰克福现代艺术博物馆建在旧城市中心的一所老教堂附近,那是街道中间的一块不规则三角形地段。汉斯·霍莱因用一个完整简洁的三角形布满整个地段,被称之为"一块蛋糕"(图4-2)。博物馆的体量、尺度、色彩与所用的建筑语言都与周围环境相协调。这样,由于博物馆的填充,完善了传统街区的环境特征,它们共同成为老教堂的配角与背景,维持了老教堂在人们熟悉环境中的主导地位。

(三)体现传统环境的时空延续

当博物馆建在相对稳定、独立的传统环境中时,如果片面强调建筑要从环境中脱颖而出,往往只能造成环境的混乱与建筑在环境中的孤立境地。而简单化的模仿传统环境又会给人以时光倒流的错觉或低层次的媚俗。因此在博物馆设计的构思中如何从群体上、形象上、空间上、精神上体现传统环境的时空延续也是一条较好的设计构思之路。

在南太平洋法属新喀里多尼亚的梯诺半岛上,土著的卡纳克人已经有4000多年的历史。他们生

(c) 鸟瞰

图4-1 美国国家美术馆东馆

活在丛林里的木构棚屋中,林中的小路又将散落的棚屋结合成村落。丛林、棚屋、小路的交织形成这里特有的土著文化。伦佐·皮阿诺设计的奇芭欧文化中心就坐落在这样的传统环境中。经过皮阿诺对土著文化的提炼,10个现代"棚屋"自丛林中拔地而起(图4-3)。它们模仿棚屋的"编织",做成弯曲的木肋结构外皮。内层是竖直的钢与玻璃百叶。内外两层之间形成被动式通风系统。它既能低档强劲的海风,又为室内创造了良好的生态环境。"棚屋"群西侧是一条蜿蜒于丛林中的"卡纳克之路"。道路沿途的环境设计象征着土著传说中的生命历程。这座文化中心的设计构思,既体现了传统环境中的时空延续,又展示出现代时空中的传统升华。

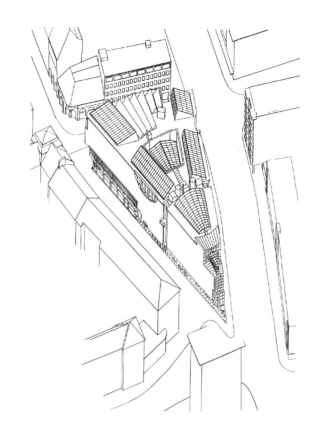

图4-2　法兰克福现代艺术博物馆轴测图

图4-3　奇芭欧文化中心外景

二、构思突现博物馆的内在特色

（一）反映博物馆的内容、主题

博物馆的收藏五花八门、包罗万象。博物馆的展出也丰富多彩、应有尽有。以博物馆收藏展出的内容与主题作为设计构思与创意的途径，能使博物馆的特色更加鲜明，更能引导观众进入为他所设定的角色，与展出融为一体。

在澳大利亚有座巨虫博物馆，它所展示的是巨形吉普丝蚯蚓。这座博物馆有着与蚯蚓体形相似的外貌，还有模拟蚯蚓腹部的内部空间，让观众穿行体验。这种对博物馆内容直白的构思，让观众感受到巨虫的真实。

山东威海的甲午海战纪念馆，抓住甲午海战这一主题，将海战中船体相互撞击、穿插、桅杆折断的场景加以抽象借鉴，用于博物馆的造型。用残破、断裂、倾覆的船体构思的大门，以象征、隐喻的手法表现出甲午海战的激烈与悲壮。美国巴尔的摩水族馆运用了立体、透明、包围式的展窗让观众好似置身于奇妙的海底世界，使观众对水族馆这一内容的感受犹如身临其境。而华盛顿大屠杀纪念博物馆却是以纳粹集中营的建筑片断——4座5层高的砖塔，见证厅内隐喻焚尸炉的钢砖混合造型，以及不均衡压抑的室内空间，向观众诉说纳粹屠杀犹太人的丑恶历史，并唤起人们对受难者的深深悼念，对大屠杀这段扭曲史实的深刻反思(图4-4)。

（a）构思草图 　　　　　　　　　　　　　　　　（b）见证厅室内

图4-4　华盛顿大屠杀纪念博物馆

（二）体现博物馆的功能特色

博物馆在功能上有不同于其他建筑的自身特色，主要体现在以下几个方面。一是博物馆的参观活动是以动态的观众参观相对静止的展品，因此需要合理组织参观流线。二是博物馆的陈列区一般都有多个

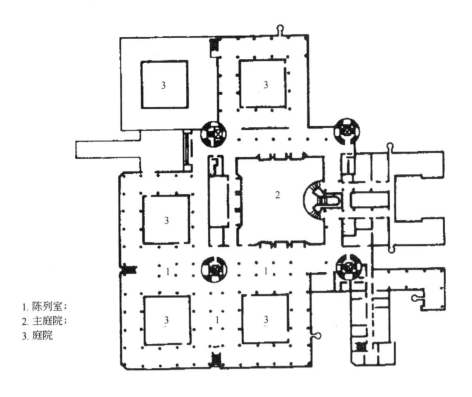

1. 陈列室;
2. 主庭院;
3. 庭院

图 4-5　大阪国立民族学博物馆 2 层平面图

陈列室组成。相同的功能组织在一起可以形成博物馆独特的空间结构和富于韵律感的外形。三是许多博物馆的陈列室都利用自然采光。自然采光的方式会影响博物馆的室内空间以及外观形象。

赖特所设计的美国纽约古根海姆美术馆,在中庭中组织了一条螺旋上升的参观路线,将水平交通与垂直交通结合在一起,中庭的室内因此而呈现出强烈的动感,而博物馆的外观也展现出颇具特色的连续向上的螺旋形曲面。黑川纪章所设计的日本大阪国立民族学博物馆,将陈列室设计成一个个正方形的标准单元,每个标准单元都由陈列室围绕一个庭院组成,标准单元的一角还布置着垂直交通,而几个标准单元又簇集在主庭院四周。这个博物馆的平面呈现出别具一格的韵律,也方便扩建(图4-5)。皮阿诺精心设计了美国休斯敦曼尼尔美术馆的自然采光系统,那些叶片式的"阳光天棚"不仅让观众享受到变幻不定的自然光线为展品所带来的微妙情趣,还赋予建筑展现韵律美的契机(图4-6)。

图 4-6　休斯敦曼尼尔美术馆叶片式的"阳光天棚"

三、对表现建筑风格与流派的追求

具有时代共性的建筑风格,以及同时代中多种创作形式的各个流派常常是建筑师设计创作中刻意追求的目标。而博物馆的公共文化建筑特征正好为这种追求提供了理想的实践基地,也为新建筑风格与流派的诞生创造了适宜的土壤。沿着这条途径所做出的创作往往个性鲜明,具有时代感。

斯特林所设计的德国斯图加特国立美术馆新馆是后现代建筑的代表作。这项设计在 1977 年赢得设计竞赛头奖,并在 1984 年建成。这段时期正是后现代主义建筑思潮在理论与设计上取得重要地位,并走向成熟的时代(图 4-7)。

斯特林在 1981 年的一次讲座中谈到了他的这项设计。他认为建于 1837 年的老美术馆的新古典主义特征是新、老建筑相关联的内在特点。他说:"我吸收了被看作是 19 世纪博物馆的雏形的辛克尔的老博物馆的平面。我发现,它们所表现的效果要较 20 世纪的同类建筑更有感染力"。他还说:"我希望这座建筑将引起与博物馆的一种联想,我很愿意参观的人们认为它像是个博物馆,在各个细部,都可以通过用新的方法来使用旧的元素,而将传统的和新的元素结合起来"。"只是简单的做成古典主义已不够了"❶。斯特林的看法正好符合作为后现代建筑核心人物之一的罗伯特·斯特恩的精辟见解,即"所谓后现代主义,只是表示现代建筑的一个侧面,并非抛弃现代主义⋯⋯,它为了前进而回顾既往,目的在于探索比现代主义先驱者们所倡导的更有涵盖力的途径"❷。

斯特林设计的这座博物馆,在现代钢结构的内层上披挂着石材外衣。古典比例的石材划分,基督教会式的窗拱及檐口的装饰都有着复古色彩。入口处颜色鲜艳的钢制雨罩,大面积扭曲的玻璃外墙,门厅里简洁耀眼的露明电梯又向人们展示着现代技术的魅力。雕塑庭院内半埋在地下的变形古典柱式还隐喻着馆址曾经是一片废墟,后现代建筑的设计手法在这里被斯特林表现得淋漓尽致。这座博物馆被称为"后现代古典主义建筑应用双重译码的杰出代表"❸。

图 4-7 斯图加特国立美术馆新馆局部外观

❶ 窦以德等编译.詹姆士·斯特林(国外著名建筑师丛书第二辑).北京:中国建筑工业出版社,1993
❷ 同上
❸ 刘先觉主编.现代建筑理论.北京:中国建筑工业出版社,1999

四、从理论与理念的角度进行探索

刘先觉先生在他主编的《现代建筑理论》一书前言中写了这样几句话："近十年来，许多建筑工作者都深感建筑理论对建筑创作的重要性，因为它能形成一种思潮和某些流行手法，直接影响着建筑创作的方向"。"如果我们能把不自觉地应用某些理论变为自觉的行为，变为一种既有思想又有文化意义的创作过程，这岂不是更好吗？"这些话对建筑师来说是一种很好的启示。除此之外对于建筑理论领域内尚未上升到系统理论高度的一些观念、概念——建筑理念的学习与应用也是相当重要的。而博物馆建筑的设计创作则是探索建筑理论、理念的极佳课题。

罗杰斯和皮阿诺设计的法国巴黎蓬皮杜文化中心是高技派建筑的代表作之一。它的设备管线用5种颜色分成不同层次暴露在建筑的外立面上。这种"翻肠倒肚式"的外观在晚期现代建筑的理论与手法中是第二代机械美学"外骨骼效果"的体现。被称之为"具有新艺术派昆虫形象的韵味"。

霍尔设计的芬兰赫尔辛基Kiasma当代美术馆建在城市中心一块三角形基地上。他借用遗传学中代表"交叉"、"互换"的"Chiasma"一词作为设计理念，将建筑布置成一直一曲的两个体块，表示其设计的"互动"创意(图4-8)。

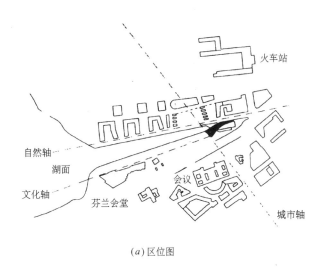

(a)区位图

图4-8　赫尔辛基Kiasma当代美术馆

1.入口；2.衣帽间；3.书店；4.咖啡厅；5.中庭；
6.坡道；7.过厅；8.讲演厅；9.机房；10.办公室

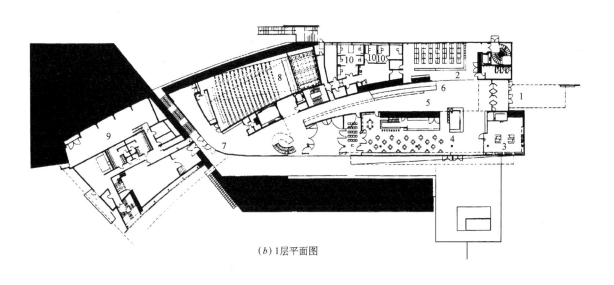

(b)1层平面图

五、自相关事物激发联想创造

　　建筑师通过对相关事物的敏锐观察,形成一种联想,经过提炼、加工、抽象、转化、落实,进行创意与构思,往往会迸发出联想创造的火花。比如盖瑞说过桔子皮做个建筑不错,这就是联想引发的创造性构思。建筑上不少的联想构思来源于相关艺术的启迪,例如音乐、绘画、雕塑……,它并不局限于建筑领域。澳大利亚巨虫博物馆,就以一条弯曲的圆拱形建筑模拟了巨虫的外形,而有的联想构思,是将"原始资料"提炼加工成抽象的概念,然后用象征性的建筑语言加以落实,形成一种隐喻。贝聿铭设计的美国克利夫兰摇滚乐名人遗物收藏博物馆就是一例。

　　克利夫兰是 1925 年世界上第一场摇滚乐会的所在地,这座博物馆建在市中心以北的伊利湖畔。博物馆里收藏着摇滚乐巨星们数不尽的物品。贝聿铭设计这所博物馆的构思是试图以大胆的建筑造型来体现摇滚乐爆炸性的能量。贝聿铭将博物馆的大部分布置在水面上。建筑用矩形、梯形、圆形、三角形等体块组成,外观有实有虚。一个巨大的不规则梯形以很大的尺度悬挑在水面上方,它的外观象征着一个巨大的扩音器,而建筑大幅度悬挑的力度隐喻着摇滚乐爆炸性的能量(图 4-9)。

图 4-9　克利夫兰摇滚乐名人遗物收藏博物馆外景

　　将学习其他建筑创作时所受到的启发,经过模仿,重构转化为自己的作品,如果它与原著之间的相似让人一目了然,这种做法不是什么"联想创造",往往还有抄袭的嫌疑。1953 年美国著名建筑师赖特曾接受过美国国家广播公司记者休·唐斯(Hugh·Douns)的采访,在回答对其职业最感失望的是什么这一问题时,赖特说:"……我看到的大多数是模仿而不是竞争。由模仿的模仿者所作的模仿"。这一问题对于中国建筑师来说,同样应当引以为戒。学生在学习阶段需要学习、理解国外建筑师的作品,其中对名师名著的模仿、重构不可避免。中国改革开放打开国门之后,我国建筑师也有一段打开思路向西方建筑师学习、模仿的过程。我们需要学习,需要学习继承国内外前辈及同行们的成果,了解激发他们创作的原因、思路及方法。然而学习的目的是为了有更好的作品诞生,而不能只是在表面上对形式一味地仿效。当今,中国有世界上最大的建筑市场,中国建筑师没有理由不创作出适合我国国情的世界级建筑作品。此外,值得一提的是,创作中为了求得与环境的协调和统一,运用类型学与符号学的手法操作,还是切实可行的办法之一。如果能因此而做出特色,这也是一种创造。

　　然而,"建筑自身的独创性不能作为评价建筑优劣和是否恰当的标准。新颖和原则性只有建立在对建筑内在问题的解决和探索的基础上才有助于设计"❶。

---

　　❶　摩西·赛弗迪(Moshe Safadie).建筑的语言和手段.世界建筑导报,1992(3):22~38

六、提炼有关的精神内涵

　　对博物馆自身以及所在地域的文化、历史、神话、宗教等进行提炼，并将其精神内涵注入建筑的创意和构思，不仅能开拓建筑设计的思路，而且能使建筑设计获得丰富的文化内涵和哲理。

　　斋浦尔市是建于中世纪的一座印度古城，它最初的城市规划采用了印度神话中象征9大星体的曼陀螺模式(图4-10)。柯里亚所设计的斋浦尔博物馆就建在这样的城市文脉环境中。柯里亚沿用了曼陀螺9宫格般的形状，将博物馆分成9大区域，并将其中一个方格移位成为入口。柯里亚还把曼陀螺所包含的宇宙神秘这一精神内涵加以提炼，将博物馆的9个方格分别代表9大星系，并用不同的颜色和符号加以区分(图4-11)。该构思新颖、别致，并创造了城市文脉延续的意境。

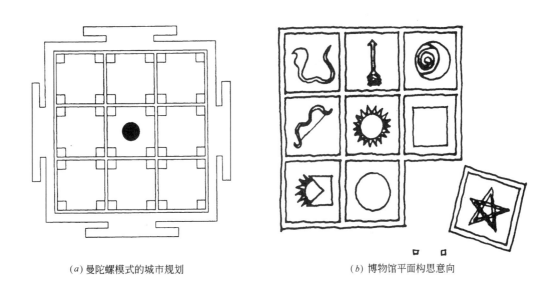

(a) 曼陀螺模式的城市规划　　　　　　　　　(b) 博物馆平面构思意向

图 4-10　曼陀螺模式的城市规划及斋浦尔博物馆平面构思意象

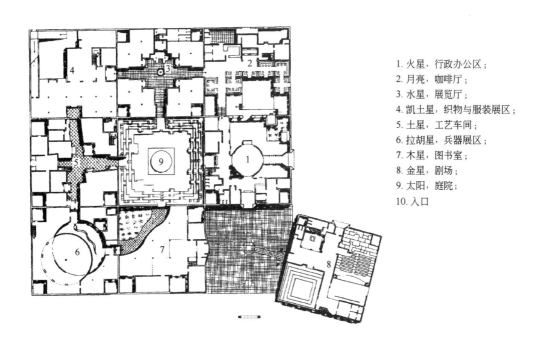

1. 火星，行政办公区；
2. 月亮，咖啡厅；
3. 水星，展览厅；
4. 凯土星，织物与服装展区；
5. 土星，工艺车间；
6. 拉胡星，兵器展区；
7. 木星，图书室；
8. 金星，剧场；
9. 太阳，庭院；
10. 入口

图 4-11　斋浦尔博物馆平面图

博塔设计的旧金山现代艺术博物馆,是一座以"现代殿堂"为创意主题的建筑。这一主题源自博塔对博物馆精神内涵的概括。当今,博物馆已被西方人视为现代生活中的"大殿堂"。星期天,人们对博物馆艺术的崇尚正在逐渐代替对教堂的朝拜。博塔抓住博物馆这一精神内涵,以对称、端庄、优美的建筑造型,赋予该博物馆强烈的纪念性,创造出"现代殿堂"神圣而平易近人的艺术效果(图 4-12)。

图 4-12　旧金山现代艺术博物馆博塔构思草图

第五章　博物馆建筑的基本组成及其功能与流线

了解博物馆建筑的基本组成及其功能，分析它们相互之间的关系是博物馆建筑设计的基础。

一、博物馆建筑的基本组成

虽然博物馆建筑因其规模不同、类型不同、特点不同，它的建筑组成有所区别，但是博物馆所共有的收集保管、调查研究、普及教育这三大基本职能决定了博物馆也有大体对应的基本组成。一般说来，每个博物馆都有陈列区、观众服务设施、藏品库区、技术用房、行政办公用房、学术研究用房及设备用房这七大部分（其设备用房也可在主馆之外单独设置）。基本组成（除设备用房外）可用图 5-1 表示。

在不同的博物馆中，三大基本职能的重点有所区别，因此，博物馆有展览型、研究型、收藏保管型和普及教育型之分。例如，从总体上看，美术馆侧重于展览与收藏，科技馆侧重于普及教育，学校博物馆侧重于教育与研究，档案馆侧重于档案保管。而实际上，即使是同一类型的博物馆所侧重的方面也是有所区别的。这样，博物馆建筑基本组成之间的面积比例和房间内容也依照博物馆的不同类型和不同特点而产生变化。中国建筑工业出版社 1994 年出版的《建筑设计资料集》（第二版）第 4 集 114 页的各类博物馆建筑面积构成图（图 5-2）反映了我国当前一些博物馆的建筑面积构成现状。

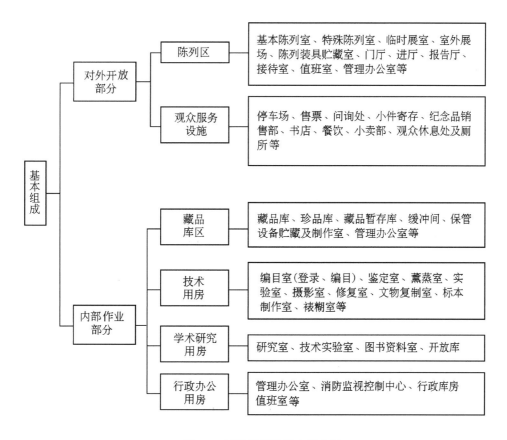

图 5-1　博物馆建筑基本组成图

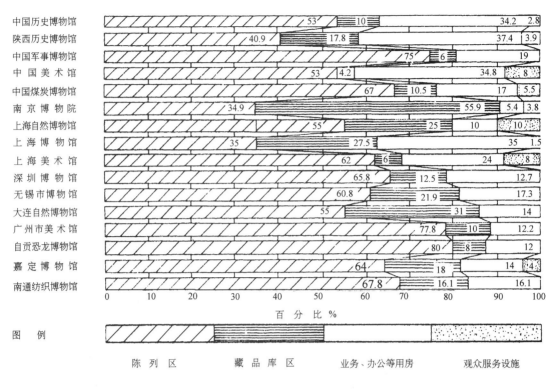

中国历史博物馆
陕西历史博物馆
中国军事博物馆
中 国 美 术 馆
中国煤炭博物馆
南 京 博 物 院
上海自然博物馆
上 海 博 物 馆
上 海 美 术 馆
深 圳 博 物 馆
无 锡 市 博 物 馆
大连自然博物馆
广 州 市 美 术 馆
自贡恐龙博物馆
嘉 定 博 物 馆
南通纺织博物馆

百 分 比 ％

图 例　　陈 列 区　　藏 品 库 区　　业务、办公等用房　　观众服务设施

图 5-2　我国部分博物馆建筑面积构成图

二、博物馆建筑的功能和流线分析

在博物馆的收集保管、调查研究、普及教育三大基本职能中,前二项是博物馆的内部作业部分,它只与博物馆内部的行政管理人员、专业研究人员,以及外来的专业观众有关。而普及教育的职能是通过向外来的一般观众公开展览来实现的。因此,博物馆的建筑功能也划分为对外、对内两大部分。这就像剧院有前台与后台一样。前台后台也好,对内对外也好,二者虽然有功能上的区别,但又有相互间的联系。博物馆建筑的内部与外部之间,是通过展品和管理人员来联系的。

(一) 博物馆建筑的前台——向公众开放部分的功能与流线

博物馆建筑的前台,其主要部分是门厅、进厅、陈列室、报告厅与观众服务设施。

1. 门厅

门厅是一般观众进入博物馆的入口,也是组织进入博物馆的观众人流集散的交通枢纽。观众可以从这里到达进厅、陈列室、临时展室、报告厅、书店、纪念品销售处等部分。当门厅内设有楼梯和电梯时,门厅不仅要组织好水平交通人流,还要组织好垂直交通人流。门厅的各股人流流线要简洁通畅,给观众以明确的导向作用,同时尽量避免人流的交叉与重复。楼梯、电梯的位置,要便于观众参观的连续性与顺序性。

门厅内一般布置有咨询台,观众可以在这里领取介绍博物馆的资料,可以向工作人员或通过电脑查询各种信息。门厅里或门厅周围还可以设有存包处、存衣处、纪念品销售处和供观众休息交往等候的坐椅。这些为观众服务的设施,应当合理布置在门厅内或紧邻门厅的适当位置。也要避免人流的交叉与干扰,并且不要影响参观流线的通畅。纽约现代艺术博物馆就是一个人流组织便捷、流畅的例子。观众从门厅就近到达存衣间、售品部及书店。从门厅进入自动扶梯厅的观众,从水平方向可便捷到达餐厅、雕塑庭园及临时展厅,而沿自动扶梯向上则抵达各层陈列室(图5-3、图5-4)。

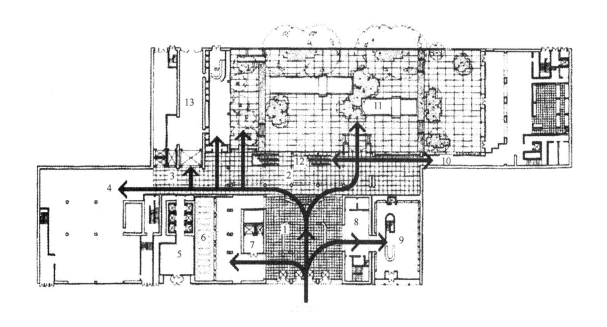

图 5-3 纽约现代艺术博物馆门厅自动扶梯厅人流示意图

1. 美术馆门厅;2. 自动扶梯厅;3. 电梯厅;4. 通向临时展厅;5. 塔楼门厅;6. 存衣间;7. 内部出入口;8. 会员售品部;
9. 书店;10. 通向对外餐厅的通道;11. 雕塑庭园;12. 通向陈列室的自动扶梯;13. 接待室

图 5-4 休斯敦现代美术馆门厅内的咨询台与休息区

2. 进厅

进厅是组织观众进入陈列室的交通枢纽,是引导观众进入陈列室的引导空间,是观众进入陈列室的前奏。进厅与陈列室的联系要直接,空间要宽敞,要方便观众进出。进厅可分为前厅式、中庭式、走廊式与过厅式四种形式。

前厅式进厅与数个陈列室联系,在水平方向组织观众,将人流从水平方向引向各陈列室,具有观众参观可选择性大、方向明确、人流集中的特点。埃默里大学迈克尔·卡洛斯博物馆的进厅(图 5-5)就属于前厅式进厅。

中庭式进厅将不同方向、不同楼层的陈列室围绕中庭布置，它还可在水平与垂直两个方向组织人流。人流组织比较复杂，参观路线的可选择性更大。当中庭式进厅内布置有电梯、楼梯、自动扶梯、坡道等垂直交通设施时，它既是水平方向的交通枢纽，也是垂直方向的交通枢纽，可以兼作博物馆的垂直交通厅。如美国纽约现代艺术博物馆的自动扶梯厅（园厅），就是一个活跃的交通空间（图5-6）。此外，纽约古根姆美术馆、亚特兰大高级美术馆的进厅都是这种类型（图5-7）。

前厅式与中庭式的进厅空间比较大，在入口层可以兼作陈列室的序厅。这里可以根据陈列内容更换序言，也可以布置体现陈列主题的造型或陈设。如杭州丝绸博物馆在进厅布置传统的织机，突出了博物馆的主题（图5-8）。这里也可以举行庆典或礼仪活动。除此之外，它们还可以与门厅合而为一，兼有门厅与进厅的双重功能。

走廊式进厅形状狭长，方向性强，不易受其他流线干扰，类似加宽的走道。陈列室一般布置在进厅长边的一侧或在两侧同时布置。也可在走廊式进厅中布置垂直交通设施。丹麦哥本哈根方舟现代艺术博物馆就是将陈列室布置在弓形走廊式进厅两侧的例子（图5-9）。

过厅式进厅面积小，空间紧凑，它可以是从门厅到陈列室的过渡空间，也可以是大型进厅进入陈列室之前的小型过渡。这里可布置垂直交通设施、厕所、休息等。美国塔科马市华盛顿州历史博物馆就是一例（图5-10）。

3. 陈列室

陈列室是博物馆前台的主体，是陈列、展览各类文物和标本的专设房间，是博物馆普及教育的课堂。它既与门厅、进厅有着最直接、

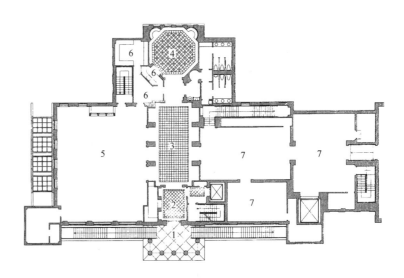

图5-5　迈克尔·卡洛斯博物馆上层入口平面图
1.平台；2.门厅；3.前厅式进厅；4.咖啡厅；5.多功能厅；6.咖啡服务间；7.展厅

图5-6　纽约现代艺术博物馆自动扶梯厅内抵达各层陈列室的自动扶梯

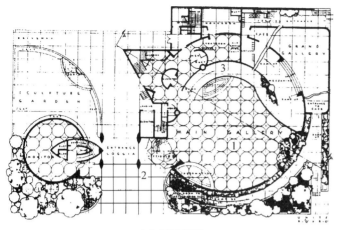

（a）首层平面图

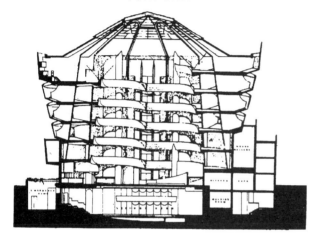

（b）剖面图

图 5-7　纽约古根海姆美术馆（赖特设计）
1. 中庭式进厅；2. 入口；3. 坡道

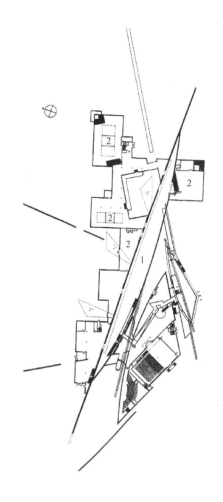

图 5-9　哥本哈根方舟现代艺术博物馆走廊式进厅
1. 走廊式进厅；2. 陈列室

图 5-8　杭州丝绸博物
馆进厅内的传统织机

45

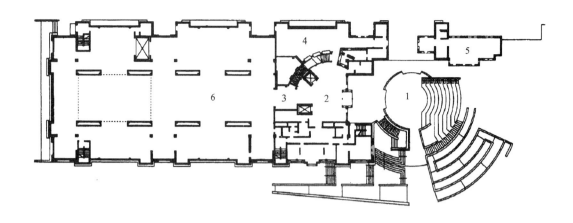

图 5-10　华盛顿州历史博物馆 1 层平面图
1.露天剧场；2.门厅；3.过厅式进厅；4.书店；5.咖啡厅；6.主展厅

最紧密的联系，又与藏品库、管理办公用房以及陈列室工作人员用房有着方便的联系。陈列室包括基本陈列室、特殊陈列室、临时展室以及室外展场。

基本陈列室在陈列室中所占的比重最大，展览比较固定，它应布置在陈列区中最醒目便捷的位置。博物馆陈列展出的特点是流动的观众参观固定的展品，因此参观流线的组织至关重要。这主要指基本陈列室的人流组织。其原则是保证陈列和参观的系统性、顺序性和可选择性。

临时展室为举办临时性展览，展览内容需要经常更换，适合采用大空间，以增加使用的灵活性。临时展室的布置相对比较独立，可设单独出入口，便于单独开放。

特殊陈列室可以是专题陈列室、电影厅或开放库。专题陈列室的陈列内容相对比较独立，但也比较稳定。所布置的位置也可以较独立，但不必单独对外开放。

有的博物馆设有电影厅，作辅助基本陈列用，它相当于使用音像设备的特殊陈列室。这种特殊陈列室应当组织在基本陈列参观流线的适当位置。

此外，少数博物馆还设有开放库，它除对专业观众开放外，也可以对一般观众开放，相当于一个特殊陈列室。这种开放库可布置在博物馆内、外部分的结合处，方便专业观众与一般观众共同使用，也应组织在参观流线的适当位置上。

为参观方便，陈列室不宜布置在 4 层以上。大、中型馆内 2 层或 2 层以上的陈列室宜设置客货两用电梯。

室外展场是在露天展出展品的场所，展品一般多为固定的雕塑，它应在博物馆建筑设计的总体布局中统一考虑，可以布置在参观室内陈列之前、之后或中途。它的位置也要使参观流线顺畅连续，防止人流交叉和走回头路。

4. 报告厅

大中型博物馆应设报告厅，报告厅供举办各种学术报告用。报告厅面积宜按 $1 \sim 2m^2/$座计算。它的位置最好接近观众入口，尽量避免到报告厅的观众与参观陈列室的观众人流交叉。它的位置相对比较独立，并宜设置单独对外的出入口，以便必要时单独开放。报告厅还要与研究室能相互联系，为研究人员到达报告厅提供方便。在有的博物馆中，报告厅的活动与陈列内容关系密切，报告厅的位置可布置在既接近陈列室又相对独立的位置上。

5. 观众服务设施

馆内观众服务设施包括问询处、存衣、小件寄存、纪念品销处、书店、餐饮、小卖部、休息、厕所等。

门厅内可布置问询处、存衣、小件寄存、纪念品销售处以及休息、等候等观众服务设施。也可将书店、纪念品销售处以及厕所在门厅、进厅附近单独设置。问询处除向观众提供咨询服务、发放参观资料外，还可兼售门票。

参观博物馆的观众容易产生疲劳,可在陈列区中适当位置布置休息、茶座、餐饮、小卖等服务设施,使观众得到间歇性休息。纪念品及书画销售一般布置在出入口附近,在大、中型博物馆中还可在参观途中适当增设。大、中型博物馆内,每层陈列区需配置男女厕所各一间。当该层陈列面积超过 1000m² 时,还应适当增加厕所数量。

(二) 博物馆建筑的后台——内部作业部分的功能与流线

博物馆建筑后台的主要部分是内部入口、技术用房、藏品库区、图书资料室、研究室以及行政办公室。

1. 内部入口

内部入口是进入博物馆后台的交通枢纽,应远离一般观众入口,使内、外流线分工明确,互不干扰。

博物馆的内部流线分为人流与货流。人流包括内部工作人员与外来专业观众。内部工作人员即行政管理人员、技术工作人员与专业研究人员。货流指进出博物馆的藏品或展品。

在中小型博物馆中,人流、货流可共同使用一个入口。在大型博物馆或一部分中型博物馆中,可将人流、货流入口分开设置。在大型博物馆中还可将内部工作人员与外来专业观众的入口分开。

当分别设置各种入口时,各条流线都应便捷到达各自工作地点或存放区域。当工作人员与外来专业观众合设一个入口,或人流、货流共同使用一个口时,内部入口除了要组织各种流线便捷到达各自工作或存放地点外,还要尽量避免各种流线的交叉与相互干扰。

内部入口还起着管理内部秩序与安全的作用,应在内部入口处设值班室。

2. 技术用房

技术用房是对藏品进行处理的专设房间。藏品进馆后,需经鉴定、登记、编目、建档,同时还要进行一系列的技术处理,如蒸气消毒、化验、摄影、修复、装裱、复制、制作标本等。在这之后藏品才进入库区存放。因此需要设置鉴定室、编目室、熏蒸室、实验室、摄影室、修复室、文物复制室、标本制作室、裱糊室等相应的技术用房。

编目室、鉴定室、摄影室、修复室等应接近藏品库区布置,以方便藏品运送。

大型馆须设熏蒸室和实验室。中小型馆如有馆际协作安排,则可不必设置。熏蒸室是用化学药品气化的方法,对文物和标本进行杀虫灭菌工作的专设房间。熏蒸室及实验室用房都应与藏品库房和陈列室有一定的距离,既要防止化学物质对藏品的影响,又要方便藏品的运送。

3. 藏品库区

藏品库区由藏品库房、缓冲间、藏品暂存库房、鉴赏室、储藏室、管理办公室等部分组成。

藏品暂存库房用于暂时存放尚未清理、消毒的各类文物、藏品和标本。储藏室用于储藏陈列和保管中使用的橱柜、台座、屏风、支架、板面箱盒、镜框、瓶罐等器具。暂存库、储藏室、鉴赏室、管理办公室都应布置在藏品库房的总门之外。

藏品库是存放各类文物、藏品和标本的专设房间,又分为一般库房、珍品库及开放库。珍品库是存放各类具有较高历史、艺术、科学价值的一级藏品及保密性藏品、经济价值贵重藏品的专设库房。它的位置要确保藏品的安全,并有严格的保安措施。珍品库及一般藏品库应布置在藏品库房的总门之内。当收藏对温湿度较敏感的藏品时,应在藏品库区或藏品库房的入口处设面积小于 6m² 的缓冲间,主要用以防止藏品在短时间内经受较剧烈的温湿度变化。

开放库主要供专业人员参观、查阅用。极少数开放库可布置在陈列区内,对一般观众开放。

一切藏品库房严禁向室外直接开门,以保证藏品安全。藏品库区与陈列室、技术用房、研究用房以及管理办公用房之间要有方便的交通联系。2 层或 2 层以上的藏品库房应设置载货电梯。

4. 图书资料室

图书资料室主要供馆内专业研究人员或专业观众使用,所以要与研究室靠近,联系方便。目前在少数博物馆中,图书资料室也对一般观众开放,这时,图书资料室可布置在陈列区内,但又要与研究室联系方便,也可在陈列区内增设单独为一般观众服务的图书室。

5．研究室

研究室供馆内专业研究人员及专业观众使用。他们调查研究藏品的背景材料,研究藏品的价值,并对藏品的展览、陈列进行策划。研究室与藏品库、编目室、图书资料室、报告厅都要有方便的联系。

6．行政办公用房

行政办公用房有馆长室、接待室、会议室、财务室、党团办公室等。行政办公用房要靠近内部入口,以便外来人员联系方便。行政办公用房与陈列区、藏品库区、技术用房都有工作联系,所以它们之间要有通畅的过道,使之联系方便。

除以上用房外,还有部分设备用房。如空调机房、变配电室、水泵房等。它们可布置在博物馆建筑内,也可在馆区内单独设置。大、中型博物馆还必须设置火灾自动报警系统,其消防控制室应设在博物馆内部入口附近的明显位置处。

此外,随着博物馆功能向多元化方面的扩展,以及信息时代的现代科技正在革新博物馆的收藏技术与展出方式,博物馆的房间设置及其功能流线势必会产生相应的变化。

三、博物馆建筑的流线示意图

流线示意图,是建筑空间中行为主体的行为过程运动轨迹示意图。博物馆的流线示意图,是在科学地分析博物馆各部分功能与各种流线关系的基础上,加以总结组织得来的。它简单明了地显示出博物馆各功能与各种流线之间的相互关系,是博物馆平面设计的参考。流线组织合理的平面设计,既能提高参观的效率与质量,又能方便博物馆的藏品工作、专业研究与行政管理。对于建筑师来说,掌握博物馆的流线组织为创造既生动、丰富、有情趣,又适用、合理的建筑空间提供了基础。

博物馆流线汇总表　　　　表 5-1

各种功能	1 参观	2 讲座	3 阅览	4 收集	5 保存	6 记录	7 研究	8 修复	9 业务	10 消毒	11 休息	12 等候	13 谈话	14 用餐	15 接待	16 办公	17 会议	18 向导	19 销售	20 寄放	21 监视	22 卸货	23 警卫	24 值班	25 卫生	26 更衣	27 作业	28 机械
一般观众	○										○	○	○					○	○	○					○			
专业观众	○	○									○							○							○			
研究人员	○	○	○	○	○	○	○	○		○	○		○		○		○		○					○	○			
技术人员				○	○			○	○						○		○					○			○			
馆长	○													○			○											
职员														○		○	○								○			
服务员														○											○			
来访者													○	○	○			○							○			
活动空间	陈列室	报告厅	图书室	资料室	库房	记录室	研究室	修复室	办公室	消毒室	休息厅	陈列室	休息室	小卖部	接待室	办公室	会议室	预约处	销售部	寄存处	陈列室	暂存库	警卫室	值班室	盥洗室	更衣室	作业间	机房
				胶片库		暗室		木工室	工作间	库房	门厅		休息厅	餐厅				问讯台			开架库	库房			医务室			监视室
		教室		研究室		摄像室		金工间					门厅															
				办公室		电脑室																						

博物馆流线可分为一般观众流线、藏品流线、专业人员流线与管理经营流线。中国建筑工业出版社1994年出版的建筑设计资料集(第二版)第4集114页的博物馆流线汇总表(表5-1)总结了博物馆各种房间的功能,以及它们与各种流线的关系。这也可以用博物馆流线示意图来表示(图5-11)。

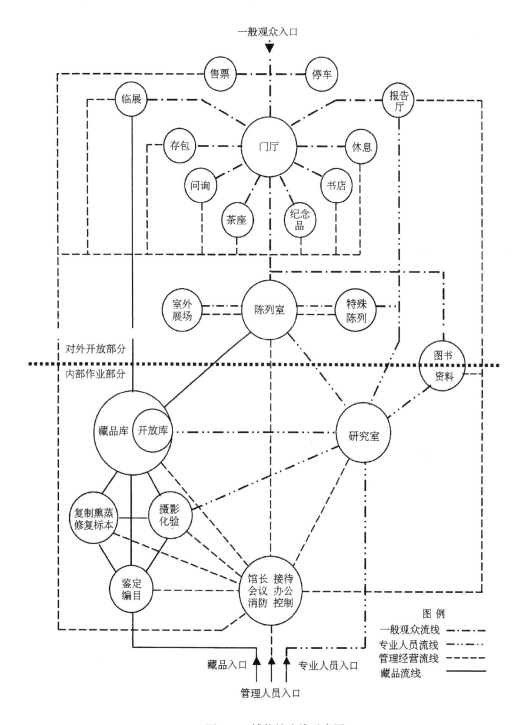

一般观众入口

售票　停车

临展

报告厅

存包　门厅　休息

问询　书店

茶座　纪念品

室外展场　陈列室　特殊陈列

图书资料

对外开放部分
....
内部作业部分

藏品库　开放库　研究室

复制熏蒸修复标本　摄影化验

鉴定编目　馆长　接待
会议　办公
消防　控制

图例
一般观众流线 ·—··—··—
专业人员流线 ·—·—·—
管理经营流线 ———————
藏品流线

藏品入口　专业人员入口

管理人员入口

图 5-11　博物馆流线示意图

49

第六章　博物馆建筑的总体布局

我们在第四章中谈到设计创作要"意在笔先",以及创意与构思的几条途径。然而,这种创意与构思决不能仅仅停留在生动的口头描述阶段,因为那样做只能是一位"虚拟建筑师"。也就是说立"意"之后必须落"笔"。这是一个用建筑语言将设计的创意与构思落到实处的物化过程。这个落实首先需要从总体着手,落实在建筑的总体布局、形体构想、平面布置、空间架构等诸多方面。建筑师的设计与创意,可以看成是对某种设计意境的向往与追求,对设计面临矛盾的认识与对策。同时,博物馆建筑还是博物馆功能的载体,并不能只是建筑形式、艺术随心所欲的表达。因此,落实创意是一个首先从总体入手,逐步深入细化的过程,是一个从宏观到微观反复协调功能与形式之间矛盾的操作。一个博物馆的建筑设计,如果只讲功能与实用,不讲艺术与形式,它只能平淡、单调,缺乏对观众的吸引力。反之,如果只讲艺术与形式,不讲功能与实用,它又仅仅是一件脱离实际的建筑艺术展品。这不仅不能发挥建造博物馆所期望取得的社会效益,还给博物馆工作带来许多不便。因此,在落实设计创意与构思的过程中,求得功能与形式的基本协调是相当重要的。能做到这一点,才会有博物馆方面乐于接受的建筑,建筑师的创意与构思也才是切实可行的。

博物馆与其他建筑一样,它的总体布局是设计创意与构思的延续与深化,往往在理顺构思创意的思路时已经大致形成。同时它的总体布局还不能脱离对建筑平面、造型、空间架构的综合运作而独立实现。它们之间是相互影响,相互制约,相互依存的。本书将它们分章阐明只是为了叙述方便。除此之外,建造环境对总体布局的影响,城市规划对总体布局的要求,博物馆功能在总体布局中的体现,都是设计必须面对的矛盾和应该遵循的原则。

一、博物馆建筑总体布局与建造环境的结合

像其他建筑一样,博物馆建筑设计是在客观存在的建造环境中进行的。设计过程也是一个认识环境、利用环境、改造环境、创造环境的过程。建筑设计既受到环境因素的制约,又得助于环境条件的启迪。因此需要认清建造环境,利用有利因素,转换不利因素,巧具匠心,激发灵感,将环境特色、功能需求、规划制约落实到总体布局中。

博物馆的建造环境是博物馆赖以生存的载体。从范围上讲,它的大环境可以追溯到城市范围,中环境可以包括建造地段的周边状况,小环境可以局限在建设地段之内。然而环境对博物馆建筑设计的影响范围要视具体情况而定。建造环境是多元环境的综合体,对于不同的博物馆来说,建造环境的不同,影响设计的主导环境也不相同。建造环境包括自然环境与人造环境两大部分。自然环境一般指建设地段的地形、地貌、地质、气候、日照、生态、植被等方面。人造环境又有显性环境与隐性环境之分。城市环境、现状环境、历史环境、景观环境等属显性环境。规划要求、文化背景、历史传统、风俗民情等可视为隐性环境。对于舒尔茨所说的"场所精神"来说,"场所这个环境术语,意味着由自然环境和人造环境组成的有意义的整体"❶。不同的自然环境、不同的人造环境以及不同的场所精神对博物馆建筑的总体布局都有不同的影响。设计中要分清主次,区别对待。下面重点介绍一些处理与建造环境的关系具有特色的总体布局。

(一) 布局与地形、地貌、周边建筑的结合

本书第四章介绍了贝聿铭设计的美国国家美术馆东馆,这项设计就是以独具一格的总体布局来综合解决自然环境与人造环境矛盾的成功范例。贝聿铭用一条著名的斜线,将直角梯形地段划分成两个三角

---

❶　刘先觉主编.现代建筑理论.北京:中国建筑工业出版社,1999

形,正好分给博物馆的两大功能。其中那个等腰三角形的高与西馆的对称轴连成一条线。这样,不规则的地段形状与周边建筑严格对称的轴线看似一对难以协调的棘手矛盾,被贝聿铭巧妙的"一线双雕"迎刃而解。

日本爱媛别子铜山纪念馆建在杉木林立的废矿区。设计将建筑半埋在地下。纪念馆的屋顶与山坡斜度一致,种满植物,仿如别子铜山原来的土台。这个布局不但保持了原有的生态环境,实现了"铜山已被埋藏在山中"的设计创意,还为室内空间提供了类似矿山坑道的造型。

湖南韶山毛泽东同志纪念馆建在毛泽东同志故乡,离故居0.5里的引凤山下。建设用地是一片山坡,周围群山环抱,苍松翠竹。建筑背靠青山,面朝公路,依山就势,分成五个院落,错落有致地掩映在山林之间。这个布局既与地形配合有机,又保持了故居周围朴素、自然的山村风貌(图6-1)。

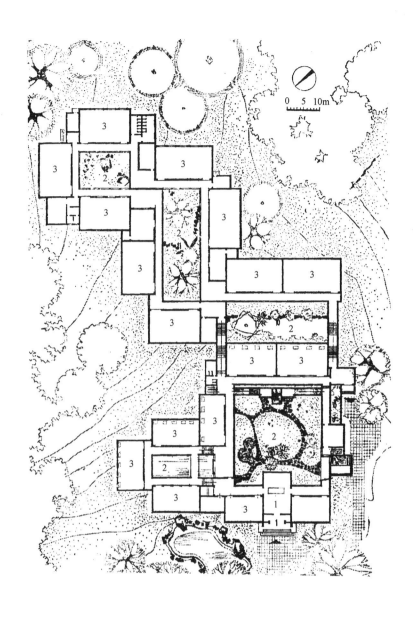

1. 门厅;
2. 院落;
3. 陈列室

图6-1 湖南韶山毛泽东同志纪念馆总平面图

(二)布局对气候、生态环境的利用

墨西哥人类学博物馆建在墨西哥城夏波尔特佩克公园内。设计者佩德罗·拉米雷斯·巴斯克斯曾经担任过国家人口安置和公共工程部长。这个建筑的布局完全适应墨西哥炎热的气候和强烈的阳光。建筑平面近乎矩形,陈列室围绕在一个矩形庭院的四周。矩形庭院是观众进入陈列室的前导。这里是一个湿润阴凉的灰空间(图6-2)。庭院前半部有一根刻画着墨西哥发展及文化的铜饰面支柱,支柱上悬吊着一个27m高54m×82m的矩形"大伞"。"大伞"遮盖着大半个庭院,"大伞"的阴影带给庭院一片凉爽。"大伞"上还有水自支柱四周流下,形成一圈水幕,水雾在阳光下折射出漂亮的彩虹,又给伞下的阴凉增添了湿润。庭院后半部是个矩形水池,池中布满热带观赏植物。它们既让庭院呈现绿色生机,又有利于小气候的改善。不仅如此,二层展室的悬挑还为一层创造了一条阴凉的外廊。布满遮阳片的外墙使得室内炎热的环境得到改善。

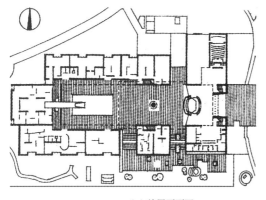
(a) 首层平面图

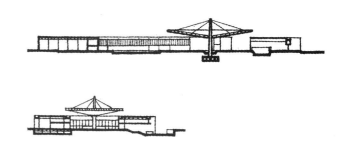
(b) 剖面图

(c) 中央庭院景观

图6-2　墨西哥人类学博物馆

（三）布局对城市环境的塑造

汉斯·霍莱因所设计的德国明兴格拉德巴赫市博物馆,其构思立足于与城市大环境的结合。它的总体布局将博物馆与城市环境组合成有机整体,成功地实现了汉斯·霍莱因的设计创意。

明兴格拉德巴赫市是莱茵河畔的一座山城,地势北高南低。城北的山丘顶上是城市商业中心,城南坐落着城市新区。博物馆用地正好位于商业中心到城市新区的中心地带。那里有一座建于公元793年的修道院。教堂和教长宅邸形成了城市中心和宗教中心。博物馆就建在紧邻原修道院花园的北山坡上。汉斯·霍莱因利用地形高差,顺势将建筑主要部分埋在地下,博物馆的屋顶为城市提供了一处步行平台。一条长长的步行天桥,从山丘上的商业中心一直架到这个步行平台上,步行平台通过层层跌落的花台与自然弯曲的坡道与修道园的花园连在一起。天桥、平台、花台、坡道的有机组合成为联系商业中心与城市新区的纽带,塑造了一个生动、丰富的城市空间(图6-3)。

（四）布局对原有建筑环境的整合

博物馆所处的建筑环境有着比较复杂的状况。有的博物馆与古建筑或历史建筑毗邻,有的周边建筑是城市的标志,有的还面临着复杂的建筑现状……。即使左邻右舍情况一般,也要从城市设计的角度考虑它们之间的相互关系。这里我们只介绍在建筑布局上处理复杂建筑现状的几个典型实例,其余问题在其他章节中还有阐述。

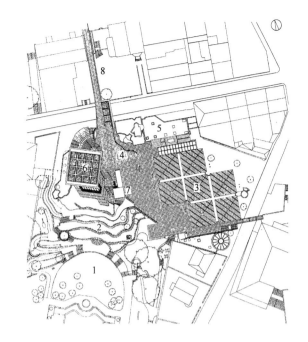

1. 修道院花园；
2. 花台；
3. 博物馆屋面；
4. 步行平台；
5. 行政办公；
6. 报告厅屋面；
7. 平台层入口；
8. 天桥

(a) 屋顶平面图

查尔斯·摩尔所设计的加拿大达特茅斯胡德美术馆，在总平面布局和环境设计上都是很成功的例子。美术馆用地夹在两栋旧建筑霍普金斯中心与威尔逊楼之间。旧建筑之间窄小的夹缝留给美术馆一个不起眼的窄小门面，而美术馆的主要用地则在旧建筑之后呈L形。摩尔巧妙利用L形地形将美术馆自由布局，形成两个不规则的院落。两幢旧建筑间的夹缝用一个穿过式的门洞连接起来，象征着美术馆的入口。观众穿过门洞进入院落后再到达美术馆内(图6-4)。这个穿过式门洞将两侧旧建筑紧紧地组织在一起，成为一个整体。这样，美术馆窄小的门面宛如大建筑中的一个成员，让人丝毫感不到它的狭窄与局促。门洞处用层层后退的处理，与左右旧建筑围合，形成一个亲切的小广场。在小广场上一片椭圆形草坪之中，种着一棵大树。大树庞大的树冠犹如牵连三幢建筑的纽带，更加加强了建筑的整体感(图6-5)。原来不利的建筑环境，经建筑师的巧妙布局，反而转化为别具一格的新面貌。它对建筑外形以及环境氛围的塑造都起了积极的推动作用。

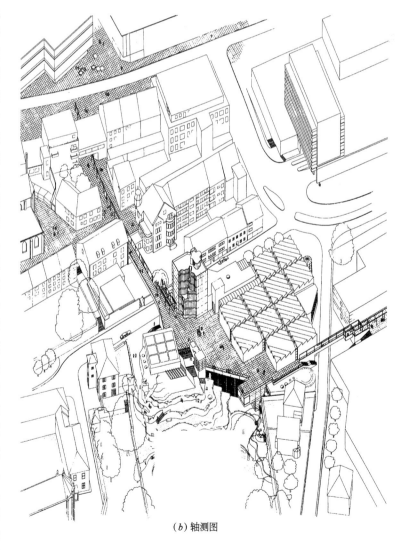

(b) 轴测图

图6-3　德国明兴格拉德巴赫市博物馆

53

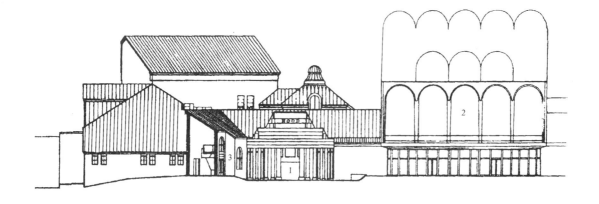

(a) 立面图

图 6-4 加拿大达特茅斯胡德美术馆

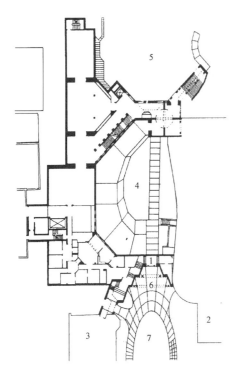

(b) 总平面图

1. 穿过式门洞；
2. 雷普金斯中心；
3. 威尔逊楼；
4. 院落1；
5. 院落2；
6. 小广场；
7. 椭圆形草坪

图 6-5 加拿大达特茅斯胡德美术馆外部环境

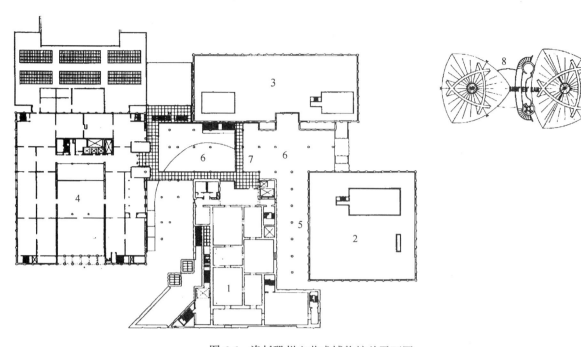

图6-6　洛杉矶州立艺术博物馆总平面图
1.安德森新楼;2.比恩中心;3.哈蒙楼;4.阿赫马森楼;5.入口处灰空间;
6.灰空间;7.天桥;8.日本馆

1965年所建成的洛杉矶州立艺术博物馆由阿赫马森楼、哈蒙楼以及比恩中心三幢有柱廊的复古主义建筑组成。它们围合形成一个广场。由于三幢建筑形象各异,各自为政,以致建筑环境缺乏和谐。1981年,RHPA事务所所作的扩建设计完全改变了原有建筑环境的混乱状况。这次扩建的安德森新楼插入到广场中心,并尽可能地拉伸了新建筑沿街立面的长度(图6-6)。这个布局使新的扩建部分遮盖住了不和谐的老建筑群,成为建成新环境的主体。不仅如此,新建筑与老群体之间的间隙,还用玻璃顶连接,形成一个半开敞的灰空间。这里的阳光、流水、室外茶座、咨询台、连接各建筑的天桥和来来往往的观众,形成一处充满活力的新景观(图6-7)。

(五)布局与复杂的现状环境相协调

博物馆的建设基地常常是由多种环境组合、交织而成。设计必须面对错综复杂的现状,将矛盾理顺,寻找适当的总体布局来协调处理好新建筑与老环境的多种矛盾,以求建成新环境的和谐与有序。

德国科隆瓦拉夫·理查茨和路德维希

图6-7　洛杉矶州立艺术博物馆入口处半开敞灰空间

博物馆的设计竞赛,就是在既有强烈历史痕迹,又有复杂地段现状的环境中进行的。布什曼、斯特林、翁格斯等著名建筑师都应邀参加竞赛,获胜者是布什曼和哈伯尔,他们的方案得到实施。虽然斯特林未能获胜,但他对复杂现状环境的处理与布什曼各有千秋。

　　建设用地紧邻科隆大教堂,是二战以后的城市空白用地,也是一块老大难的地段。博物馆建在莱茵河畔著名的科隆大教堂脚下,新建筑与历史建筑的关系必须得到协调。地段中有一火车编组站穿插其间,最后铁路从横跨莱茵河的霍亨佐伦桥上通过。铁路桥的轴线几乎正对科隆大教堂。设计要处理博物馆与编组站的隔离问题,防止编组站在视线、噪声、振动方面对博物馆的干扰,同时要预防莱茵河可能出现的洪水。此外,任务书中还要求在地段中保留一条前后贯通的步行道与科隆大教堂联系。

　　布什曼和哈伯尔的方案(图6-8)将建筑紧凑地布置在编组站左侧,避免了编组站在地段中穿插。博物馆的地上部分分成一大、一小的两个组团,一条步行道从中而过,通向科隆大教堂。小组团靠近编组站,与新风入口的构筑物一起,配合绿化成为一道隔离编组站的屏障。博物馆入口广场标高较高,经层层台阶下跌后,与莱茵河沿岸花园连在一起。博物馆的造型以采光天窗为特色,屋顶既连成一片又有相同的韵律,整个建筑以低矮的姿态平铺在地上,衬托着哥特式大教堂的优美。

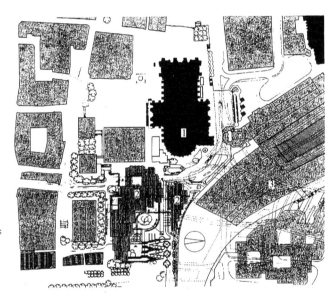

1. 科隆大教堂;
2. 博物馆;
3. 火车编组站

图6-8　布什曼和哈伯尔方案总平面图

　　斯特林的方案(图6-9)将编组站视为穿过地段的"树状河流",建筑分成两组布置在"树状河流"两岸,它们以一座横跨"河流"的人行架空天桥相互联系。体量大的建筑部分置于"树状河流"尾梢,在远离大教堂的位置上,从莱茵河对岸望去,犹如一对"桥头堡"。科隆大教堂耸立在"桥头堡"中央,它们共同形成铁路桥的对景(图6-10)。在编组站左侧,博物馆与科隆大教堂共同围合成一广场,更加强了新老建筑间环境的整体感。

　　两个方案,一个环境,两种布局,但是它们都以尊重历史、重视环境为出发点,在改造旧环境、创造新环境中求得博物馆建筑与现状环境的协调。布什曼与哈伯尔的方案,以新建筑对历史建筑的烘托,求得新老建筑的有机共处,同时注意新建筑群自身的完整性。斯特林的方案,在更大的范围上追求"与城市历史发展所形成的环境的和谐与认同"❶。

　　❶　窦以德等编译.詹姆士·斯特林(国外著名建筑师丛书第二辑).北京:中国建筑工业出版社,1993

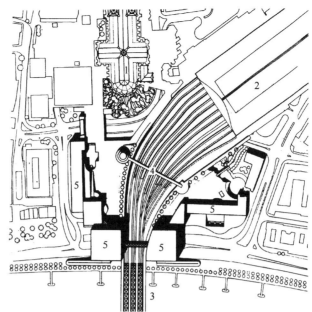

1. 科隆大教堂;
2. 火车编组站;
3. 霍亨佐伦桥;
4. 天桥;
5. 博物馆

图 6-9 斯特林方案总平面图

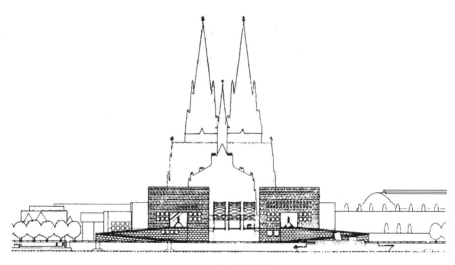

图 6-10 斯特林方案立面图

二、总体布局要符合城市规划对建设项目的相关制约

博物馆的总体布局除了要满足城市规划对设计规定的退红线、限高、容积率、绿化率、建筑密度、道路开口位置等一般要求外,有时还需要满足一些特殊要求。这些要求有的还出自博物馆方面。这些规划要求是设计时并不存在的现状,但又是设计时必须遵循的限制,可将它们视为建设地段的隐性环境。这种人为设定的规划环境有时也会引出巧妙的设计构思,并落实于精彩的总体布局。

在德国斯图加特国立美术馆新馆的设计竞赛中,评委会选中了一个有城市设计概念的建筑方案,这就是斯特林的方案。斯特林在谈到竞赛条件时说:"竞赛要求有一个 3m 高,正对康拉德·阿戴诺大街的台阶,下设一个大型停车场。同时还要有一公共步行道横穿用地,这是在许多德国竞赛中都有的一种民主要求,但不幸的是,它并未能保证城市街区的整体性"❶。然而,斯特林以他独特的设计构思,落实为一个新颖的总体布局。

❶ 窦以德等编译.詹姆士·斯特林(国外著名建筑师丛书第二辑).北京:中国建筑工业出版社,1993

建设地段位于老馆南侧,是一块东南高、西北低的坡地。新馆按规划要求坐落在一个台座上,台座下是停车场。斯特林在台座上布置了一圈冂字形的展室,一个圆形的塑雕庭院镶嵌在冂字形中央。要有横穿用地的公共步行道这一苛刻的要求,被斯特林以一别出心裁的方案圆满解决。步行道从坡地高处沿雕塑庭院内壁顺势而下,既横穿了整个地段,又不破坏城市街区的完整;既让过客欣赏了雕塑庭院的景观,又不能因此而进入博物馆室内。这条公共步行道一直下到博物馆坐落的平台上,将博物馆前后的两条街道联系起来(图6-11)。斯特林以一个最佳布局,作出了对规划要求的回应。

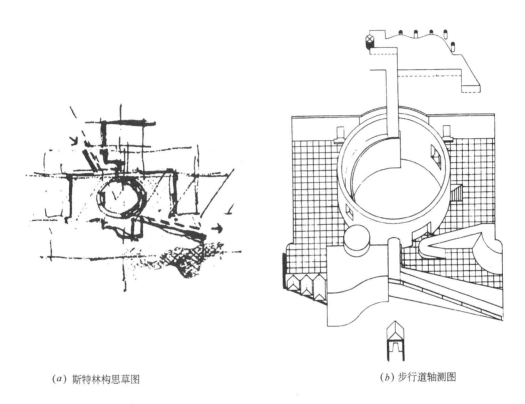

(a) 斯特林构思草图　　　　　　　　　　　　　　　　(b) 步行道轴测图

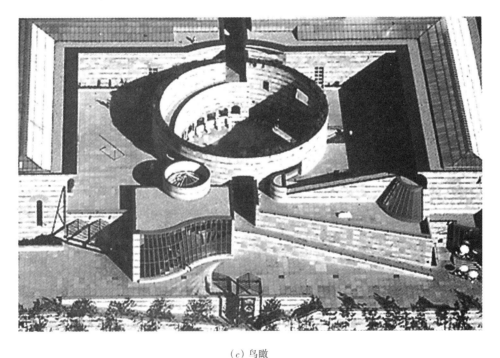

(c) 鸟瞰

图6-11　斯图加特国立美术馆新馆

前面所介绍的瓦拉夫·理查茨和路德维希博物馆的设计竞赛,规划也要求在地段内留出一条前后贯通的公共步行道。布什曼采用将建筑地上分开、地下联系的布局实现了规划要求。而斯特林则是将公共步行道与博物馆同科隆大教堂之间的广场合而为一,解决了这一难题。

三、博物馆功能要在总平面设计中落实

博物馆的总体布局在与环境结合、满足规划要求的同时,还要符合博物馆的功能要求。这主要指对功能分区的安排、出入口位置的布置以及外部交通流线的组织。这时还需要将总体布局继续深化,进入总平面的设计。这里我们只对总平面设计中的功能分区、交通组织、室外环境等方面进行阐述。

(一) 博物馆功能分区的合理布局

博物馆的功能主要指对外开放的公共部分以及内部作业部分。对外开放部分供公众使用,应当布置在靠近由道路进入建设地段的前沿位置,也就是地段中的主要部位。公共部分的一般观众入口也宜布置在观众易于便捷到达的明显位置上,或者用标志物加以引导。例如在亚特兰大高级美术馆的环境中,就设计了一条长长的引桥,引桥上有个象征门洞的标志,它们将观众从街道上指引到2层的主入口(图6-12)。

图6-12 亚特兰大高级美术馆引桥上的门洞

博物馆的内部作业部分是供内部管理人员、研究人员及少量专业观众使用,并且包括藏品的库房和技术用房。其总体位置应在地段较次要的部位上。内部入口有管理人员入口、研究人员专业观众入口以及藏品入口三部分。它们应与一般观众入口分开,布置在地段靠后较为隐蔽的位置上,但也需要交通运输方便。对于小型博物馆来说,三个内部入口可合而为一,也可将人流、货流入口分别设置。

(二) 安排好博物馆外部人流、车流、货流的交通组织

对地段内人流、车流、货流的组织,主要体现在对道路、室外场地、出入口位置的安排上。博物馆的人流、车流与它对内、对外两部分功能相对应,也分为内、外两大部分。这两部分流线的组织应相对独立,尽量减少相互交叉、重复、干扰。

第一条流线即一般观众人流及运送他们的车流。这条流线要组织观众便捷到达观众入口,并且要减少步行人流与车行流线的相互干扰。

乘车观众一般在停车场下车后从观众入口步入博物馆。博物馆建筑的观众入口前需要布置集散参观人流的场地。除此之外,在许多地区,博物馆还是当地群众的文化活动中心。因此,入口广场还肩负着举行公共集会或进行群众性文化活动的作用,也有的博物馆将入口广场兼作室外展场。所以,要根据建筑用地的大小、博物馆的规模、入口广场的功能、建筑外部空间的组织来确定入口广场的规模、尺度与氛围。吴焕加先生在《西方现代建筑》一书中,对巴黎蓬皮杜文化中心的前广场有这样一段生动的描述:"广场上有不少人,围成一个圈子,观看街头艺人的表演。这里有拉琴的,有跳舞的,有表演吞火的,表演一段就拿出盘子请看客布施。还有一些小贩在人丛中窜来窜去,兜售小玩意。熙熙攘攘,但不喧嚣"(图6-13)。而中国人民革命军事博物馆的入口广场却截然不同。在对称布局的建筑前布置着对称的广场和对称的雕塑,广场上大面积的铺地衬托着博物馆的威严与庄重。可见博物馆的性质不同,入口广场的功能不同,广场的

形式与氛围也不相同。

停车场的位置既要接近观众入口，又要避免对入口人流的干扰，同时不要遮挡博物馆建筑的正面外观。一般可将停车场布置在主体建筑的一侧或后方。停车车位数要满足规划条件要求。停车面积可按大轿车 70m²/辆；小汽车 25m²/辆；自行车 0.7m²/辆计算。大轿车转弯半径为 10~15m。小汽车转弯半径不小于 6m。机动车与非机动车的停车场应分开设置。

路易·康所设计的金贝尔艺术博物馆，一面朝向城市街道，一面朝向公园。路易·康利用公园与街道的自然地形高差将主入口设在上层，朝向公园。次入口设在下层，在与主入口相对的位置上，朝向街道。从公园方面望去，博物馆的两端形成两个下沉式院落，一个作为休憩庭园，一个后来给了停车场（图6-14）。停车场的位置既不破坏公园的景观，比较隐蔽，又靠近街道方便停车，还不遮挡博物馆在街道方向的外观。

第二条流线是博物馆行政管理人员、专业工作人员及专业观众的人流，以及运送他们的车流和运送藏品的货流。这些人流、车流及货流与博物馆的内部入口发生联系。

图6-13 蓬皮杜文化中心广场上表演的艺人

图6-14 自公园望金贝尔美术馆及下沉式停车场

对于仅有一个内部入口的小型博物馆来说，人流、车流与货流也合而为一。对于工作人员入口、专业观众入口、藏品入口分别设置的大、中型博物馆来说，相对应的人流、车流与货流也随之分开。这时，就要尽量减少流线之间的相互影响与干扰。

内部入口一般布置在总图中较为隐蔽的位置上，宜从博物馆用地外较为次要的城市道路上，或在城市道路较为次要的位置上引出到达内部入口的道路。在内部入口附近还需要布置职工用停车场。藏品入口处要留有一定的室外场地供装卸藏品及回车之用。

（三）总平面设计的综合权衡与统筹安排

在博物馆总平面设计中，尤其是大中型博物馆，其环境现状、自身功能都比较复杂，再加上追求独特的设计构思，这三个因素必然产生碰撞，形成错综复杂的矛盾。因此，设计者要分清主次，综合权衡，有取有舍，理顺关系，反复协调，统筹安排，使诸多矛盾在建筑师笔下协调化解。美国著名建筑师盖瑞所设计的毕尔巴鄂古根海姆美术馆就是极好的典范。

该美术馆的现状环境相当复杂。美术馆的用地是那威河南岸的旧仓库区，基地南高北低坡向河岸。基地以南是老市区，它们之间隔着标高不同，但又并在一起的一上一下两条路，上层是城市道路，下层是铁路。横跨那威河的梭飞桥从基地东北角上方越过。桥跨过基地后道路"分枝"，主路向南直通市区，而支路西转越过铁路与上层城市道路相连。现状交通让人眼花缭乱。

该美术馆面积23782m²,可以想像它的自身功能非常繁杂。音乐厅、餐馆、零售商店等还都需要在美术馆开放时间内独立运作。

盖瑞将美术馆众多的入口顺应自然地形分别布置在上、下两个层面上。上面是道路层,下面是河岸层。在上层盖瑞将梭飞桥的支路与城市道路交会处扩大,形成美术馆的南广场。广场上小商贩的叫卖声、观看杂耍表演的欢笑声使广场上洋溢着兴旺的人气。办公楼、2层展厅、图书馆及书店都从南广场上分别直接进入馆内。南广场上还有向下的两个大台阶,一个通向美术馆主入口,一个通向河岸层(图6-15)。在河岸层层面上,分设着三处停车场,它们与地段周边的道路联系。音乐厅、美术馆次入口、机房、管理部门、超常尺度展厅等都从河岸层的四面分别进入室内。河岸层上还有一条弧形堤岸建在河流与水池之间,它保持了美术馆坐落于水中的形象,又使河岸层的东西部分之间取得了联系(图6-16)。盖瑞将现状、功能、构思三者的矛盾处理得井井有条,人们参观游乐时的顺畅方便,欣赏建筑艺术的愉悦,无处不渗透着盖瑞的良苦用心。盖瑞说:"毕尔巴鄂是一个非常调和的专案,但不是以传统的方式制作,它像一座城市移动。……我希望当人们观察建筑成品时,他们觉察到我是在与周围环境连贯上努力"❶。

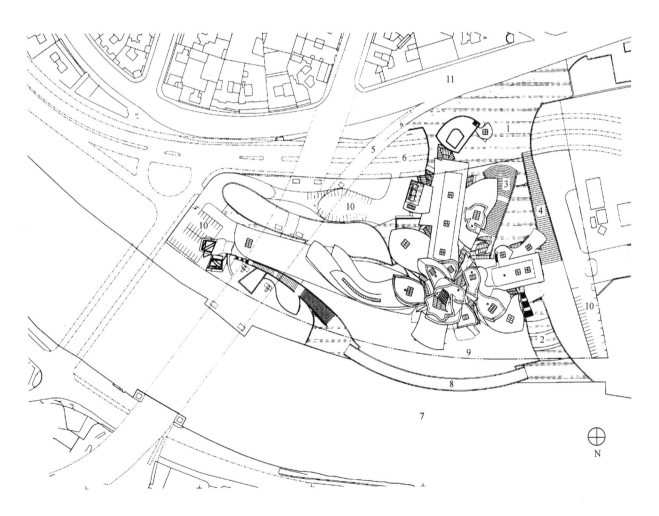

图6-15　毕尔巴鄂古根海姆美术馆总平面图

1.南广场;2.河岸层广场;3.通向主入口大台阶;4.通向河岸大台阶;5.梭飞桥支路;
6.下层铁路;7.那威河;8.弧形堤岸;9.水池;10.停车场;11.城市道路

❶ Richard C. Levene and Fernando Marquez Cecilia 主编,弗兰克·盖瑞.薛皓东、庄能发译.台北:圣文书局股份有限公司,1997

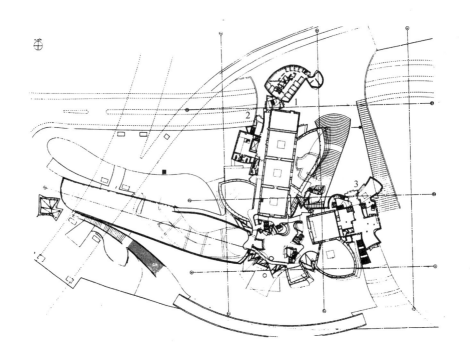

（a）道路层平面图

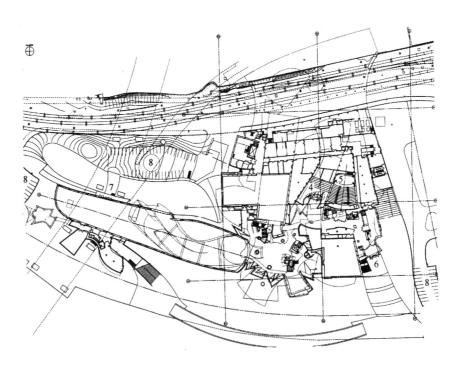

（b）河岸层平面图

图6-16 毕尔巴鄂古根海姆美术馆道路层及河岸层平面图

1. 办公楼入口；2. 2层展厅入口；3. 图书馆及书店入口；4. 美术馆主入口；5. 音乐厅；

6. 音乐厅及美术馆次入口；7. 超长尺度展厅入口；8. 停车场

四、提高博物馆建筑的外部环境质量

环境是建筑的背景,环境是建筑的衬托。建筑外部环境设计(简称环境设计)是建筑设计的补充与完善。它能升华建筑的艺术形象,赋予建筑特定的氛围,为人们创造出舒适、美好的外部活动空间。对于博物馆这类文化建筑而言,环境设计在增强建筑的文化属性方面更有积极的作用。

环境设计包括绿化植被布置、道路广场铺装、基地标高处理、建筑小品设置(雕塑、灯具、坐椅、旗杆、花台、廊架、叠石、台阶⋯⋯)以及水环境设计等方面。这些单体环境元素的组合形成建筑的总体环境。但是,环境设计并不是将单体环境元素简单孤立地罗列,单体元素的运用要服从于总体环境氛围的塑造。对于博物馆建筑而言,它的总体环境氛围与它自身的内容主题,周边环境的状况,乃至城市文脉、民俗特色都息息相关。

在加拿大温哥华市哥伦比亚大学的人类学博物馆中,展览着加拿大西北海岸印第安人的古老遗物与复制品。在建筑周围,模仿古老的印第安村庄的布局,修建出村庄的一角。那里种植着古代植物,并设置一些图腾柱(图6-17)。透过博物馆巨型落地玻璃窗,馆外环境与馆内展出融为一体,使参观者在室内、室外都置身于浓郁、古老的印第安传统文化中。

图6-17　哥伦比亚大学人类学博物馆室外环境

德国斯图加特国立美术馆新馆坐落在一个3m高的平台上。一个坡道、一个台阶相对紧贴在平台前沿,将观众引上平台,导向入口。建筑师斯特林在台阶与坡道的起始处,设计了一个出租车下车的亭廊,暗示着博物馆的开端。彩色钢质亭廊上覆盖着透明的玻璃顶,这与博物馆和音乐厅入口处的彩色钢质雨罩异曲同工,使环境与建筑成为一个和谐的整体(图6-18)。

丹尼尔·里勃斯基在他所设计的德国柏林犹太人博物馆的室外,布置了一个"霍夫曼花园"(图6-19)。这个"花园"由49个巨大的排成矩阵的倾斜"花台"组成。每个高耸的"花台"顶部种着一丛植物。"花台"下的地面也是倾斜的,这使人不便在倾斜的地面上停留,进入"花园"的观众总是处于动态之中。里勃斯基创造的这个环境是对犹太人逃亡历程的隐喻。它与象征爆炸的"大卫之星"(犹太人六角形的符号)的博物馆建筑密切配合,更加强化了犹太人博物馆这一主题。

图 6-18　斯图加特国立美术馆新馆的彩色钢质亭廊

图 6-19　柏林犹太人博物馆的霍夫曼花园

第七章　博物馆建筑陈列区的平面设计

陈列区是博物馆的前台,是供观众活动的区域。陈列区一般包括门厅、进厅、各种陈列室、报告厅以及观众服务设施。陈列室又有基本陈列室、专题陈列室与临时展厅之分。

对于博物馆来说,参观是观众在前台最主要的活动。而博物馆的参观又是动态的观众参观相对静止的展品,因此陈列区的设计离不开博物馆参观活动的这一特点。也就是说,设计时要组织好合理的参观流线,并将它落实到陈列区的平面布置中。

一、陈列区平面设计的基本原则

(1) 根据博物馆展出内容的特点,合理组织参观流线。参观流线要明确,尽量避免迂回、重复、堵塞、交叉。

(2) 根据博物馆规模的不同,尤其是大、中型博物馆,展出要有灵活性。可全部展出,也可局部展出。

(3) 对于非系统性和非顺序性展出的大中型博物馆,参观路线要有可选择性。可以全部参观,也可灵活参观,并方便中途退场。

(4) 适当安排有间隔的休息场所,使观众视觉得到停顿,体力得到恢复,不至于过度疲劳。

除上述基本原则外,基本陈列室应布置在陈列区中最醒目便捷的位置。临时展厅适合采用灵活的大空间,宜相对独立,可安排在便于单独开放的位置上。报告厅可接近陈列室布置,其位置也宜相对独立,便于单独对外开放。

不同规模、不同类型、不同展出内容的博物馆都有各自的特点,设计时要根据不同的具体情况区别对待。

二、陈列区布局的基本类型

在不同的博物馆设计中,陈列区的布局也千姿百态。按照陈列室人流循环的方式,用分组归类的方法将它们概括起来,陈列区的布局大致可以分为以下三种基本类型。

(一) 串联式

串联式是将各种陈列室串连组织的布局(图 7-1)。它有参观路线明确、连贯的优点,但灵活性差,适用于规模较小的博物馆,尤其适用于展出内容连续性强的中、小型博物馆,例如时间顺序性强的历史性展出,而对于规模较大的博物馆就不宜采用。因为这种布局展出的灵活性及参观的灵活性都差,使使用受到很大局限。传统的博物馆基本上都属于这种布局形式。虽然今天的博物馆已很少采用单纯的串联式布局,但是也有设计成功的范例。

丹麦汉堡布克的路易斯安娜美术馆建在一处公园中(图 7-2)。这里湖水清澈,山坡绿茵,古树点缀,风景秀丽。自 1956 年这里的一幢乡间别墅被主人捐赠建立美术馆以来,50~80 年代美术馆经历了多次扩建。它顺应地形,避开古树,以低矮姿态线形排开,蜿蜒于山坡、湖畔。博物馆自入口处分成左右两个串联式布局,它们适应地形高低错落的变化,尽可能减少对地貌的破

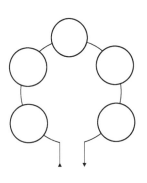

图 7-1　串联式布局示意图

坏。而且,古树下的建筑,玻璃长廊外的自然风光,馆内的展品,馆外的雕塑,这一切使人们在长长的参观路程中,处处感受到人文艺术与自然美景的相互交融,让观众沉浸在对双重艺术的轻松观赏之中。但是两个串联式布局使参观要走回头路,这是该博物馆美中不足之处。

矶崎新设计的日本西胁市冈之山美术馆,专为展出日本画家横尾忠则的作品(图7-3)。这座建于公园内的美术馆,与公园内的小火车站毗邻。矶崎新以"火车的隐喻"作为该美术馆的形象,因此建筑的主体也像火车厢式的一字形拉开。矶崎新在三节"车厢"之间还设计了两个象征院落的前室,避免了串联式布局的单调。而且这个串联式布局还方便画家作品不断积累后对美术馆扩建的需要。

图 7-2　路易斯安娜美术馆平面图

1. 入口；　2. 休息及小卖；

3. 陈列室；　4. 图书馆；

5. 服务楼；　6. 储藏；

7. 餐厅；　8. 表演厅；

9. 进餐平台

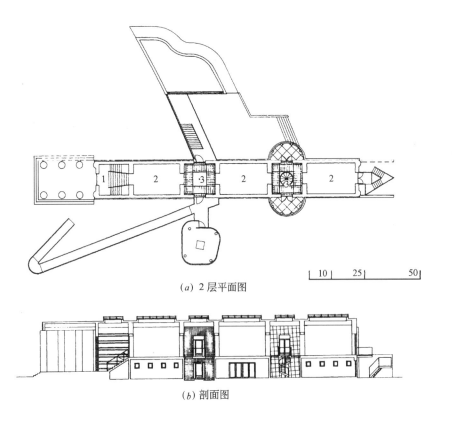

图 7-3　冈之山美术馆

1. 门厅；

2. 陈列室；

3. "院落"

(a) 2层平面图

(b) 剖面图

皮阿诺设计的瑞士比耶勒基金会博物馆发展了单纯的串联式布局(图7-4)。这个博物馆的数个陈列室布置在3条7m宽的开间内。陈列室在纵横两个方向相互串联,并聚集成一个长方形。这个新的串联方式使参观非常灵活、随机,但却没有传统串联式的连贯性。

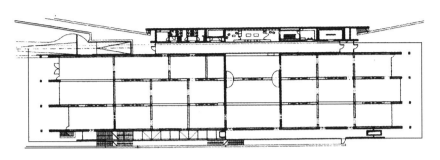

图7-4　比耶勒基金会博物馆平面图

(二) 放射式

在放射式布局中,各陈列室直接环绕放射枢纽布置(图7-5)。放射枢纽可以是门厅、进厅或主展厅,也可以是庭院,甚至可以变形为走道。各陈列室之间还可以相互串联,形成放射串联的综合模式。观众参观完一个或几个陈列室之后,再回到放射枢纽,并由此前往其余陈列室。这种布局灵活性大,可选择性强,对于顺序性或非顺序性的展出都适用。同时也使观众容易得到视觉停顿,减轻参观的疲劳。这是现代博物馆设计中最常见的陈列区布局方式。

放射式布局还可以分为以下三种空间组织方式

1. 簇集组织

将各种陈列室及其他使用空间直接簇集在一个核心空间周围,形成有主有从的空间形式。这个核心空间是引导观众进入陈列室或其他使用空间的交通枢纽。它可以是门厅、进厅、主展厅或庭院。

例如第六章所介绍的墨西哥人类学博物馆就是将陈列室等簇集在中央庭院周围。这个庭院是个比较规则的矩形(图7-6)。庭院周围的陈列室之间又相互串联,观众参观完两个陈列室后回到中央庭院,再进入其他陈列室。观众在室内、室外的不断交替中得到休息调整。

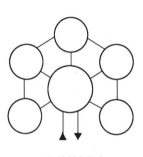

(a) 放射式

(b) 放射串连式

图7-5　放射式
布局示意图

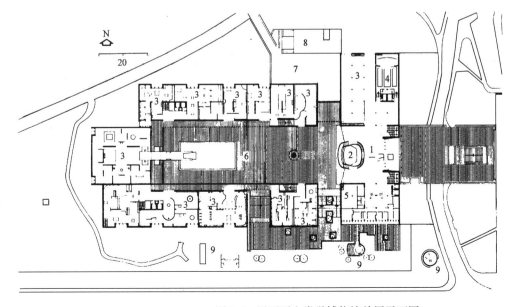

1.门厅;
2.简介厅;
3.陈列室;
4.报告厅;
5.图书馆;
6.中央庭院;
7.装卸场;
8.设备用房;
9.室外展览

图7-6　墨西哥人类学博物馆首层平面图

迈耶设计的盖蒂中心博物馆是簇集组织的变形。它的核心空间也是一个内院，但与墨西哥人类学博物馆相比空间组织就复杂得多(图 7-7)。它的陈列室与其他使用空间分成若干小团组，这些小团组以串联式布局为主。团组之间用外廊、平台、内廊等相互联系。它们共同簇集在内院周围。这些小团组在 1 层与内院直接联系，在 2 层通过平台、外廊或垂直交通与内院的空间组织在一起。这个内院不是简单的矩形。由于小团组在内院周围的错落布置及部分轴线的编转，形成内院丰富多彩的空间形态。不仅如此，团组之间拉开的间隙和观景平台又将参观博物馆与对自然的观景组织在一起。观众在室内、室外，自然、人工的交替场景中趣味无穷。

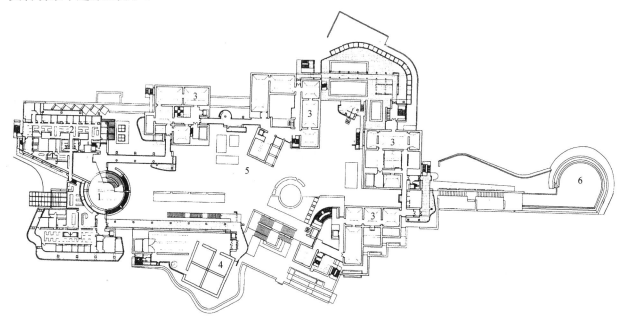

图 7-7 盖蒂中心博物馆上层平面图
1. 入口大厅上空;2. 书店;3. 陈列室团组;4. 咖啡;5. 内院;6. 观景平台

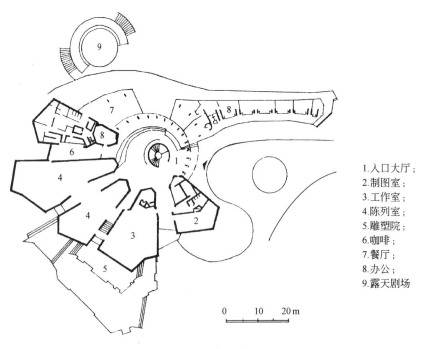

1. 入口大厅;
2. 制图室;
3. 工作室;
4. 陈列室;
5. 雕塑院;
6. 咖啡;
7. 餐厅;
8. 办公;
9. 露天剧场

0   10   20m

图 7-8 汉尼—翁斯泰特博物馆首层平面图

以门厅、进厅作为核心空间,这是簇集组织最常见的情况。挪威奥斯陆汉尼—翁斯泰特博物馆就是将陈列室、工作室、制图室、咖啡室、办公室等簇集在一个圆形大厅周围。它们有的与圆形大厅直接联系,而有的是通过相互间的过道才与圆形大厅连在一起(图7-8)。这个平面韵律感很强,也给博物馆带来别具一格的造型。

美国马萨诸塞州科学开发博物馆是一个基底面积60英尺❶×60英尺,高2层的小型博物馆。它的所有房间都簇集在主展厅周围。1层的主展厅是地球科学展,2层是物理展览(图7-9)。参观流线以簇集组织的方式安排得严谨有序。

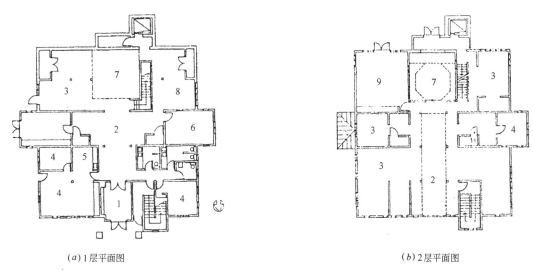

(a)1层平面图　　　　　　　　　　　　　　　(b)2层平面图

图7-9　马萨诸塞州科学开发博物馆

1. 入口;2. 主展厅;3. 展厅;4. 办公;5. 工作间;6. 指导室;7. 中庭;8. 发明者车间; 9. 多功能厅

2. 线性组织

用纵长的廊道空间将陈列室及其他用房以并联方式组织起来,而陈列室之间还可相互串联,这就是线性组织,又称之为走廊式。纵长的廊道空间常常是走道,也可以是走道的扩大或变形。

阿蒙国家考古博物馆就是线性组织的典型(图7-10)。线性组织是对串联式的修正。它保持了串联式参观路线明确、连贯,顺序性强的优点,同时又增加了展出及参观的灵活性。

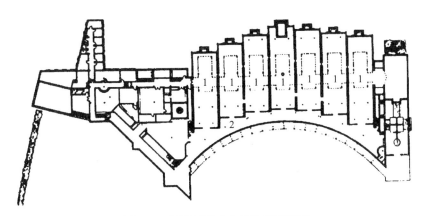

图7-10　阿蒙国家考古博物馆平面图

1. 陈列室;2. 走道

---

❶　1英尺=0.3048m。

瑟伦·罗伯特·伦德设计的丹麦哥本哈根方舟现代艺术博物馆就是线性组织的变形(图7-11)。该博物馆的各种陈列室、工作间、贮存室、小庭院布置在一条细长的弓形"艺术轴"两侧。陈列室之间还可相互串联。而弓形艺术轴别致的造型使原本单调的走道空间充满了艺术气息(图7-12)。

休斯敦曼尼尔博物馆的平面也采用了线性组织。它的陈列室与其他用房分别布置在走道两侧。走道局部有所放大,使单调的走道丰富起来。其他用房与走道之间用实墙分开,保证了陈列区的完整与不受干扰。走道的中段是门厅,门厅打断了走道的连续性,但也为陈列区增加了灵活性(图7-13)。

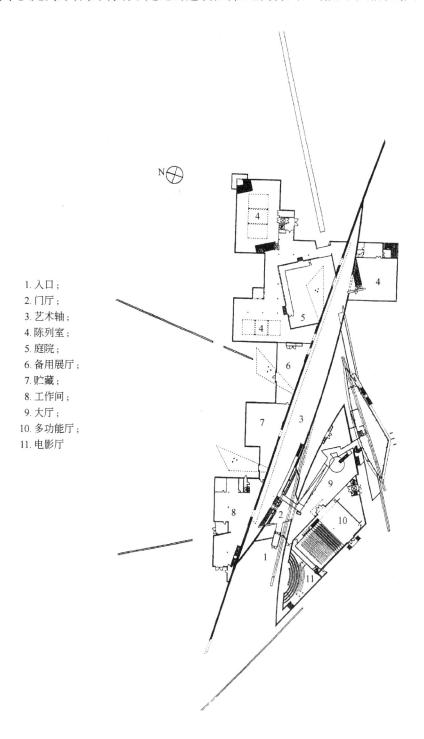

1. 入口;
2. 门厅;
3. 艺术轴;
4. 陈列室;
5. 庭院;
6. 备用展厅;
7. 贮藏;
8. 工作间;
9. 大厅;
10. 多功能厅;
11. 电影厅

图7-11　哥本哈根方舟现代艺术博物馆1层平面图

图 7-12　哥本哈根方舟现代艺术博物馆艺术轴室内

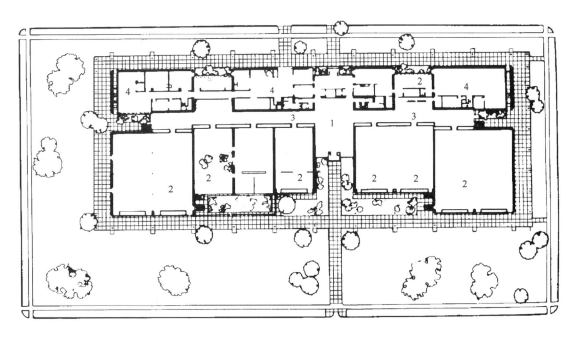

图 7-13　曼尼尔博物馆平面图
1.门厅;2.陈列室;3.走道;4.内部作业部分

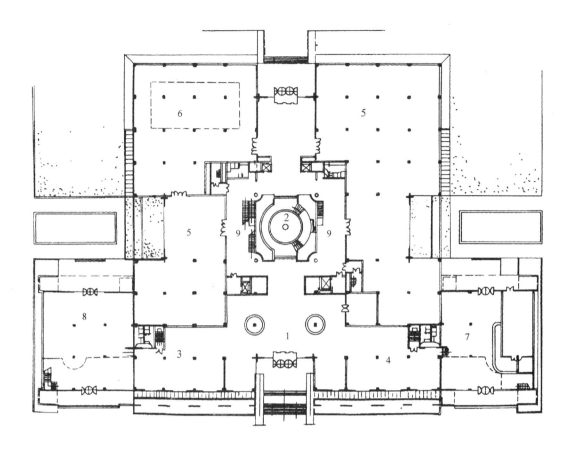

图 7-14　上海博物馆新馆首层平面图

1. 门厅;2. 中庭;3. 书店;4. 商店;5. 陈列室;6. 临时展厅;7. 快餐店;8. 上博艺苑;9. 环形通道

3. 环路组织

环路组织是簇集组织与线性组织的组合形式,它在陈列室与核心空间——中庭或内院之间插入一条环形通道。这条通道是核心空间与陈列室之间的过渡,也是对进入核心空间的观众到陈列室的再次引导。在有中庭式进厅的博物馆中,常常采用环路组织的形式,使楼层中的陈列室通过环路围绕在中庭周围。这样避免了楼层中庭周围的陈列室只能串联组织的缺陷,使观众的参观更加随机,为博物馆增加了灵活性。上海博物馆新馆就采用了这种环路组织(图 7-14)。

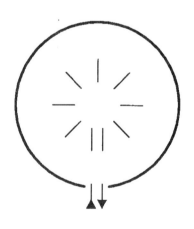

图 7-15　大厅式
布局示意图

(三) 大厅式

将陈列室布置成综合展出的大厅(图 7-15),它可以根据展出内容灵活分隔为小空间。这种大厅式的布局紧凑,灵活性大,但也容易造成参观路线的交叉、无序以及噪声干扰。巴黎蓬皮杜文化中心就是大厅式布局的典型(图 7-16)。展览大厅的平面是 48m × 166m 的大空间,内部没有一根柱子。主要的垂直交通和设备管线都布置在建筑外部和大厅之外,给室内展出以极大的灵活。

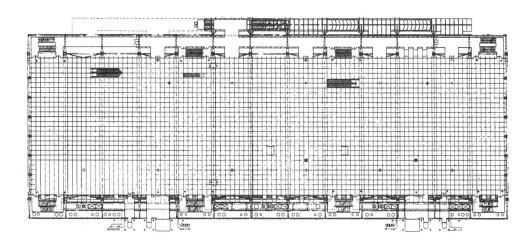

图 7-16 巴黎蓬皮杜文化中心平面图

三、陈列区综合布局实例剖析

在博物馆设计实例中,陈列区布局往往是几种基本类型的综合体。规模大的博物馆尤其如此。

瑞典斯德哥尔摩现代美术馆利用、改建了斯凯普修门岛上的原海军基地。美术馆的用地十分狭长,建筑面积 2 万 m^2。基地上保留了原有的东方文物博物馆,并将一座长长的操练厅改建成建筑博物馆。这两座博物馆形成一个 L 形,新建美术馆就填充在 L 形的内部。新美术馆的陈列区由 4 个团组组成,一个是临时展厅,其余 3 个是陈列室团组。每个陈列室团组又由若干陈列室组成,它们按逆时针方向串联。这 4 个团组并联在由门厅延伸出的一条长长走道旁(图 7-17)。这个布局是大厅式(局部)、走道式与串联式的综合体。既为展出与参观提供了很大的灵活性,又为多样化的展品提供了分类展出的方便,还有参观路线简洁、清晰的优点。

毕尔巴鄂古根海姆美术馆的平面让人看得眼花缭乱,实际上它是放射式布局的综合体(图 7-18)。簇集组织、线性组织、环路组织在这里被盖瑞运用得得心应手,它们还巧妙地配合着美术馆的造型,使盖瑞建筑独特的雕塑美展现得淋漓尽致。

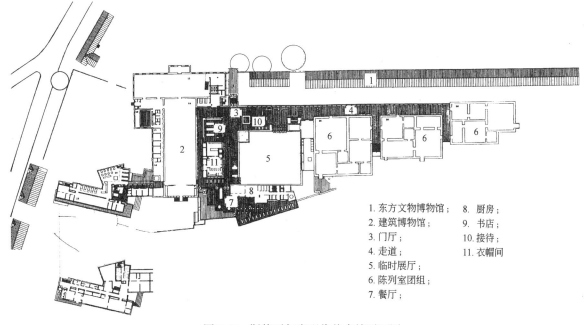

1. 东方文物博物馆;　8. 厨房;
2. 建筑博物馆;　　　9. 书店;
3. 门厅;　　　　　　10. 接待;
4. 走道;　　　　　　11. 衣帽间
5. 临时展厅;
6. 陈列室团组;
7. 餐厅;

图 7-17 斯德哥尔摩现代美术馆平面图

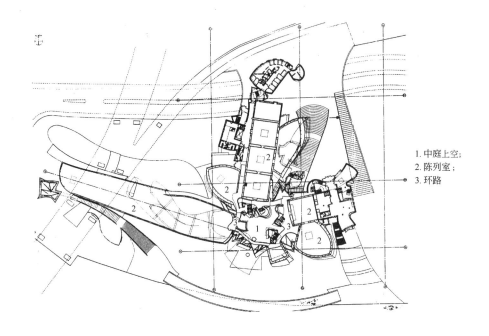

图 7-18　毕尔巴鄂古根海姆美术馆 2 层平面图

1. 中庭上空；
2. 陈列室；
3. 环路

　　从 1 层平面看 3 个形状自由的大陈列厅簇集在中庭周围,南北两个门厅之间布置着观众厅。在 2 层平面以上,一个由廊子、天桥组成的环路将几组陈列室组织在中庭四周。这几组陈列室有的直接连在环路上,有的是线性组织的团组,团组的陈列室和其他用房用过道与环路相连。

　　汉斯·霍莱因所设计的明兴格拉德巴赫市博物馆的平面则是一个簇集再簇集的布局(图 7-19)。5 个大小相同的陈列室分成两个团组分别簇集在小进厅周围,两团组之间共用一个陈列室,以便相互串联。这两个簇集团组又与多功能展室、视听室、餐厅等共同簇集在主展厅周围。这个平面布局使用方便,灵活性大。同时,陈列室的天窗还在屋顶平台上形成有韵律的景观。

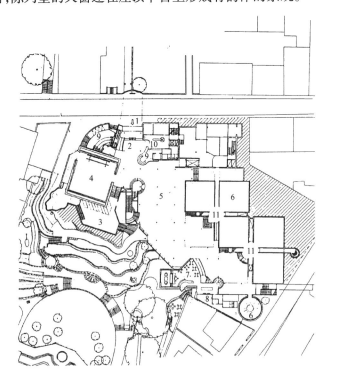

图 7-19　明兴格拉德巴赫市博物馆街道层平面图

1. 街道层入口；
2. 门厅；
3. 视听室；
4. 多功能厅；
5. 主展厅；
6. 陈列室；
7. 餐厅；
8. 厨房；
9. 售票；
10. 衣帽；
11. 小进厅

四、陈列室的平面设计

(一) 陈列室的类型

陈列室的类型与它的参观路线有关。当陈列室门的数量、位置、功能不同时,陈列室内的参观路线也不相同,由此,可把陈列室分为口袋式、穿过式、混合式三种类型(图7-20)。

类　型	口袋式	穿过式	混合式
参观路线	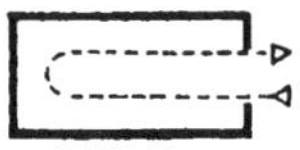		

图 7-20　陈列室参观路线分类图

口袋式陈列室的进、出合用惟一的出入口。在放射式布局的陈列区中,常用这种形式的陈列室。

穿过式陈列室的出、入口分开设置,分工明确,一般设在相对的墙面上。当陈列区以串联式或放射串联式布局时,陈列室常用穿过式。

混合式陈列室的出入口不止一个,每个出入口兼有出、入双重功能。它的位置灵活,可在陈列室的同一边,也可不在同一边上。混合式陈列室的参观路线自由、灵活,常在放射串联式布局的陈列区中采用。面积大的陈列室也常采用这种形式。

(二) 陈列室陈列布置的形式

博物馆的展品分为平面展品与立体展品两大类。平面展品以悬挂于墙上或展板上为主。而立体展品,如实物、雕塑、构成、多媒体屏幕……,既可以陈列在展台上,展柜中,也可以悬挂在墙上、空中,还可以单独放置展出。

展品在陈列室中的布置形式可分为周边式陈列、独立式陈列和混合式陈列三大类。展品陈列布置的形式关系着参观路线的合理组织以及陈列室的跨度大小。

周边式陈列将展品沿陈列室的墙面以及与墙连接的展板悬挂或放置。这种陈列方式容易组织陈列室内部连贯、明确的参观路线。周边式陈列又分成单线陈列和双线陈列两种方式(图7-21)。

独立式陈列将立体展品陈列在陈列室当中,或在陈列室当中独立放置展板,供陈列展品用。这种布置使参观灵活性大,适用于随机观赏(图7-22)。

混合式陈列是周边式陈列与独立式陈列的组合方式,它兼有二者的优点。三线陈列和灵活陈列都属混合式陈列(图7-23)。

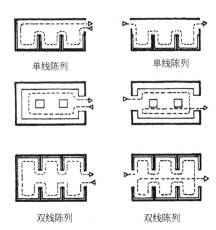

单线陈列　　　单线陈列

双线陈列　　　双线陈列

图 7-21　周边式陈列示意图

图 7-22　独立式陈列示意图

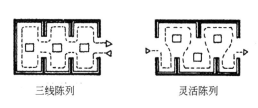

三线陈列　　　灵活陈列

图 7-23　混合式陈列示意图

（三）陈列室的视觉分析

根据人的身高可以得出人的视线高度，而人们一般可以看清和辨明的物体，是在近似于以人眼视线高度为顶点的一个椭圆锥形视域内。美国的研究表明，美国成年人的平均视线高度大约为1.58m。当他们的"平均观看距离为0.6～1.2m时，所观看的范围只是视线高度以上30cm多一些，和视线高度以下90cm之内。如果展品或标签的位置高于或低于这一范围时，就会使观众平时不常用的肌肉过度疲劳，从而引起腰痛、脚疲、眼睛痛胀以及头颈发硬（图7-24）。有些较大的物品，如图腾柱或恐龙，它们必然要超出这个视觉范围。在这种情况下，就必须为观众留有足够后退的余地，以使观众能完全看清"（图7-25）❶。由此可见，展品的大小与能舒适清楚地观看它们的视距有关，这必然影响着陈列室的大小。

在中国建筑工业出版社出版的《建筑设计资料集》（第二版）中，将中国人的平均视线高度定为1.55m，并给出由展品宽度确定视距（图7-26），和由展品高度确定视距（图7-27）的资料。

陈列室的大小除了与影响视距的展品大小有关外，还与展品布置的方式有关。在《建筑设计资料集》中指出，一般展板的长度 l 为4～8m。观众通道宽度 a 为2～3m，当单线陈列时，陈列室跨度 L 应不小于7m。资料集还指出，陈列室的高度应突出陈列内容，并保证室内通风，采光良好，净高一般不高于5m。资料集提供了影响陈列室跨度的相关因素的图示（图7-28）。其中 d 为视距，e 为展品宽度。

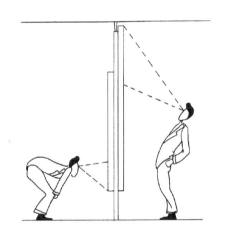

图7-24 观看低于视线高度以下90cm或高于视线高度0.3m的展品细部会有困难

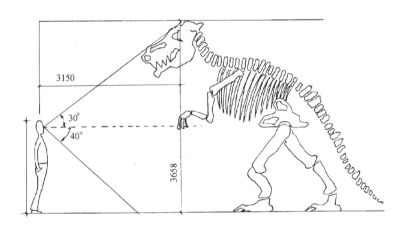

图7-25 随着展品尺寸的增大，视距也应增加

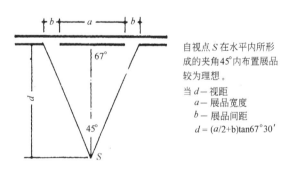

图7-26 由展品宽度确定视距

自视点 S 在水平内所形成的夹角45°内布置展品较为理想。
当 $d-$ 视距
$a-$ 展品宽度
$b-$ 展品间距
$d=(a/2+b)\tan 67°30'$

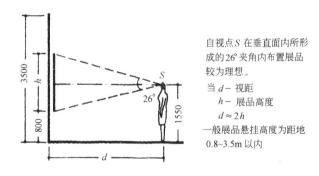

图7-27 由展品高度确定视距

自视点 S 在垂直面内所形成的26°夹角内布置展品较为理想。
当 $d-$ 视距
$h-$ 展品高度
$d\approx 2h$
一般展品悬挂高度为距地0.8～3.5m以内

❶ 《建筑师设计手册》编译委员会．建筑师设计手册（上册）．北京：中国建筑工业出版社，1990

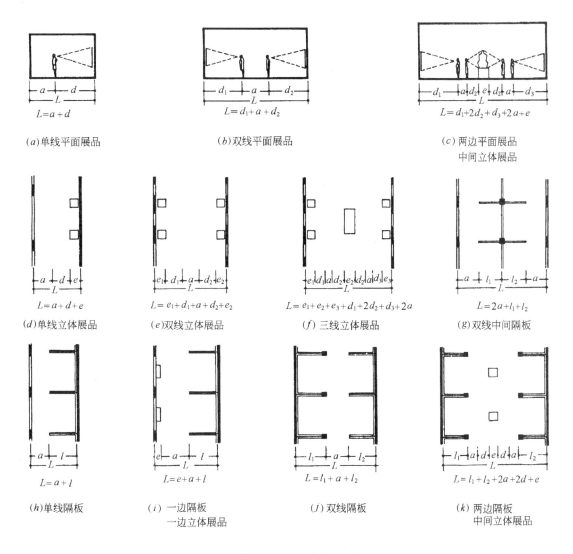

图 7-28　影响陈列室跨度的相关因素

这个图示仅仅是陈列布置的基本要求,而实际情况往往比较复杂。比如,有时观众需要从各种角度欣赏展品,有时观众在科技馆里要动手操作,有时陈列展览需要生动活泼……。因此,展品周围需要留有操作距离和观众回旋的余地。

在博物馆的陈列室中,除了基本陈列能维持较长时间不改变外,其他许多陈列室的展品和布展方式都在经常更换,因此设计陈列室的大小时要留有一定的余地。

第八章 博物馆建筑陈列区的空间设计

被赞誉为"20世纪米开朗琪罗"的建筑大师赖特曾经这样说过:"一个建筑的内部空间便是那个建筑的灵魂"。赖特的这句名言也是对博物馆建筑内部空间最好的概括。博物馆所具有文化艺术内涵的这一属性,使它可能进入建筑艺术的更高层次。博物馆在建筑艺术上的成就,从总体上来说,应从建筑与环境结合的角度来进行评判。但就其建筑自身而言,博物馆的造型及内部空间则是评价它的建筑艺术造诣最重要的两个方面。二者虽有各自的特色,但又是不可分割、相辅相成、相互制约的整体。为了叙述的方便,本书将对它们分别加以阐明。

博物馆建筑的空间设计,主要是指陈列区的空间设计。博物馆的陈列区肩负着陈列展示与观众活动的双重功能。当博物馆从高雅神圣的艺术殿堂走向观赏、学习、休闲、娱乐的大众建筑时,人们不只需要欣赏博物馆丰富多彩、精美有趣的陈列展览,还需要有轻松、愉悦,让人流连忘返的参观环境与活动场所。这时的博物馆室内不仅是展示的空间和陈列的背景,它同时也应该成为一件观众乐于欣赏的建筑艺术展品。

建筑的空间设计是建筑室内设计的一部分,也是室内设计的核心。室内设计包括空间设计,界面设计,平面布置设计,声、光、热、空气等物理环境设计,以及家具、陈设、灯具、绿化、色彩等装饰设计。而空间设计又包括空间的序列、空间的架构以及大空间的分解与细化等若干内容。对于一幢新建博物馆来说,空间的序列与空间的架构应当在建筑设计时就一气呵成,而空间的分解与细化则需要在布展设计时进行。

博物馆建筑的室内有其自身的特点。它既不像旅馆建筑那样追求地域特色与豪华、舒适;又不像剧院建筑那样典雅、气派,需要艺术装饰。它不同于医院建筑室内的亲切与洁净;也不同于学校建筑室内的活泼与秩序。博物馆建筑需要以既含蓄又明确的室内设计来展现自身的文化艺术内涵,而绝不应该用五光十色的室内装饰对展览进行干扰,从而导致喧宾夺主的混乱局面。创造生动、丰富、优美、得体、实用的内部空间,是达到上述目的的最佳选择。

一、博物馆建筑陈列区空间的分类

建筑内部的使用功能不同,所需要的空间架构也不相同。博物馆建筑的主要内部空间,按照功能的区别可分为核心空间、交通空间、陈列空间与服务空间四类。

(一)核心空间

核心空间是博物馆建筑空间序列的高潮和内部空间的核心。它应该布置在博物馆参观流线的前部,常常与门厅直接联系。博物馆的进厅,以及与进厅功能合而为一的门厅、主展厅都属于博物馆的核心空间。

博物馆的核心空间是博物馆的交通枢纽,它可在水平方向,或者在水平、垂直两个方向组织人流,将观众引导向各个陈列室。

博物馆的核心空间可以是一个礼仪空间,在这里可以举行博物馆内、城市内或更大范围的集会及社交活动。贝聿铭所设计的美国国家美术馆东馆的核心空间是一个大尺度的三角形中庭,面积1486m²。这个覆盖着玻璃屋面的中庭犹如一个户外广场。贝聿铭说:"东馆艺术不只是一个美术馆,美国政府举办活动时,有时会将之做接待场地,它需要一个大尺度的空间,以供冠盖云集之用"[1]。当年中国副总理邓小平,法国总统密特朗访问美国时,它都曾作为"国宴厅"举办过盛大的欢迎集会。不仅东馆如此,朱镕基总理访问加拿大时,在加拿大国家美术馆的大厅里也举办过欢迎朱总理的集会。

博物馆的核心空间还可以是一个表现空间。它可以表现博物馆的主题,表现博物馆的文化内涵与艺术感染力。例如华盛顿大屠杀纪念博物馆的核心空间是3层高的见证厅,它被设计者詹姆斯·英格·弗瑞德称之为"记忆的共鸣器,反省的舞台"。见证厅内扭曲的屋架、焚尸炉式的门洞、探照灯式的灯具,都强烈地表现着二战期间犹太人被法西斯大屠杀的这一历史主题(图8-1)。

贝聿铭在1983年获得普利茨克奖时,普利茨克奖评委会评语的开头这样写道:"本世纪最优美的室内空间和外部形式中的一部分是贝聿铭给予我们的"[2]。而东馆的中庭就是"本世纪最优美的室内空间"之一。这个中庭的三角形平面是贝聿铭根据环境构思时所得到的。对这个三角形空间的设计,贝聿铭倾注了大量的精力。贝聿铭说:"埃佛森博物馆和东馆同样都是以空间和形式为主题的习作"。"当你进入东馆时,我想你绝不会说那也是古典空间。首先,它不是轴线对称的。古典空间的透视几乎只有一个灭点。但在东馆,你将找到三个灭点。这样便创造了比古典空间丰富得多的空间感觉"[3]。贝聿铭为设计这个中庭,作过多方案比较(图8-2)。细部处理也经过反复推敲。在最后建成的这个别具一格的三角形中庭里,交错的平台、穿插的天桥、上下的扶梯、时而通透的玻璃墙面、完全覆盖中庭的金字塔形玻璃天窗、为固定展品创造的个性小空间……,这一切使这个中庭造型丰富、优美,充满艺术魅力。它恰当地表现了一座国家美术馆所应有的典雅风度与艺术气质(图8-3)。虽然东馆已建成20多年,但它的建筑空间依然是观众乐于欣赏的建筑艺术展品。

(二)交通空间

博物馆建筑的交通空间起着组织参观人流、引导观众参观的作用。博物馆建筑的走道、楼梯(包

图8-1 华盛顿大屠杀纪念博物馆见证厅室内

括电梯)以及自动扶梯、坡道的专用空间都是独立式交通空间。当楼梯、电梯、坡道、自动扶梯布置在中庭式进厅中时,就形成组合式交通空间。这时的垂直交通设施,除了交通功能外还是中庭中的装饰与陪衬。因此,这样的中庭式进厅依然属于核心空间之列。独立式交通空间又有一般交通空间与特色交通空间之分。一般交通空间的空间架构以功能为主,室内设计朴实无华。而特色交通空间具有一定的装饰性、趣味性、艺术性,虽然它可以成为博物馆建筑空间序列中的一个小高潮,但它在空间序列中的作用应恰如其分。

博物馆建筑的走道大多都是一般交通空间,它以直线、曲线、折线等多种线性空间的形式出现。走道将观众自水平方向引导进入展室。有时将走道加以放宽、收窄等变化,或展出少量展品,从而改变线性空间过长时的单调。

❶ 黄健敏.贝聿铭的艺术世界.北京:中国计划出版社,1996
❷ 王天锡.贝聿铭(国外著名建筑师丛书).第2版.北京:中国建筑工业出版社,1992
❸ 同上

(a) 方案 1

(b) 方案 2

图 8-2　美国国家美术馆东馆室内方案比较

图 8-3　美国国家美术馆东馆室内

法兰克福现代艺术博物馆的主楼梯厅就是一个特色交通空间。这个面积不大、平面紧凑的楼梯厅，在汉斯·霍莱因驾轻就熟的设计笔下，通过空间形状、色彩、标高、人流组织的丰富变化，给观众带来参观的乐趣与艺术享受。这个主楼梯厅从1层到2层有个平面动态位移的变化。它自1层等腰梯形进厅所延伸出的三角形空间开始，一座单跑楼梯贴着三角形的一条斜边向上。到达2层后，楼梯间位移到与三角形顶部相连的八字形空间内。楼梯也从单跑梯变成剪刀梯。剪刀梯的双跑梯段分别依附在八字形楼梯间两边的平行墙面上（图8-4、图8-5）。墙面的色彩也各不相同。在2层八字形楼梯间的中部，剪刀梯平台被扩大成一弧形空间，这里的标高比2层展室略低，观众要通过两段弧形踏步和一段直线踏步才能分别进入楼梯间周围的三个展室。三个展室之间通过剪刀梯休息平台后面的过道相互串联。2层的剪刀梯通向3层后结束。楼梯终止处两个相对梯段的楼梯平台连在一起。这里的标高也略低于周围展室，它通过几级踏步只与3层端部的三角形大展厅相连。楼梯间的其余空间形成一个竖向镂空的吹拔，使楼梯间的空间垂直流通。吹拔左右的两个方形展室在面对吹拔处敞开，并装以栏杆。这样，两个展室与周围、上下的空间也流通起来。站在楼梯平台向两个方形展室望去，它们之间虽然标高不同，但空间通透、视线流畅，却又可望而不可及。观众只有进入三角形大展厅后，回头经过剪刀梯两端沿外墙而设的走廊才可将参观连贯起来（图8-6）。

这个楼梯间集建筑艺术与参观乐趣于一身，是个典型的特色交通空间，也是该博物空间序列的小高潮。

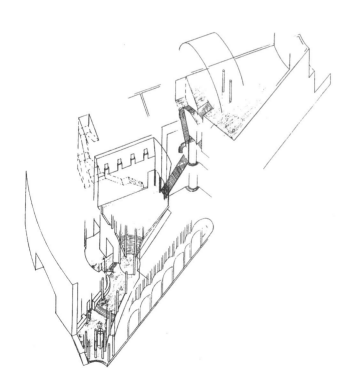

图 8-4　法兰克福现代艺术博物馆进入路线示意图

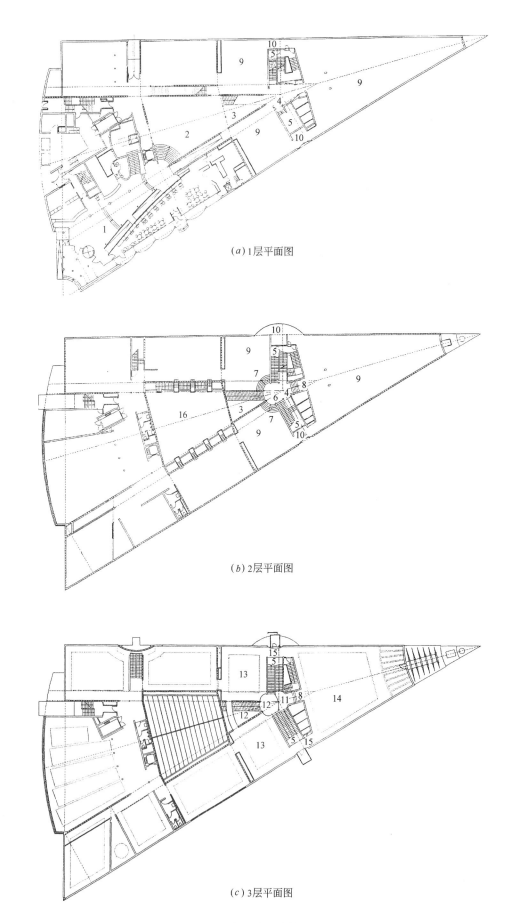

(a) 1层平面图

(b) 2层平面图

(c) 3层平面图

图 8-5　法兰克福现代艺术博物馆平面图

1. 门厅；2. 等腰梯形进厅；3. 三角形楼梯间；4. 八字形楼梯间；5. 剪刀梯；6. 剪刀梯平台弧形空间；7. 弧形踏步；8. 直线踏步；9. 展室；
10. 串联展室的过道；11. 剪刀梯终止处休息平台；12. 吹拔；13. 方形展室；14. 三角形大展厅；15. 走廊；16. 进厅上空

图 8-6　法兰克福现代艺术博物馆楼梯间空间处理　　　　图 8-7　俄罗斯圣彼得堡夏宫博物馆陈列室中的休息座椅

（三）陈列空间

陈列空间是博物馆建筑的基本空间,是博物馆陈列展览的载体。博物馆的普及教育职能是通过在陈列空间内进行展出来实现的,因此陈列空间是博物馆建筑主要的功能空间。虽然核心空间、交通空间有时也兼有陈列展示作用,但博物馆建筑的陈列空间是指博物馆的陈列室。陈列室在博物馆建筑的陈列区中所占的面积最大,房间的数量也最多。

陈列空间起着烘托展品的背景作用,过于强烈的空间形象会喧宾夺主,破坏陈列主体的展出效果。因此,陈列空间一般都是中性空间和功能空间。它的设计要与展品特点及采光方式密切配合。

（四）服务空间

博物馆建筑的服务空间是服务于观众的辅助空间。售票、问询、小件寄存处、书店、纪念品销售处、餐饮、茶座咖啡厅、休息等都是博物馆的服务空间。大中型博物馆的小件寄存处、书店、纪念品销售处可单独附设在门厅或进厅周围,而在中、小型博物馆中,则可集中布置在门厅之中。具有服务功能的这种门厅,在不兼作进厅时,也可归属服务空间之列。

服务空间在博物馆建筑的空间序列中起着配角的作用。而当它们作为门厅时还是博物馆建筑空间序列的序曲,核心空间的前奏与衬托。因此,一般应当将服务空间作为形象简洁的中性空间来设计。

服务空间包含着多种服务功能,并且还要满足观众休憩、娱乐的心理需求,因此设计中要避免千篇一律,防止单调乏味。休息空间要选在参观途中的适当位置,让疲劳的观众得到休整。比如可在大陈列室的中央布置一些供观众就近休息小坐的座椅,休息的观众还可同时面对展品沉思、凝视(图 8-7)。休息空间也可独立设置。在独立的休息空间内,阳光、绿化、水面、空气,都可以为观众休息提供轻松、暇豫的舒适环境。金贝尔艺术博物馆的休息空间布置在被陈列室环抱的小庭院内,在这里小坐片刻的观众可以享受放松身心的愉悦(图8-8)。

图 8-8　金贝尔艺术博物馆自门厅望休息小庭院

餐饮、茶座和咖啡厅，既是观众的休息空间，又是观众的交流场所。它们可以单独布置在封闭的空间之内，也可以使这些空间透过大面积的玻璃与室外环境沟通，还可以将它们置于与周围环境流通的空间之中。这种服务空间需要亲切、舒适的环境氛围，有时还需要为观众增添一点小小趣味。

达拉斯美术馆的咖啡厅布置在一个两层高的空间内。这里除了向观众提供饮料外，还安排了一些小型演出。空间内悬挂着一些装饰品，用以缩小空间的尺度，让观众感到亲切。两层高的空间也为楼上的观众提供了顺路驻足观看演出的方便。这个咖啡厅虽然尺度有些过大，但也给美术馆增添了活跃的气氛（图 8-9）。

在美国亚特兰大可口可乐博物馆内，茶座布置在参观路线的尽端。这里提供世界各地的各种可乐供观众免费饮用。快乐欢笑的孩子，饶有兴味的成年观众，都拿着杯子在自动饮料机前走来走去，选择不同口味的可乐品尝。茶座虽然是个封闭空间，但像抛物线一样射出的可口可乐，贴着世界各国标签的自动饮料机，使这个封闭空间充满动感、活力与趣味。这里既是服务空间又是推销可乐的最佳展厅（图 8-10）。为了方便观众，从茶座还可直接进入厕所。

法国尼姆现代艺术中心的咖啡座布置在博物馆的屋顶平台上，面对尼姆市的古迹——梅森卡里神庙。这里是个开敞式的灰空间，顶部满布遮阳片。在这里喝咖啡休息的观众不仅能享受自然空气的清新，还能居高临下饱览古罗马神庙的美景。

图 8-9　达拉斯美术馆咖啡厅室内

84

图 8-10　亚特兰大可口可乐博物馆茶座室内

二、博物馆建筑核心空间的空间设计

核心空间是博物馆建筑空间序列的高潮,空间系列的主角,因此必然成为建筑师设计博物馆建筑空间的重点。博物馆建筑的核心空间也是一个表现空间,它受陈列展示功能的制约相对较弱,所以它有可能集功能性、艺术性、象征性、趣味性于一身,成为建筑师设计博物馆建筑的亮点,成为建筑师发挥设计才干的最佳用武之地。

当今博物馆的核心空间有向多样化、复杂化发展的趋势,但是应该根据不同博物馆的特点,掌握设计分寸,做到恰如其分。

(一) 核心空间的格调意境

根据藏品所表达的内容,博物馆可以分为综合类、历史类、民族民俗类、艺术类、文化教育类、自然类、科技产业类、纪念类、收藏类等九大类。而每大类又可分为若干群种。即使是同一群种的博物馆,也还包括了丰富多彩的内容差异和不同的规模。对于类型、群种、内容、规模不同的博物馆来说,其核心空间所需要的格调、意境也不相同。所以设计时应当根据实际情况,首先从总体上对核心空间的格调、意境加以把握定位。

博物馆建筑的核心空间可以表现出庄重的、典雅的、纪念的、亲切的、趣味的、科技感强的……各种不同的格调与意境,而且常常还会有将几个方面综合表达的需要。

一个空间的格调与意境并不是仅仅靠空间的形式与架构就能体现的,还要依靠室内的色彩、光影、材料、装饰……的协同作用才能达到目的。但是空间的形式与架构依然是表达空间格调与意境的基础,这对于博物馆建筑的核心空间来说也不例外。

一般来说,对称的空间具有纪念性,封闭的对称空间还兼有严肃、庄重的特色。在对称的空间中包含着不对称,在简洁的空间形体中插入了适当的变化,这样的空间会渗透出典雅的气质。高大的空间显得崇高、气派。低矮变形的空间容易给人压抑沉闷的印象。通透、明亮的空间洋溢着轻松和愉悦。近人尺度的空间让人感受到亲切宜人。缺少装饰、形体简洁的空间给人朴素感。形体特殊、自由的复杂空间形象多姿多彩,有艺术特色。穿插、重叠的空间很有趣味。大空间中悬浮着规则的几何形体有一种与科技的联系。与周围相互流通的空间形象生动,时代感强。当空间中布置着移动的交通装置,架越着凌空的人行天桥时,空间则充满着活力与动感……。

建筑师马里奥·博塔以"现代殿堂"的构思设计了旧金山现代艺术博物馆。这座博物馆从外到内是对称布局,这使它在高楼林立的现代城市中展现出昔日大教堂般的庄严。博物馆的核心空间是个对称的中庭。在四根对称布置的圆柱中间坐落着装饰感极强的楼梯。楼梯的休息平台正对着入口,犹如"教堂"中的"圣坛"。一个对称的圆形吹拔罩在楼梯上方,将光线从天窗引下。这个对称的中庭有殿堂般的纪念色彩,但圆形天窗下的镂空天桥和天桥上行走的观众同时又赋予这个"殿堂"现代感(图8-11)。

盖瑞设计的毕尔巴鄂古根海姆美术馆的中庭与博塔的"现代殿堂"形成强烈对比。这座美术馆以展出现代美术作品为主。美术馆的中庭平面自由,形体丰富(图8-12)。中庭内楼梯、电梯的外表被包装成平面、折面、曲面。透明与不透明的包装材料在这里交替使用,形成虚虚实实现代雕塑般的效果。中庭顶部的天窗随着造型别致的屋顶变化,犹如一幅抽象图案。这个中庭以反传统的空间形象成为博物馆建筑中造型最奇特、最丰富的核心空间,给人以强烈的艺术震撼(图8-13)。

图8-11 旧金山现代艺术博物馆中庭室内

图8-12 毕尔巴鄂古根海姆美术馆中庭室内

图8-13 毕尔巴鄂古根
海姆美术馆中庭的屋顶

86

美国自然历史博物馆坐落在纽约中央公园以西,它所扩建的罗斯中心由建筑师波尔谢克设计,于2000年2月向公众开放。罗斯中心是个玻璃方盒子,里面是博物馆的核心空间——宇宙大厅。这个由透明玻璃墙面封闭的大厅有着"视觉完形性",在室内观众的眼中,室内、室外空间渗透融为一体。宇宙大厅内用钢结构支撑、吊挂着几个球形悬浮空间,象征着太阳系中的星球(图8-14)。中间最大的球体分为上下两层。上层是个大型空间剧场,由凌空架设的天桥进入。下层是个称之为 big bang 的剧场,一座楼梯连接着一条螺旋上升的坡道,将人流从大厅导向这里(图8-15)。这个悬浮着几个球体的核心空间具有科技感与趣味性,很适合作为大型自然类天文馆的主展厅。

何香凝美术馆是为介绍何香凝女士的革命活动和展出她的国画作品而建的。美术馆进厅是个稍稍下沉的空间,很像北京的四合院。进厅的尺度亲切宜人,很有人情味。这个进厅的格调、尺度适合于何香凝这位著名的女社会活动家、女国画家的身份。

(二) 核心空间的平面设计

博物馆建筑核心空间的平面并没有固定形式,建设用地的形状、建筑外观的需要、建筑空间的构思都会对它的平面设计产生影响。从宏观来看,核心空间的平面形状可分为单纯几何形、复杂几何形和自由形三种。

图 8-14　美国自然历史博物馆罗斯中心宇宙大厅内的悬浮空间

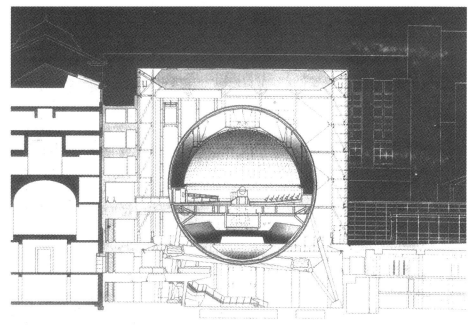

图 8-15　美国自然历史博物馆罗斯中心宇宙大厅剖面图

大多数博物馆建筑核心空间的平面都是单纯几何形。例如日本爱媛县科学馆的门厅是圆形;亚特兰大高级美术馆的中庭是 1/4 圆;美国国家美术馆东馆的中庭是三角形;卢浮宫扩建工程的地下大厅是正方形;华盛顿大屠杀纪念博物馆的见证厅是长方形;哥本哈根方舟现代美术馆的进厅是 150m 长的弓形……(图 8-16)。

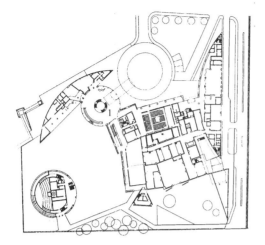

1. 日本爱媛县科学馆门厅

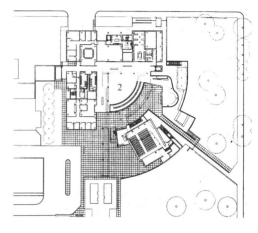

2. 亚特兰大高级美术馆中庭

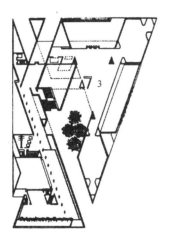

3. 美国国家美术馆东馆中庭

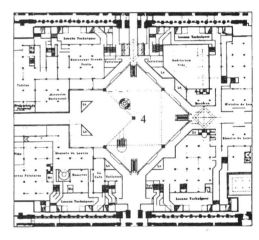

4. 卢浮宫扩建工程地下大厅

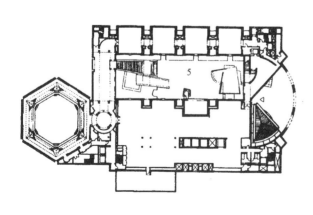

5. 华盛顿大屠杀纪念博物馆见证厅

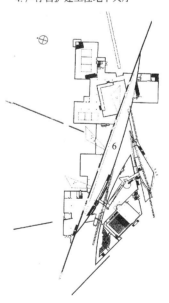

6. 哥本哈根方舟现代艺术博物馆进厅

图 8-16　核心空间为单纯几何形平面的博物馆建筑

如果在单纯几何形中插入其他形状使它变得不完整，或者将几种几何形进行组合，或者将几何形加以变形，它就成为复杂几何形平面。例如纽约古根海姆美术馆中庭的圆形平面中插入了矩形和三角形楼梯间，这时的中庭平面虽然不如单纯的圆形完整，但却增添了生动与丰富。日本建筑师安藤忠雄设计的大阪飞鸟历史博物馆主展厅的平面是方形与半圆的组合。迈耶设计的盖蒂中心博物馆入口大厅的长方形平面不仅与一个直角三角形组合，还插入了一个圆形。而斯蒂文·霍尔设计的赫尔辛基 Kiasma 当代美术馆中庭的平面则是部分弓形的变形(图 8-17)。

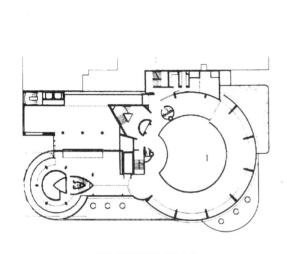

1. 纽约古根海姆美术馆中庭

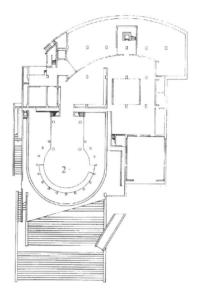

2. 大阪飞鸟历史博物馆主展厅

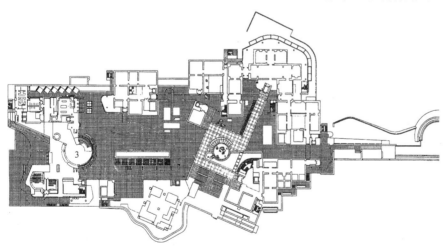

3. 盖蒂中心博物馆入口大厅

4. 赫尔辛基 Kiasma 当代美术馆中庭

图 8-17　核心空间为复杂几何形平面的博物馆建筑

还有些博物馆核心空间的平面没有明确的几何形,平面自由、活泼,好像一幅艺术构图,这类平面属于自由形平面。毕尔巴鄂古根海姆美术馆的中庭就是自由形平面的典型代表。日本建筑师伊东忠雄设计的熊本县八代市立博物馆的门厅也是自由形平面(图 8-18)。

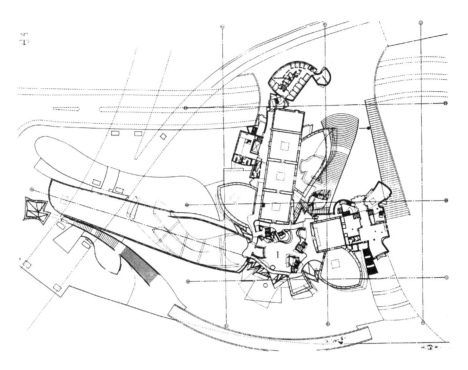

1. 毕尔巴鄂古根海姆美术馆中庭

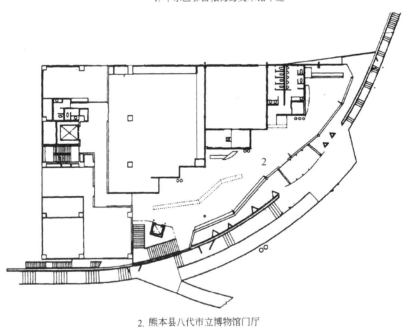

2. 熊本县八代市立博物馆门厅

图 8-18　核心空间为自由形平面的博物馆建筑

(三) 核心空间的垂直交通

中庭式进厅是博物馆建筑中最常见的核心空间。将楼梯、电梯、坡道、自动扶梯等垂直交通设施布置在中庭中,不仅能引导垂直方向的人流,增加空间的动感,还能丰富空间的形象,成为中庭中的装饰与景观。

赖特首创将坡道布置在纽约古根海姆美术馆的中庭中,坡道从1层螺旋上升到6层。这条加宽的坡道将垂直交通与展廊合为一体。虽然站在倾斜的坡道上观看展品受到过不少批评,但赖特所创造的博物馆建筑核心空间新形象至今仍为观众所喜爱,并在其后的博物馆设计中得到改进与发展(图8-19)。

图8-19 纽约古根海姆美术馆中庭中的坡道

在亚特兰大高级美术馆的中庭中,迈耶将每层的坡道设计成双跑,坡道布置在中庭1/4圆形平面的弧边上。坡道外围有一条弧形水平走道,它与中庭两条直角边上的走道共同环绕着中庭闭合。这条环形走道通向中庭周围的展室。中庭内的水平交通与垂直交通分工明确,组织得井井有条。它们既自成体系,又相互联系,还为观众提供了独立、方便的参观环境。不仅如此,迈耶在双跑坡道之间插入了一片墙体。这片开洞的墙体既是坡道的承重结构,又起着丰富空间的作用。自中庭望去,只见各层同一坡向的坡段向上,它们形成一种韵律。透过片墙上的开洞望去,另一坡段上移动着的观众清晰可见,别有情趣(图8-20)。

旧金山现代艺术博物馆中庭里正对入口的楼梯具有极强的装饰效果;哥本哈根方舟现代艺术博物馆沿着弧墙的楼梯打破了150m长弓形进厅的单调,成为进厅中的点缀;赫尔辛基Kiasma当代美术馆顺着纵向进厅的单跑坡道引导性非常强烈;毕尔巴鄂古根海姆美术馆包装起来的楼梯、电梯把中庭装扮成现代雕塑,取得了激动人心的艺术效果。

中庭中的楼梯、坡道、电梯、自动扶梯不仅是垂直交通工具,还是丰富内部空间、美化室内环境的重要元素,设计中要加以精心安排、利用。

(四)核心空间的空间类型

博物馆建筑的核心空间有着各式各样的空间架构,有的空间架构包含一种空间类型,有的由多种空间类型组合而成,这里介绍组成核心空间架构的几种主要空间类型。

封闭空间——由对视觉、听觉、小气候隔离效

图8-20 亚特兰大高级美术馆中庭中的坡道

果较好的围护实体所围合的空间是封闭空间。围护实体隔离效果的好坏关系着空间封闭性的强弱。隔离效果好的封闭空间环境渗透力弱,反之则强。封闭性强的空间比较严肃,领域感强,但容易显得沉闷,缺乏空间层次。

不定空间——当空间的围护实体是玻璃等透明或半透明材料时,空间虽被围合,但视觉、光线仍能穿透,这种空间为不定空间。不定空间能使室内与室外、空间与空间之间形成景观的交流、渗透。这种空间生动,有活力,还能组织有趣的光影效果。贝聿铭设计的MIHO美术馆的周围是群山环抱的丛林,透过门厅的玻璃墙面及玻璃天窗,博物馆的门厅与风景如画的自然美景融为一体。天窗下散光装置所投下的光影还为门厅空间增添了美感(图8-21)。

图 8-21　MIHO 美术馆门厅与自然环境的融合

尼姆现代艺术中心的中庭也是一个不定空间。中庭的玻璃幕墙正对着古罗马神庙——梅森卡里，与人文景观相互渗透交融在一起。

流通空间——封而不闭，隔而不死的空间是流通空间。流通空间没有明确的空间界线，它的空间可以在水平和垂直两个方面流通。同一楼层的流通空间兼有水平方向的视线通透与交通连贯的特点。不同楼层的流通空间，比如中庭内，它垂直方向的视线通透，而只有当中庭中布置着垂直交通设施时垂直交通才能连贯。中庭式进厅是博物馆核心空间中最常见的流通空间，它的形象生动，空间富有变化（图 8-22）。

动态空间——中庭中布置的垂直交通设施；中庭上空凌空架越的天桥；核心空间里的活动雕塑或活动信息展示，都可以使它们所在的空间成为动感强烈的动态空间。美国国家美术馆东馆的中庭就是一个动态空间。

悬浮空间——这是大空间中用吊杆、悬挑结构、细长的支柱所支撑的小空间。在小空间的下部，空间通透，使小空间有飘浮感，让人感到新鲜有趣。美国自然历史博物馆所扩建的罗斯中心的宇宙大厅就是一个有趣的悬浮空间。

母子空间——母子空间又称二度空间，这是在母空间中以虚拟手法或空间实体再次限定子

图 8-22　日本东京都现代美术馆的流通空间

空间的作法。子空间内可容纳独立功能。它不但能丰富空间层次，增添空间趣味，还能成为母空间中的景观。法兰克福建筑博物馆主展厅里有座"屋中屋"。斯图加特国立美术馆新馆门厅里有间圆形书店（图 8-23）。这都属于母子空间。在子空间与母空间之间，空间也是相互流通的。

图 8-23　斯图加特国立美术馆新馆门厅内的书店

下沉空间——这是将室内地面局部降低所形成的空间。这种空间下沉的深度越深,空间的领域感就越强。当下沉部分所占面积比例较小时,它也是一种母子空间。下沉空间与周围的空间也相互流通。

卢浮宫扩建地宫的进厅就是一个自入口处下沉的空间,它解决了卢浮宫长期以来没有主入口的矛盾,但又不破坏卢浮宫所在的历史环境。站在下沉式进厅抬头仰望,透过它透明金字塔形的屋顶,可将老卢浮宫顶部的优美造型尽收眼底。

何香凝美术馆的进厅也是一个下沉空间,回廊四周几步向下的台阶,营造出北京四合院式的空间氛围。

地台空间——将室内地面局部抬高会形成岛式的地台空间效果。这种地台空间具有展示性,能吸引人对它的关注。它还具有戏剧性,有舞台般的趣味。当抬高部分所占面积比较小时,也是一种母子空间。地台空间与周围的空间也相互流通。

安藤忠雄设计的大阪飞鸟历史博物馆的主展厅是个下沉式的中庭。观众从门厅进入后,经过向下的楼梯来到一层回廊。回廊环绕着位于地下层的主展厅。主展厅中的圆形台座上陈列着陵墓模型。这个地台空间使模型突出展现在观众眼前。观众可沿回廊俯瞰模型全景,还可顺回廊旁的弧形坡道而下,在主展厅中观看模型近景(图 8-24)。

图 8-24　大阪飞鸟历史博物馆主展厅圆形台座上的模型和弧形坡道

交错空间——交错空间是垂直方向的流通空间,常常也是动态空间。它以空间中交错布置的天桥、扶梯、坡道、平台打破了平面布置在垂直方向的上下对位,创造出生动、活泼、趣味性强的空间情趣。美国巴尔的摩国家水族馆4层高的中庭就是一个活跃的交错空间。福斯特设计的尼姆现代艺术中心的中庭也是一个交错空间。这个中庭被上下错位的楼梯及一条水平通道充满,为了将天光引到下层,楼梯踏步及通道地面全用磨砂玻璃制作,呈现出一种高技术美(图8-25)。

图8-25　尼姆现代艺术中心中庭

三、博物馆建筑陈列空间的空间设计

陈列室在博物馆陈列区中所占面积比例最大,是陈列区的基本空间。陈列空间是展品的展示场所和观众参观活动的所在地。因此,陈列空间的设计要与展品和展示的特点相结合,要为观众创造良好的观赏环境。

(一)陈列空间要与展品和展示的特点相结合

博物馆的陈列品品种繁多,展出方式各式各样,这都影响着陈列空间的设计。展品对陈列室平面设计的影响已在第七章中作过介绍,这里不再重复。常见尺寸的陈列品对陈列空间没有特殊要求。《美国建筑师设计手册》一书中指出:“要算出一间展室的实际最大尺寸,不论用于通常尺寸较大的古代绘画还是中等尺寸的现代油画,是不很困难的。展室的合适尺寸是5m×7m×4m(长×宽×高)”。“永久性展出的美术展室所要求的面积可能相当大,但也不宜超过6.7m宽,3.6～5.5m高,20～24m长”❶。我国的《建筑设计资料集》则指出,陈列室的高度“应突出陈列内容,并保证室内通风、采光良好,净高一般不高于5m”❷。

❶ 《建筑师设计手册》编译委员会.建筑师设计手册(上册).北京:中国建筑工业出版社,1990
❷ 《建筑设计资料集》编委会.建筑设计资料集4.第2版.北京:中国建筑工业出版社,1994

为特殊尺寸的陈列品、或者特殊方式的陈列展出设计陈列室时,它们的陈列空间应当适合展品和展出的特点。

在华盛顿国立航空航天博物馆中,除一般展品外,还有飞机、飞行器、火箭、"航天试验室"等展品。长长的火箭以直立方式展出,而飞机则悬挂在展厅中。该博物馆陈列空间的设计顺应展品及展出的特点,将展厅分成南北两种空间模式。北半部是两层通高的大空间,用于展出特殊展品,或特色展出。而南半部有两层,为展出一般展品用。南北空间水平垂直相互流通,既合乎展出需要,又丰富了空间造型(图8-26)。

毕尔巴鄂古根海姆美术馆的临时展厅,是个130m长30m宽的超大尺度展厅,它为在室内展出超大尺度的现代艺术展品提供了场所。展厅略为弯曲的墙面使建筑外部造型不至于呆板。空间中适度外露的结构构架成为一种简洁装饰,使超大尺度空间避免显得空洞,但又依然突出了展品的风采(图8-27)。

(二)陈列空间要为观众创造良好的观赏环境

观众对展品的观赏绝大多数是平视,但也有仰视、俯视的需要。不同主题的博物馆,不同展品的陈列室,不同方式的陈列展出都有适合各自特点的最佳观赏方式。根据这些特点设计陈列空间能为观众提供良好的观赏环境和多角度的观赏。

图8-26 华盛顿国立航空航天博物馆陈列空间

飞机、飞鸟等展品适合于悬挂展出,需要高大的空间。这样可为观众营造模拟现实的趣味。在华盛顿国立航空航天博物馆中,世界上第一架飞机以它处女航的高度,悬挂在离地3.17m的空中,当观众仰视它时,有着身临其境般的感受。

建于遗址、考古现场的陈列室,往往需要既能让观众观察现场的全貌,又不要因观众的进入造成对现场的破坏,因此在这种陈列空间中可以穿插凌空架越的天桥,布置环绕展区的高架回廊供观众俯视参观用。有时观众还可以从回廊下到展区外围,在近处仔细观察。这种中庭式的陈列空间让观众与展品之间视线流通,行动受限,以达到有利参观,保护展品的目的。

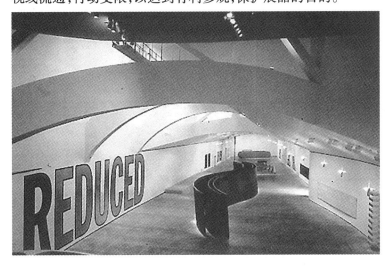

图8-27 毕尔巴鄂古根海姆
美术馆临时展厅室内

在挪威哈默的考古中，发现哈马僧帽形庄园建在一处中世纪建筑的遗迹上。庄园被保留下来，并利用了考古的洞穴建成一座"空中博物馆"。这座大司教博物馆的中世纪展厅设在庄园中部被挖掘出的遗址上，庄园的墙和屋顶被保存下来，和遗迹一起成为"考古现场"。展厅中央架着一道纵向长桥，观众站在桥上可鸟瞰桥下的遗迹、遗物。这间陈列室的空间设计让观众置身于考古学的环境中去理解历史（图 8-28）。

图 8-28　哈默大司教博物馆中世纪展厅室内

法兰克福现代艺术博物馆的主展厅是个有趣的陈列空间。主展厅的平面呈等腰梯形，观众自梯形的一个底角进入。主展厅两侧的墙面分别与通往夹层的一座直跑楼梯和一条过道为邻。当观众来到 2 层装置展厅后，可从架越在直跑楼梯与过道上的 8 座小"天桥"分别进入主展厅两面侧墙上的 8 个小"包厢"。小"包厢"的 8 个凹入式空间丰富了主展厅的空间效果，观众站在"包厢"内俯视主展厅的展品有如舞台上的戏剧场景。观众戏剧性的参观过程也是一种有趣的经历（图 8-29）。这个博物馆的 2 层还有一个两层高的特别展厅，高大的现代艺术展品可以在这里陈列。观众在 2 层和 3 层可平视、仰视、俯视，对展品进行多角度的观赏。在这个陈列空间里，现代艺术展品可全方位地充分展示它的艺术魅力（图 8-30）。

图 8-29　法兰克福现代艺术博物馆主展厅

图 8-30　法兰克福现代艺术博物馆 2 层特别展厅

美国康宁玻璃博物馆也是康宁公司的陈列馆，每天都有世界各地的游客前来参观、购买玻璃制品。博物馆的主展厅建在二楼，是个大空间。它的下面是博物馆的玻璃商店，里面的玻璃商品应有尽有，犹如一个玻璃艺术世界。主展厅与商店之间有多处形状各异的吹拔，吹拔处空间在垂直方向流通。有的吹拔中悬吊着玻璃结构的蛋形展室，有的吹拔中雕塑般的展品点缀在两层之间。主展厅地面像个多处开洞的架空平台，平台开阔处布置着一些可供操作的展品。观众可以在这里停顿下来，亲手操纵潜望镜装置。平台的标高有时还有坡度变化，给流动的观众增添了小小的乐趣。站在主展厅凭栏向下观望，商店中琳琅满目的玻璃商品，熙熙攘攘的顾客一览无余。丰富的空间，精彩的展品，吸引着行进中的观众。观众时而仰望，时而俯视，参观过程生动活泼，新鲜有趣(图 8-31)。

图 8-31　康宁玻璃博物馆的蛋形展室悬吊在主展厅内

(三) 顶部的自然采光形式与陈列空间造型的结合

在许多博物馆中，尤其是博物馆顶层的陈列室常常利用自然光线采光。而自然采光的形式又影响着陈列空间的造型。因此，陈列空间的设计还要结合自然采光的形式综合考虑。

皮阿诺为曼尼尔博物馆设计了一个"阳光天棚"，上百片钢筋混凝土叶片悬挂在屋顶下的构件上，覆盖着所有的陈列空间。自然光线经过叶片多次反射与折射进入室内。这些叶片造型优美，使陈列空间有强烈的韵律感(图 8-32)。

在科隆瓦拉夫·理查茨和路德维希博物馆的陈列室中，屋顶铺满类似锯齿形的天窗，这种以天窗取代整个天棚的陈列空间同样呈现出有整体感的韵律美(图 8-33)。

金贝尔艺术博物馆的陈列室是有拱形连跨屋面的空间。0.9m 宽的带形天窗设在拱顶处。在天窗下的拱形空间内装有通长的人字形铝质穿孔散光板。板的造型别致，金属穿孔板面显出典雅气质，与混凝土拱面质朴的外表形成对比。人字形散光板与拱形屋面相结合的优美造型，让人感到这个陈列空间既不张扬又赏心悦目(图 8-34)。

图 8-32　曼尼尔博物馆
陈列室的"阳光天棚"

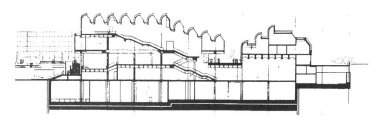

图 8-33　科隆瓦拉夫·理查茨和路德维希博物馆剖面图

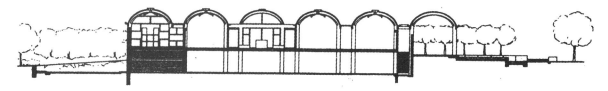

图 8-34　金贝尔艺术博物馆剖面图

　　在斯图加特国立美术馆新馆的陈列室内,天窗下是大面积的磨砂玻璃天棚。光线均匀地经天棚进入室内。这种发光天棚使陈列空间有向上的穿透感,使封闭的展室显得明快而具有活力(图 8-35)。

图 8-35　斯图加特国立美术馆新馆陈列室的发光天棚

(四)陈列空间的空间组织

　　博物馆建筑一般都有多个陈列室,它们在陈列区内容易形成有规律的空间组织。陈列空间与学校教室、旅馆客房、医院病房不同,它没有严格的空间尺寸、模数与形状,因此它的空间组织较为灵活。陈列空间的组织离不开陈列区平面布局基本类型的影响,但从空间组织的规律来看,陈列空间可以有韵律组织与自由组织之分。

　　相同形状或相似形状的陈列空间以一定的韵律组合到一起就形成韵律组织的空间并置状况。也可以说形成韵律空间。韵律空间的节奏感、韵律感可以反应在建筑的平面、空间序列以及外形上。博物馆建筑陈列空间的特点使它比较容易组织成韵律空间(图 8-36)。

　　陈列空间的形状虽然相同或相似,但不以一定的韵律组合,或者将不同形状的陈列空间自由组合在一起,这样的空间组织都属于自由组织。

　　在斯德哥尔摩现代美术馆中,陈列空间先组成团组,然后团组之间再按一定韵律并置,这样的空间组织也属韵律组织(图 8-37)。而盖蒂中心博物馆陈列空间组成团组后再自由组合,这样的空间组织仍属自由组织(图 8-38)。

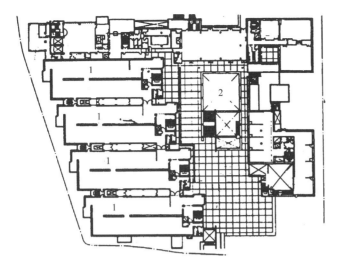

图 8-36　日本东京都美术馆
1层平面图
1. 陈列室；
2. 广场上部

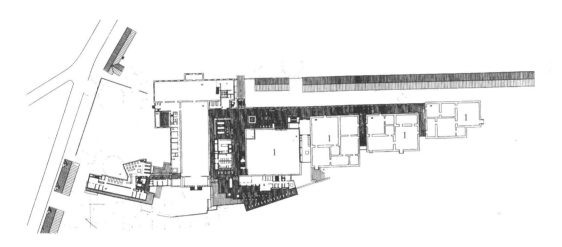

图 8-37　斯德哥尔摩现代美术馆陈列空间的韵律组织
1. 陈列室组团

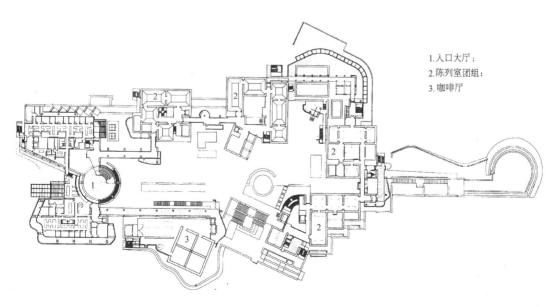

1.入口大厅；
2.陈列室团组；
3.咖啡厅

图 8-38　盖蒂中心博物馆陈列空间的自由组织

四、博物馆建筑陈列区的空间序列

博物馆建筑的空间设计不能只局限于单个空间的设计上,还要重视群体空间的组织安排,也就是空间序列的设计。博物馆建筑的空间序列是按观众参观博物馆的活动程序来组织的。一般来说,一个完整的博物馆建筑空间序列往往要经过空间的起始——过渡——高潮——过渡——主体——结束等一系列过程,但在具体设计中可根据实际情况有简有繁。博物馆建筑的空间序列多数都从门厅开始,有时也延伸到门廊甚至延伸到引道。博物馆的核心空间是博物馆空间序列的重点和高潮。博物馆的陈列空间是博物馆空间序列的主体与基础,因为博物馆的参观活动主要是在陈列空间里进行的。核心空间与门厅或陈列空间之间可以有过渡空间,比如过厅、过道等,也可以直接相连。参观完成之后,观众由空间序列的结束部分退场。结束部分可以是次要门厅,也可以由主门厅兼任。

空间序列的设计要重点突出,有主有从。空间的组织要层次分明,有节奏,有变化,不能千篇一律。空间的过渡要顺畅,同时还要注意空间序列的整体性、连续性。

亚特兰大高级美术馆的空间序列具有戏剧性,它从室外一座通向2层平台的引桥开始。引桥上的构架象征着博物馆的大门(图8-39)。观众到达2层平台后,转身进入形状自由的小门厅。经过门厅狭窄的通道,空间豁然开朗,来到博物馆的核心空间——一个4层高的1/4圆柱体中庭。观众沿着中庭圆弧处的坡道而上,从环绕中庭的过道进入周围的方形展室。参观结束后,观众乘电梯而下,从门厅出口离开。这个空间序列的设计,起始有趣味,空间有收放,形状有变化,组织有高潮,让观众的参观经历了有趣的空间体验。

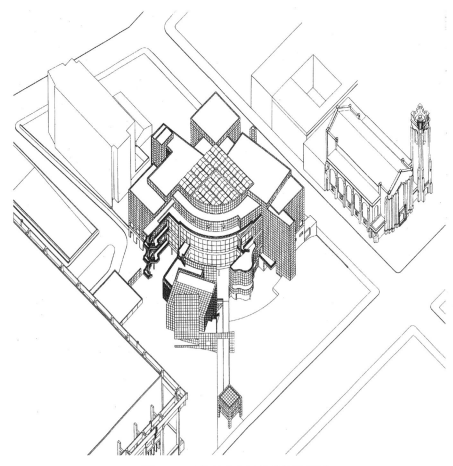

图8-39　亚特兰大高级美术馆轴测图

摩西·赛弗迪设计的加拿大国家美术馆将建筑作为一座"微型城市"构思,它的空间序列同样源于"微

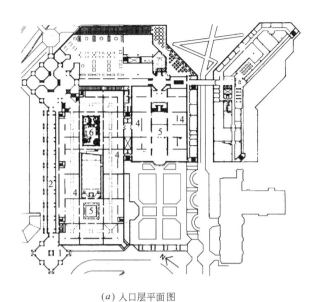

(a) 入口层平面图

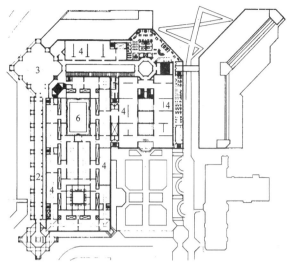

(b) 上层平面图

图 8-40　加拿大国家美术馆

1. 门厅；2. 坡道走廊；3. 大厅；4. 展厅；5. 庭院；6. 休息

型城市"这一主题(图 8-40)。参观起始于首层门厅——一个体量不大的类似亭子般的空间。经过一条长长的坡道走廊——"街道"的象征,来到大厅——"城市广场",这是一个大体量的核心空间。大厅几何形体的玻璃屋顶如同水晶体结构,使人产生对古老教堂的联想。观众从这里出发去几个展厅。每个展厅的独立性很强。它们作为城市中的"个体建筑",从门厅到展厅虽然体形、体量都在不断变化,但空间连贯,衔接顺畅自然。自门厅到坡道走廊再到大厅,它们的外围护结构都是透明玻璃,这形成了内外空间的渗透和环境的交流,使"微型城市"中的"街道"、"广场"更有室内空间室外化的景象(图8-41)。

内部空间设计是博物馆建筑设计中十分重要的一环,有如《建筑空间论》一书中所言:"空间——空的部分——应当是建筑的'主角',这毕竟是合乎规律的。建筑不单是艺术,它不仅是对生活的认识的一种反映而已,也不仅是生活方式的写照而已,建筑是生活环境,是我们的生活展现的'舞台'"●。

内部空间设计需要反复推敲。虽然勾画空间小透视有助于空间片断的形象表达,但要获得空间的整体印象,尤其是复杂的内部空间,最好的推敲办法就是制作室内模型。这样可以体验到更为直观更为全面的设计效果。计算机辅助设计以及制作室内动画,也是推敲空间设计,表现空间形象的好方法。

图 8-41　加拿大国家美术馆内
自"城市广场"望长长的"街道"

● (意)布鲁诺·赛维(Brano Zevi).建筑空间论.张似赞译.北京:中国建筑工业出版社,1985

第九章　博物馆建筑陈列室的光环境设计

光是能引起视觉的电磁波,是人用视觉感知物体的基本条件。没有光,我们就什么也看不见。对于博物馆建筑来说,观众的主要活动就是观赏陈列室中的展品。光不仅能揭示展品,还能将展品的魅力充分展现在观众面前。陈列室光环境的好坏关系着博物馆的使用效果。所以,创造良好的光环境是博物馆建筑设计的重要内容。一些优秀的博物馆建筑设计,其闻名于世的原因之一是它陈列室光环境的特色。例如,伦佐·皮阿诺在著名的曼尼尔博物馆、曼尼尔博物馆加建以及比耶勒基金会美术馆的设计中,都在陈列室光环境的设计上,取得了突出的成绩。

一、陈列室的自然采光与人工照明

光源有自然光源与人工光源之分。自然光源是太阳。直射地面的阳光和天空光是自然光。进入室内的自然光由直接天光、外部反射光和室内反射光组成。人工光源是各种灯具,灯具所产生的光,是人工照明。

早期的博物馆陈列室以自然采光为主,而后来则一度有"黑暗博物馆"模式的流行。对二战后德国的博物馆建筑有过这样的描述:"在70年代,墨西哥国家人类学博物馆对德国博物馆也产生强大的影响。尤其是在展品陈列及照明方式上,排除自然光,偏爱人工照明……。这种抛弃自然光的做法被称作是'黑暗博物馆'模式,在这一时期的德国能找到许多效仿者"[1]。在1983年我国出版的《博物馆学新编》一书中也这样写道:"国外的博览建筑的陈列室已广泛采用人工照明,特别是近年来新建的馆更是如此,少数陈列馆辅助采用天然光。而国内的博览建筑因限于某些客观条件(如电力不足、减少经常维持费用等),大多数以采用天然采光为主,展品照明为辅"[2]。然而,由于"黑暗博物馆"所造成的能源浪费,建筑立面的单调以及对一些艺术品的表现缺乏真实感使它的迅速发展受到挫折。尤其是当人们认识到生态问题、能源问题有关人类生存的重要性时,探索博物馆陈列室自然采光的良好模式又成为一种时尚。自然光虽然光线柔和、自然,但不稳定,且多变,还无法将环境照明与对展品的定点照明区别对待。自然光线中的紫外线也会损伤展品。因此,利用自然采光往往需要改善光的质量,并且用人工照明加以补充。在当今新建博物馆的陈列室中,许多都是充分利用自然采光,并适当采用人工照明。我国《博物馆建筑设计规范》第3.3.6条规定:除特殊要求采用全部人工照明外,普通陈列室应根据展品的特征和陈列设计要求确定天然采光与人工照明的合理分布与组合。

在同一博物馆中,各陈列室陈列的展品并不相同,不同的展品需要不同的光来烘托才能取得最佳展示效果,例如艺术品需要光谱组成接近自然光的照明。在同一博物馆中,各陈列室所处的楼层不同,平面位置不同,当它采用自然采光时,就有一定的局限性,例如顶窗采光对于单层和顶层的陈列室最适用。因此,陈列室的光环境设计要"因物而宜","因地制宜",区别对待,不能一概而论。

陈列室自然采光口的形式与位置的选择影响着博物馆建筑的空间设计与外形,因此陈列室的自然采光设计是建筑设计的一部分,应当与建筑设计同时完成。陈列室的人工照明设计在建筑设计之初也应当加以考虑,建筑师要与电气工程师密切配合,协同努力,在室内设计与布展设计时将它完成。本章主要介绍陈列室的自然采光。

---

❶　王路.二战后德国的博物馆建筑.世界建筑,1998(2):20~24
❷　黎光耀主编.博物馆学新编.准阴:江苏科学技术出版社,1983

二、陈列室光环境设计的一般要求

（一）根据陈列品的感光性决定适宜的照度

在各式各样的博物馆中，陈列品也多种多样，不同类别的陈列品其感光度也不相同。因此，陈列室的一般照度应根据陈列品的类别来确定。为陈列品选择适宜的照度才能取得良好的展出效果。《博物馆建筑设计规范》所给出的照度推荐值（表9-1），是我们决定适宜照度的设计依据。此外，英国照明工程学会的照明规范也可作为设计时的参考（表9-2）。

各种陈列品的最大照度推荐值 表9-1

陈列品类别	色温	照度推荐值（lx）
对光不敏感的物品： 金属、石材、玻璃、陶瓷、珠宝、搪瓷、珐琅等	日光、荧光灯 6500°K~4200°K	不大于300lx （30lm/Sq·ft） 除重点陈列之外
对光较敏感的物品： 绝大部分博物馆藏品属于这一类，竹器、木器、藤器、漆器、骨器、油画、壁画、角制品、天然皮革、动物标本等	日光，荧光灯、白炽灯 4200°K左右	不大于180lx （15lm/Sq·ft）
对光敏感的物品： 纸质书画、纺织品、印刷品、树胶彩画、染色皮革、植物标本等	白炽灯 2900°K	不大于50lx （5lm/Sq·ft）

英国照明工程学会的照明规范 表9-2

内容	Lm/Sq·ft	限制眩光指数
陈列室一般照明	15	16
陈列品	专定	16
不作局部照明的艺术陈列室照明	20	10
有局部照明的艺术陈列室照明	10	10
悬挂绘画	20	10
实验室	30	19

注：1lm/Sq·ft = 10.76lx

（二）陈列室的光环境设计要以突出陈列品为主

在陈列室中，陈列品的照度宜大于陈列室的环境照度。例如"对垂直布置的画面，……其画面照度至少要为环境照度的2倍以上"。雕塑展品"除了室内环境照明的扩散光外"，还要"根据雕塑设两个主、副直射光补充"[1]。

（三）陈列品的照度、陈列室的环境照度要均匀

陈列室利用侧窗自然采光时，照度容易不均匀，这会影响陈列品的观赏效果。设计中可采用不同的透光材料及不同角度的遮阳片来改变室内环境照度的分布情况（图9-1）。

（四）防止紫外线对陈列品的损害

在陈列室中，要避免阳光直射陈列品。设计时可在采光口设置遮阳片、散光片及调光装置，对天然光加以控制和调整，这样不仅能防止紫外线对陈列品的损害，还可提高室内环境照度的均匀度。再者，利用

---

[1] 《建筑设计资料集》编委会.建筑设计资料集4.第二版.北京：中国建筑工业出版社，1994

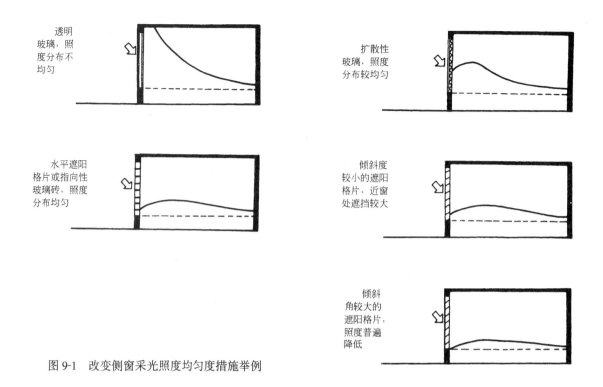

透明玻璃,照度分布不均匀

扩散性玻璃,照度分布较均匀

水平遮阳格片或指向性玻璃砖,照度分布均匀

倾斜度较小的遮阳格片,近窗处遮挡较大

倾斜角较大的遮阳格片,照度普遍降低

图9-1　改变侧窗采光照度均匀度措施举例

北侧采光口采光可以获得均匀、变化少、无阳光直射的天然光线,同时要采用少紫外线的灯具。

(五) 尽量避免产生眩光

眩光使人感到刺眼,引起眼睛不适,无法看清陈列品。为了保证陈列效果,设计中要采取措施消除或减轻眩光,除了选择适当的陈列方式能消除或减轻眩光外,还要正确决定采光口的形式和位置,正确布置人工光源的位置,而且要在采光口设置调光装置,避免阳光直射室内。

三、陈列室自然采光口的形式

陈列室的自然采光口根据它在陈列室中所在位置的不同,分为侧窗式、高侧窗式和顶窗式三种形式(图9-2)❶。

(一) 侧窗式

侧窗式是建筑中最常用的采光口形式。它为早期博物馆的陈列室普遍采用。侧窗式采光光线充足,窗户构造简单,易于管理,室内外环境也容易交流。但是,陈列室室内照度分布不均匀,垂直面上的眩光不易消除,适用于进深小的陈列室。由于侧窗式采光口要占据一部分墙面,这使需要墙面悬挂展品的陈列室使用受到限制。现在采用侧窗式采光的陈列室较少。建在风景区的博物馆,或博物馆中悬挂展品少的陈列室,有的仍然采用侧窗采光,或者采用顶窗采光与侧窗采光组合的形式。

丹麦汉堡布克的路易斯安娜美术馆建在一处风景如画的公园中,它的陈列室串联布置在一起。陈列室的一侧是大玻璃,面对公园,另一侧悬挂着陈列品,使行进中的观众陶醉于人造艺术与自然美景交织的场景之中。

贝聿铭设计的约翰逊艺术博物馆建在康乃尔大学的一座小山坡顶上。博物馆四周绿树郁郁葱葱,山水如画。贝聿铭不仅设计了室外架空的雕塑展场,让观众在参观的同时可远眺自然美景,而且还有布置着通长玻璃窗的陈列室。观众参观之余可隔窗远望,将湖光山色尽收眼底(图9-3)。

❶ 《建筑设计资料集》编委会.建筑设计资料集4.第二版.北京:中国建筑工业出版社,1994

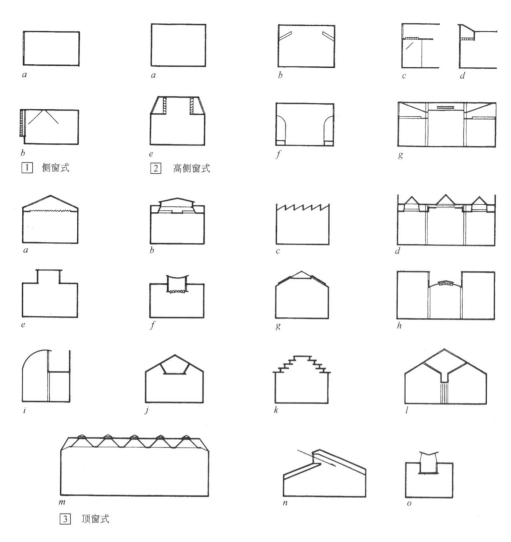

① 侧窗式　　② 高侧窗式

③ 顶窗式

图 9-2　采光口形式举例

图 9-3　约翰逊艺术博物馆陈列室通长的侧窗采光

曼尼尔博物馆陈列室的屋面是整片的"阳光天棚",它的个别陈列室配合凹入式小院落,设计了整面侧窗。在这种陈列室中布置着雕塑展品,展品在侧光与顶光的照射下形象生动。观众经历了有侧窗无侧窗的参观过程,视觉得到休整,不觉疲劳(图9-4)。

(二)高侧窗式

将侧窗窗口提高到离地面 2.5m 以上即成为高侧窗。采用高侧窗有利于扩大墙面陈列面积,提高墙面照度,减少眩光产生,但是需要增加建筑的层高。当陈列室不具备设置顶窗采光的条件时,采用高侧窗采光可弥补侧窗采光,或完全采用人工照明时的缺陷。

美国西雅图弗赖伊博物馆曾经是收藏西雅图企业家弗赖伊夫妇藏品的私人机构。弗赖伊将它捐赠出来并留下遗嘱。他要求原封不动地保留他们的藏品,并要求收藏品陈列在不小于 30 英尺❶×60 英尺的陈列室中。陈列室要自然采光。弗赖伊博物馆于 1952 年开放,其后经过三位建筑师的加建。1995 年奥尔松·山德柏格(Olson Sundberg)再一次成功地改造了该博物馆。他用光与色彩使建筑充满生机。陈列室以高侧窗采光,改建时升高了陈列室的顶棚,以便让更多的自然光线进入室内。顶棚靠高侧窗处形成一条自然采光的光带。露明的梁有节奏地在光带中显露出来,使室内空间具有韵律美(图9-5)。

图 9-4　曼尼尔博物馆陈列室内顶窗与侧窗组合采光

图 9-5　西雅图弗赖伊博物馆陈列室高侧窗采光

❶　1 英尺 = 0.3048m。

106

加拿大不列颠哥伦比亚大学贝尔金美术馆的主展厅利用高侧窗采光。其中一面墙上的高侧窗倾斜地面布置。它不仅能采集环境反射光,还给室内空间及建筑外观带来特色造型(图9-6)。

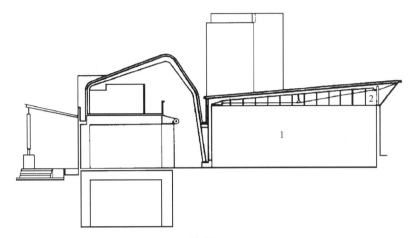

(a) 剖面图

(b) 外观

图9-6　不列颠哥伦比亚大学贝尔金美术馆

1. 陈列室;2. 高侧窗

(三) 顶窗式

顶窗式采光口由屋顶天窗或采光屋面进行采光,其优点是陈列室内照度均匀,采光效率高,采光口不影响陈列品的布置。但是窗户的管理与清洁不方便,而且一般只能在单层或顶层使用。顶窗式采光口有各式各样的形式与构造,它需要设置光线扩散装置、反光板、挡光板,以避免阳光直射展品,提高墙面照度,避免产生眩光。顶窗式采光在条件许可的陈列室中已被广泛使用。

在博物馆的同一陈列室中,自然采光往往不只采用一种形式而是几种采光口的组合利用,以取得满意的采光效果与室内空间造型。

亨利·西里尼(Henri Ciriani)设计的法国阿利斯考古学博物馆的平面是个三角形。三角形的一边作为科学研究部分,另一边是报告厅、图书室、画廊及咖啡厅等设施,它们共同围合着一个2层高的三角形主展厅。主展厅面朝罗纳河。在面朝罗纳河的外墙上,下部是大面积的玻璃侧窗,中部是高侧窗,顶部有屋面采光天窗(图9-7)。这个综合的采光模式不仅为陈列品提供了采光的需要,还使参观人流能欣赏罗纳河上的风景。天窗及高侧窗有节奏的布置,也强调了室内空间的韵律。

(a) 主展厅内景

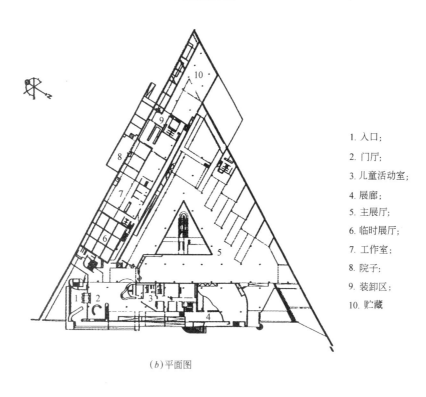

1. 入口；

2. 门厅；

3. 儿童活动室；

4. 展廊；

5. 主展厅；

6. 临时展厅；

7. 工作室；

8. 院子；

9. 装卸区；

10. 贮藏

(b) 平面图

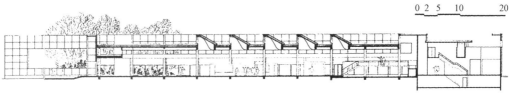

0 2 5   10   20

(c) 剖面图

图9-7 阿利斯考古学博物馆

四、陈列室的顶窗式采光

顶窗式采光是陈列室最常见的自然采光方式,也是式样最多,采光效果最好的采光口。因此,在条件许可且需要自然采光的陈列室中应尽量采用顶窗式采光。

(一)为非顶层陈列室创造利用自然顶光的条件

顶窗式采光有一定的局限性,一般只能在单层或顶层陈列室中使用。而一些建筑师在博物馆建筑设计中,采取适当的措施,突破了这种局限,为非顶层陈列室利用自然顶光创造了条件。

1. 利用采光井将自然顶光引向下层陈列室

加拿大国家美术馆的陈列室布置在1层和2层,2层陈列室利用屋顶天窗和面向休息庭院的高侧窗采光。在2层的两个陈列室之间,一个贯穿2层的采光井将自然光线从屋面引向1层无法获得自然采光的陈列室中。陈列室的顶棚呈拱形造型(图9-8)。

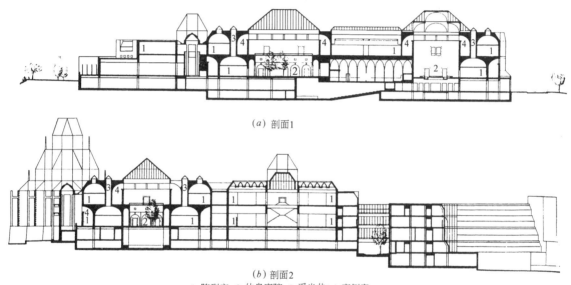

(a) 剖面1

(b) 剖面2
1. 陈列室;2. 休息庭院;3. 采光井;4. 高侧窗

(c) 陈列室内景

图9-8 加拿大国家美术馆

在毕尔巴鄂古根海姆美术馆中,2层及3层各有3个陈列永久藏品的方形陈列室。它们被包围在其他用房中央。3层屋顶上3个方形大天窗正对着3层的3个陈列室,为它们提供自然采光用。3个大天窗下连着3个小采光井,它们穿过3层陈列室将自然光线引入2层的陈列室内,使与室外环境完全隔离的2层陈列室依然获得了自然光线(图9-9)。

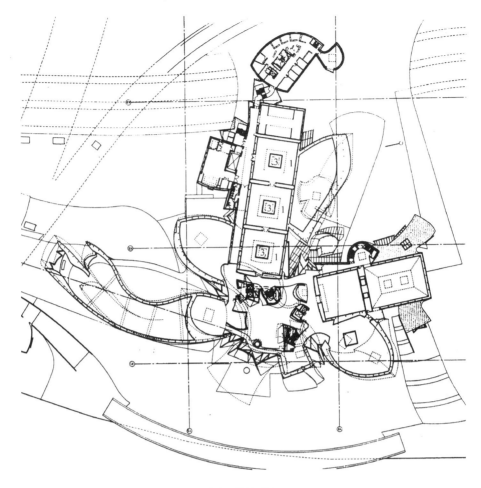

(a) 3层平面图

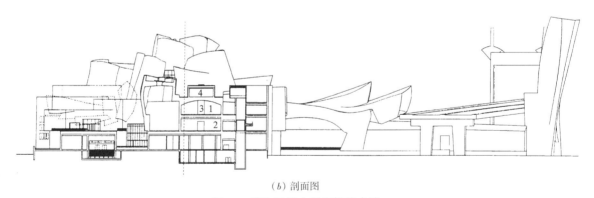

(b) 剖面图

图9-9　毕尔巴鄂古根海姆美术馆

1. 3层永久藏品陈列室;2. 2层永久藏品陈列室;3. 采光井;4. 屋面采光天窗

　　还有些博物馆在上、下层陈列室中布置着吹拔,它相当于没有墙面的采光井,这使来自上层的自然光线同时照亮着下层陈列室。

　　2. 利用退台式造型为各层陈列室争取自然顶光

　　博塔在设计旧金山现代艺术博物馆时,为了让这幢6层高建筑中的陈列室都能获得自然顶光,他经过了近3年的研究,最后以建筑退台式造型成功地达到了这一目的。

　　这座博物馆的陈列室布置在2层、3层和4层。3层、4层平面层层后退。平面的中心部位是可以不用自然采光的垂直交通枢纽及辅助用房。各层陈列室布置在中心部位周围没有上层建筑的位置上。各层陈列室屋顶上的条形天窗,使身处2层、3层、4层的陈列室同时获得了良好的自然顶光(图9-10)。

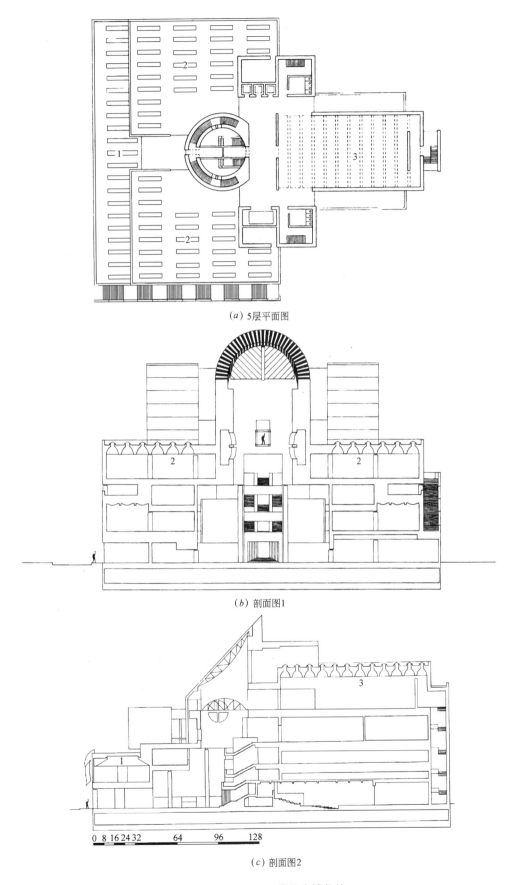

(a) 5层平面图

(b) 剖面图1

0 8 16 24 32　　　64　　　96　　　128

(c) 剖面图2

图9-10　旧金山现代艺术博物馆

1. 2层屋面采光天窗;2. 3层屋面采光天窗;3. 4层屋面采光天窗

刘力等设计的炎黄艺术馆也是巧妙利用自然采光的一例。覆斗状的屋面造型是该艺术馆的特征。建筑师巧妙利用了覆斗状屋面上小下大的特点,将东侧屋顶在中部断开,并在断开处布置采光窗。这种平面错位的处理与退台式造型类似,使2层、3层的陈列室都得到了自然顶光(图9-11)。

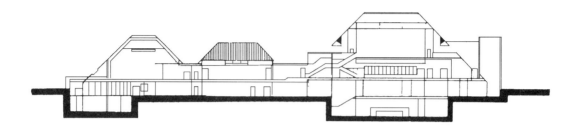

图9-11　炎黄艺术馆剖面图

3. 利用楼层平面旋转错位使陈列室获得自然顶光

　　广东省美术馆于1997年建成,由伍乐园、陈树棠设计。陈列室布置在1、2、3层内,每层4个陈列室。为了各层陈列室都能获得自然顶光,设计者将2层平面与1层平面作45°错位,在错位后露出的1层屋面上布置采光口。2层、3层平面外形对齐,除一间陈列室两层通高外,其余3间陈列室内都有上下贯通的吹拔。3层屋面的顶光可由吹拔到达2层陈列室内。这个博物馆的采光设计很有新意,但令人遗憾的是,装修阶段将2层陈列室都改用人工照明,只在3层保留了部分自然顶光(图9-12)。

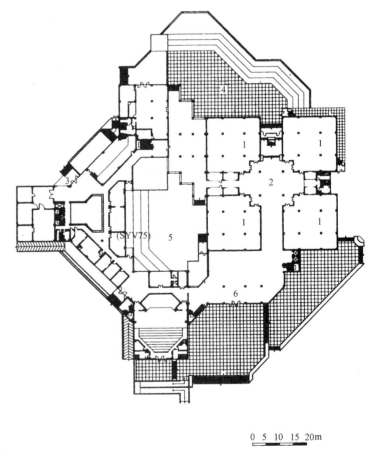

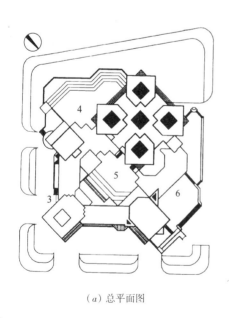

0　5　10　15　20m

(a)总平面图　　　　　　　　　　　(b)1层平面图

图9-12　广东省美术馆(一)

1. 陈列室;2. 进厅;3. 职工画库入口;4. 开放式室外展览平台;5. 室外展览庭院;6. 观众主入口

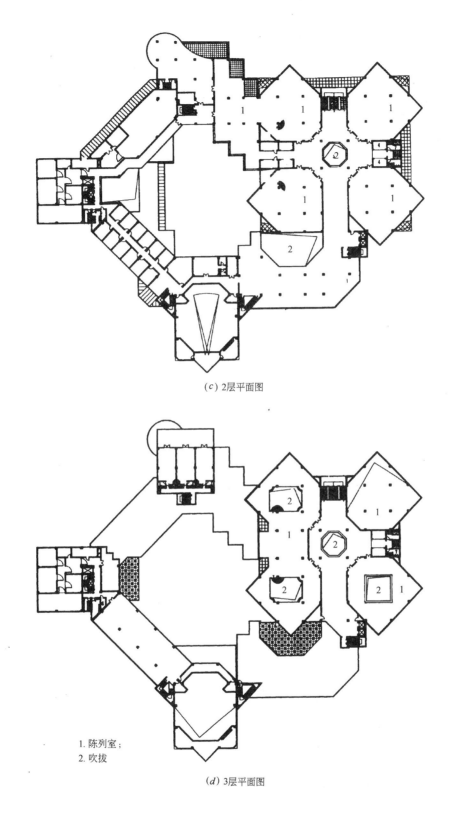

(c) 2层平面图

1. 陈列室；
2. 吹拔

(d) 3层平面图

图 9-12　广东省美术馆(二)

（二）整体式屋面自然采光

　　顶窗式采光口有整体式屋面采光与局部式屋面采光之分。绝大多数陈列室均采用后者。伦佐·皮阿诺自 1981 年为休斯敦曼尼尔博物馆设计"发光天棚"开始，至今设计了 3 座以整个屋面为采光口的博物馆。在这种整体式屋面自然采光的博物馆陈列室内，自然光线十分均匀柔和，并与室外天空的千变万化有着更为直接微妙的联系，取得了具有特色的采光效果。

休斯敦曼尼尔博物馆是收藏、展出曼尼尔夫妇藏品的私人博物馆。曼尼尔夫人要求能让观众领略自然光线为展品带来的微妙变化。皮阿诺与曼尼尔夫人参观了世界上许多博物馆,这些博物馆所在的纬度日照与休斯敦大体相同。非洲一座小博物馆的采光方式使皮阿诺受到启发,他由此而为曼尼尔博物馆设计了一个"发光天棚"。他在整个玻璃屋顶下悬吊了上百片的钢筋混凝土"叶片"。"叶片"将自然光经多次反射、折射后照入室内。陈列室内照度均匀,置身于闪烁变化光线中的陈列品具有特殊的艺术感染力(图9-13)。

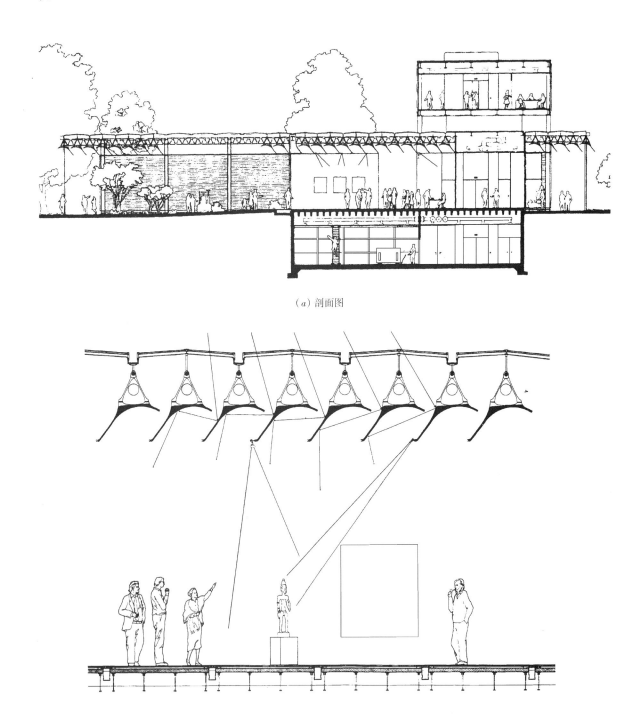

(a) 剖面图

(b) 陈列室屋顶采光构造

图9-13　休斯敦曼尼尔博物馆

曼尼尔博物馆的加建部分进一步发展了这种整体式屋面采光方式。在钢结构的屋面上分层满铺着固定百叶、防紫外线玻璃以及可调节的百叶。陈列室内用织物作成天花。织物天花与采光屋顶之间有安装照明设备的轨道。灯具从织物天花开洞处伸出照向室内。在陈列室内，经过层层处理的自然光线十分柔和。天空中云彩的移动，光照的变化都给观赏艺术品的观众带来阵阵惊喜(图9-14)。

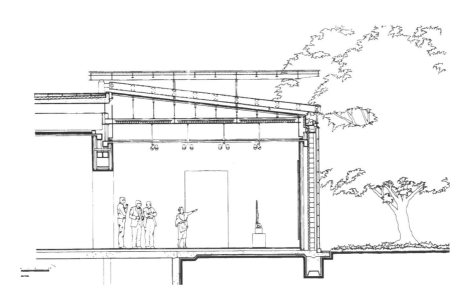

(a) 剖面图

(b) 陈列室室内

图9-14　休斯敦曼尼尔博物馆加建

1997年建成的瑞士巴塞尔比耶勒基金会美术馆是皮阿诺的成功之作。这座美术馆建在一条公路与一片农业生态保护区之间。美术馆的屋顶是个4000m²的玻璃天棚，四周悬挑于建筑之外。屋顶由轻钢结构支撑。由室外望去，轻巧的玻璃天棚与石质外墙面形成鲜明对比。在陈列室中仰望，这些支撑并不明显。光线经过玻璃层层过滤进入室内，形成清亮、娴静的氛围。室内犹如一片匀质天空，柔和的光线覆盖在展品上，使展品的色彩显得十分自然(图9-15)。

法兰克福德国邮政博物馆建在美因河畔。老馆是一座需要保留的花园别墅。按照规划要求，花园内

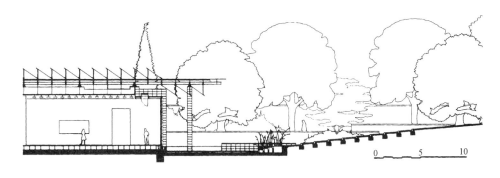

（a）剖面图

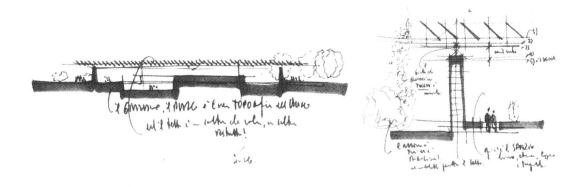

（b）皮阿诺构思草图

图 9-15　巴塞尔比耶勒基金会美术馆

的几棵大树也受立法保护。博物馆只能利用别墅旁的狭长用地建造一幢条形建筑，并把主展厅建在花园下面。建筑师冈特·贝尼希（Günter Behnisch）在地下展厅与条形建筑之间巧妙设计了一个倾斜的玻璃锥面采光顶。在下沉式中庭的流通空间里，地下主展厅沐浴在阳光照耀之中。为了保护几棵大树，主展厅还凹入，形成几个下沉式室外小庭院。小庭院为主展厅提供了高侧窗采光。紧张的用地，建在地下的主展厅，这些不利条件被贝尼希变为具有特色的自然采光设计和保护环境的范例。倾斜的玻璃锥面采光窗兼有侧窗采光与顶窗采光的双重优点，有类似于整体式屋面自然采光的一些特征，同时它的立面造型也引人注目（图 9-16）。

科隆瓦拉夫·理查茨和路德维希博物馆的屋顶是整片朝北的锯齿形天窗，这也属整体式屋面自然采光。大面积的北向天窗为陈列室提供了良好的光环境。

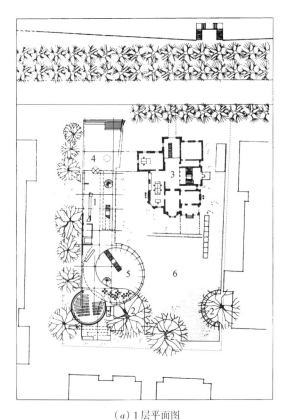

（a）1 层平面图

图 9-16　法兰克福德国邮政博物馆（一）

1. 新馆进厅；2. 下沉式小庭院；
3. 老馆；4. 新馆入口；5. 主展厅上空；6. 花园

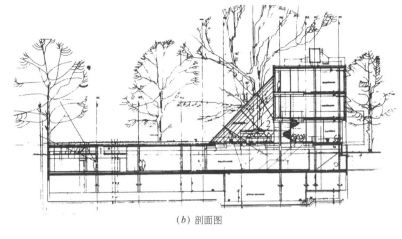

(b) 剖面图

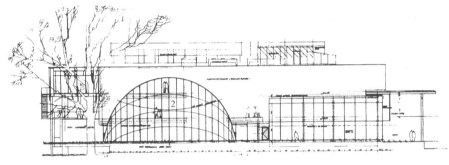

(c) 立面图

(d)主展厅室内

图 9-16　法兰克福德国邮政博物馆(二)

1. 高侧窗;2. 玻璃锥面采光顶

（三）局部式屋面自然采光

局部式屋面自然采光,是将采光口局部布置在与陈列室对应的屋面上。采光口可以是各种形状的天窗(图 9-17),也可以是局部透明的屋面。光线经过调整、处理,进入陈列室内。陈列室的天花可根据采光口的位置进行造型(图 9-18),也可以做成发光天棚。发光天棚用磨砂玻璃类透光材料做成,作为陈列室的环境照明兼墙面照明。发光天棚需要有位置、大小恰当的采光口配合,才能使室内照度均匀(图 9-19)。

图 9-17　莫斯科特列恰科夫画廊屋面采光天窗

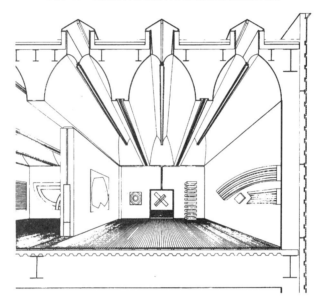

图 9-18　旧金山现代艺术博物馆陈列室天花造型

图 9-19　法兰克福现代艺术博物馆陈列室发光天棚内景

第十章　博物馆的陈列展示

陈列展示是博物馆履行教育职能,实现社会效益最重要的手段。然而过去,国内许多博物馆的陈列展示被观众戏称为"教科书上墙"。长篇大论式的说明,大量罗列摆放的展品反而削弱了对观众的吸引和注意,导致发生博物馆疲劳症。今天,展示设计已成为博物馆关注的重点。从主题的确定、展品的选择、展品的编排、文字的编辑、空间的划分、展品的布置、背景的配合、灯光的烘托,无不处处精心设计。其设计成果既要经受专业人士的审视,又要为观众所喜闻乐见。由此可见,博物馆的研究人员、室内设计师是展示设计的主要设计者。对于建筑师来说,了解博物馆陈列展示的特点,有助于创造具有特色的建筑平面与内部空间,设计出更好的博物馆建筑来。

博物馆陈列品的品种繁多,应有尽有,但从它们的信息特点来看,可划分为有体物与无体物两大类。人的视觉、触觉都能感知的物品是有体物,传统博物馆的陈列品都是有体物。用录音、录像、光盘等所记录的人类文明和人类环境的见证则属无体物,人的视觉、听觉能感知无体物的存在。现代博物馆革新了传统博物馆的展出方式,它们不仅展出有体物,还通过多媒体与电子技术向观众展示无体物。

一、有体物的陈列展示

博物馆所展示的有体物包括实物、仿制品、模型等,陈列展示这些展品主要有以下一些方式。

(一) 悬挂式陈列

绘画、图片、织物、服装以及一些实物都可以悬挂陈列。根据展示创意的不同、展品的不同,它们可以被悬挂于墙上、展板上。展板大多与墙连接,或独立布置在陈列室中央。墙上可设置悬挂展品的轨道,更换展品比较灵活。有的设有可固定展板的装置,例如金贝尔艺术博物馆在两拱之间可装上固定展板的吊

图 10-1　圣彼得堡冬宫博物馆用轨道悬挂绘画

图 10-2　金贝尔艺术博物馆的展板灵活吊挂在两拱之间

卡,展板的位置根据需要移动(图10-1、图10-2)。

(二) 悬吊式陈列

将飞机、鸟类悬吊在空中有真实感,一些实物悬吊于空中陈列也很有新意。在莱姆·库哈斯(Rem Koolhass)设计的鹿特丹艺术展览馆中,不少展品甚至连同展板都被悬吊在金属网漏空顶棚下,十分新颖别致(图10-3)。

图10-3　鹿特丹艺术展览馆悬吊的展品　　　　　　　图10-4　陈列柜中的展品及灯光效果

(三) 展柜式陈列

一些贵重的或易于损坏的展品可在展柜中陈列。展柜的大小、高低、式样依展品的特点设计。展柜可靠墙放置,也可独立布置在陈列室中央。展柜内的灯光根据展品而定,要不见光源,但能显现展品特色(图10-4)。

(四) 放置式陈列

将雕塑、家具等展品直接放置于地面上,这种展示方式显得自然,展品在陈列室中也有很好的装饰效果。需要从各种角度欣赏的展品应独立放置在陈列室中央,其余展品也可靠墙放置。

(五) 地台式陈列

将展品放置在台座上陈列,这种展示方式有突出展品,形成视觉中心的效果(图10-5)。所以体量较小的雕塑,一般都放在台座上陈列。地台高低、大小依展品及展出需要而定。大阪飞鸟历史博物馆的模型就放在一个很大的台座上。

(六) 壁龛式陈列

小巧、精美的艺术品,贵重的珠宝类展品,一些雕塑品如果放在壁龛内陈列,并辅以灯光烘托,展品的艺术性和高贵气质能更加凸显(图10-6)。

图 10-5 亚特兰大高级美术馆陈列室中的家具陈列

图 10-6 亚特兰大高级美术馆的壁龛式陈列

（七）特色空间陈列

将固定展品陈列在为它们特别设计的空间内,展品与特色空间共同成为组合展品,这种陈列方式的艺术效果较强。贝聿铭在美国国家美术馆东馆的中庭中,就为几件固定展品设计了几处特色空间。伦敦自然历史博物馆灵长目展廊和地球展廊的大厅内,有为古生物设计的几个特色空间。它们突出了博物馆的主题(图 10-7)。

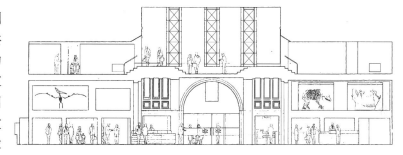

（a）室内立面

（b）室内景观

图 10-7 伦敦自然历史博物馆特色空间展出固定展品

（八）场景式陈列

将考古现场或遗迹保留下来作为陈列品,或根据展示的主题布置出复原的场景都属场景式陈列。这种场景式原貌再现的陈列方式使观众有身临其境的真实感受。

在华盛顿大屠杀纪念博物馆内布置着一间集中营内犹太人的营房。在简陋破旧的房间内，床上的被褥似乎刚刚有人用过，衣架上还挂着衣帽，阵阵传来的猫叫声、切菜声、小孩哭声让观众仿佛回到那恐怖的年代。在南京博物院艺术陈列馆内，有一座明清式民居的木构架；一座古代柴窑模型，所用的一砖一木都来自景德镇；一座江南仿古园林。这些复原的场景将过去的现实，真实地展现在观众面前(图10-8)。

(九) 连续式陈列

连续式陈列像是一本书，也像一本连环画，陈列场景一个接着一个，连续不断，一气呵成，整体感很强。

莫斯科马雅可夫斯基博物馆曾荣获俄罗斯1995年优秀建筑设计奖。马雅可夫斯基是前苏联早期的著名诗人，对他充满理想主义与现实批判主义诗篇的评价颇有争议。该博物馆由诗人生前的办公楼改造而成。它的陈列展出没有什么文字介绍，一组组色彩鲜艳的构成主义雕塑夹杂着图片与手稿同建筑交织在一起，力图去追寻诗人生前的"思想足迹，再现诗人的'精神'"。这些独特的展品以其连续式陈列打破了博物馆传统的陈列方式。陈列室的楼梯围绕着一个贯通几层的吹拔。在这个不大的垂直流通空间里，雕

图10-8　南京博物院艺术陈列馆中的民居木构架

塑展品由下而上布满其间。楼梯与吹拔之间的铁丝网把上楼的观众与陈列室的展品隔开，上楼的观众对展品可望而不可即。观众到达顶层后才能进入陈列室。每每参观完上层后顺坡道而下，抵达下层。参观流线上的每组雕塑虽有间隙，但缓缓的坡道，吹拔中自下而上一组完整的雕塑使楼层之间、陈列室之间的界线都很模糊。陈列展览像连环画般地连贯，给观众以连续不断的整体印象(图10-9)。

(a) 外观

图10-9　莫斯科马雅可夫斯基博物馆(一)

（十）操作式陈列

传统博物馆的陈列品都受到严格保护,观众只能观看、欣赏,不能触及。今天,少数博物馆的部分陈列品允许观众触摸、操作,例如科技馆中的某些展品、水族馆中的部分海洋生物、本书曾介绍过的康宁玻璃博物馆中的潜望镜等。这种允许观众操作的陈列要为观众操作留出空间,创造能接触展品的环境条件(图 10-10)。

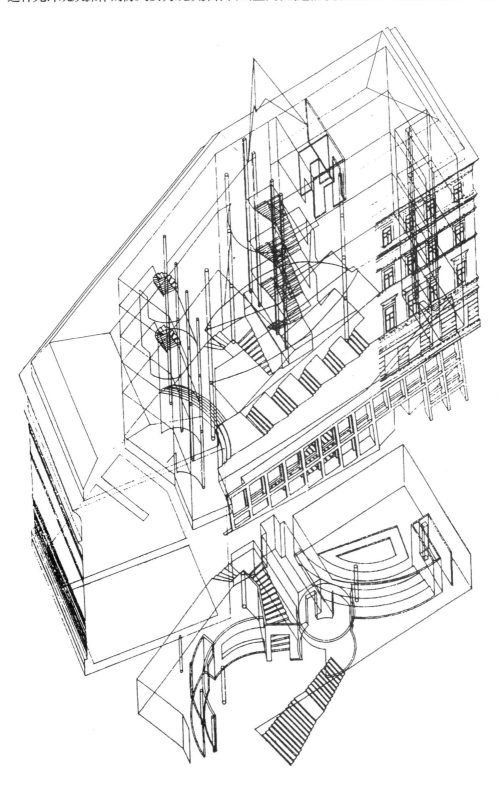

（b）剖面轴测图

图 10-9　莫斯科马雅可夫斯基博物馆(二)

（c）陈列室内景

图 10-9　莫斯科马雅可夫斯基博物馆(三)　　　　图 10-10　纽约索尼奇观陈列室中操作展品的观众

二、无体物的信息传播

现代科技的发展使博物馆的藏品收藏方式与信息传播途径都发生了革命。当代博物馆中,在以有体物收藏保管、陈列展出为主的同时,也利用录音、录像、光盘……储存各种信息,并通过有别于传统陈列展示的方式,利用多媒体与电子技术将信息传播给观众。

南京博物院艺术陈列馆中设置了 19 个多媒体展示台,它通过观众的触摸选择,将博物馆的藏品资料、展品信息展现在观众眼前。这种固定的多媒体展示台已在不少博物馆中得到应用。常常布置在陈列室入口附近。

俄罗斯国立达尔文博物馆的多媒体展示台布置在陈列室中间。观众在参观实物的同时,可触摸选择展品的信息。如果你要了解某种鸟的资料,展示台还可以通过声音的传播,让观众聆听它的叫声,使观众有返回大自然的真实感受。

日本东京都现代美术馆则设立了多个多媒体视听室,大的可容纳一两百人,小的仅供二三人使用。观众在此借助电脑检索馆内正在举办或曾经举办过的各种展览,还可了解世界各国美术馆的收藏资料和展出信息。

在德国维特拉家具博物馆的一次展出中,一间陈列室的展品是数台多媒体展示台,展览信息由展示台连续播放(图 10-11)。

图 10-11 德国维特拉家具博物馆陈列室的多媒体展示台

在法兰克福现代美术馆一间没有灯光的多媒体视听室内,你可以坐下来观看电视屏幕上的现代美术作品。路边的一堆垃圾正在被风吹动,它慢动作般的翻滚状况不断被重复播放。在另一间陈列室内,当你正在适应黑暗的环境时,突如其来的闪电雷鸣让你大吃一惊,室内几台放在高支架上的幻灯机按顺序分别将画面投放在四周的墙上。一个游泳者跳入海中开始游泳,连续的画面被跳跃式地播放着。

科技的发展、藏品的变化、展示方式的革新冲击着传统的博物馆,随之而来的是需要建筑设计去适应,尤其是需要网络布线和电源、照明的配合。

第十一章　博物馆建筑的造型设计

　　博物馆建筑的造型与其他建筑一样是千姿百态,形象纷呈,尤其在建筑朝多元化格局发展的今天,建筑的造型也更加各行其是。虽然如此,但影响建筑造型的因素却存在着一些共同点。例如,建筑的文化模式、内容特色、功能需求、环境状况、社会背景、经济实力、审美取向、建筑思潮、技术保障、结构材料、设计手段、个人风格……这些对于博物馆建筑来说也不例外。1977 年建成的巴黎蓬皮杜文化中心,1997 年建成的毕尔巴鄂古根海姆美术馆,它们独具一格的建筑造型就是社会、文化、经济、技术……多种因素影响下的产物。

　　意大利建筑师皮阿诺与英国建筑师罗杰斯合作设计的巴黎蓬皮杜文化中心是一次设计竞赛的中标方案。它能在 48 个国家选送的 681 个竞争方案中脱颖而出,并得以实施绝非偶然。

　　巴黎曾经是世界公认的艺术之都,但几十年前就已预感到其桂冠将被纽约所取代。要能恢复它的艺术中心舞台的地位,不通过艺术便非建筑莫属。当时的法国总统蓬皮杜是现代艺术的积极倡导者,蓬皮杜文化中心的建立得到他坚定不移的支持。他提出:“要搞一个看起来美观的真正纪念性建筑”。蓬皮杜总统所需要的“真正纪念性建筑”,是以能实现“夺回桂冠”的愿望为目的的。在 20 世纪 70 年代回顾人类新成就时,试管婴儿、光导纤维、卫星火箭、机器人、人工肾、计算机等重大发明体现了人类文明的进步。如果建造一座能体现 20 世纪人类前卫建筑文化的新建筑,以后人的历史眼光来看,这可能就是最好的纪念性。蓬皮杜文化中心所谓“翻肠倒肚式”的奇特建筑外观,以及五颜六色的强烈建筑色彩,正好具备了高科技的时代感和建筑艺术的前卫性。而且它所建造的地点巴黎是世界艺术之都,应当说,这里比起世界上的其他城市来,更加具备它能为群众所接纳的文化基础。

　　1977 年蓬皮杜文化中心在法国巴黎建成引起世界瞩目。对此,各种评论褒贬不一。《新博物馆建筑》一书的评论是:“在我们时代的大事记中,20 世纪 70 年代蓬皮杜文化中心的首次亮相绝不逊于人类登月”❶。

　　美国建筑师盖瑞设计的毕尔巴鄂古根海姆美术馆也是国际竞赛的中标方案。建成之后它被美国《时代周刊》评为 1997 年世界三个最佳博物馆建筑之一。该博物馆以其雕塑性造型独树一帜,这也是它能中标的重要原因。

　　毕尔巴鄂是西班牙昔日的钢铁之都。然而近十多年的工业衰退、经济萧条,使城市失去了经济支柱。大型钢铁厂被废弃,改为国家钢铁博物馆,城市失业率高达 25%。政府为了振兴该城市的经济,计划进行文化开发,创建旅游业,吸引商业投资。兴建毕尔巴鄂古根海姆美术馆就是经济复兴计划的重要内容。从工业城市到旅游胜地的巨大变化,促使城市要努力具备面向世界的崭新面貌,其中新的标志性建筑的重要作用不可或缺。盖瑞的设计有与众不同的建筑造型,其独特、新奇、优美、充满活力的形象足以担此重任。不仅如此,它与西班牙闻名于世的伟大建筑师、艺术家高迪、毕加索的作品还有异曲同工之美,这使它符合西班牙所提供的文化环境。因此,盖瑞方案中选实属必然(图 11-1)。当一个建筑设计符合社会发展的潮流和需要时,建筑师较容易得到社会的支持去实现他们的构想。

　　一个建筑方案的中选,其建筑造型的特色往往有着举足轻重的作用,而建筑的造型又受着设计手段与施工技术的影响和制约。毕尔巴鄂古根海姆美术馆,这个 23782m² 的庞大建筑,造型极其自由、浪漫、扭曲。盖瑞利用法国达索航天公司设计“幻影”喷气机的程序软件才将其手稿与模型落实于图纸。而由计算机数据所控制的造型机又将建筑材料塑造成所需要的形状,使图纸变为现实。计算机在设计与施工中的应用,使毕尔巴鄂古根海姆美术馆在突破传统的建筑造型上迈出了一大步。

---

　　❶　Douglas Davis.The New Museum Architecture.Abbeville Press Publishers New York

博物馆建筑的文化属性，使建筑师为它创造出丰富多彩、形形色色的建筑形象。而博物馆建筑的特点又使建筑造型的设计构思除了与其他建筑相通的共性外，还有其自身的特色。第四章在论述博物馆建筑设计创意与构思的途径时提出：由建造环境入手，凸显内在特色，表现风格流派，探索理论、理念，激发联想创造，提炼精神内涵，这些同样适合于博物馆的建筑造型。对此，本章介绍的重点是它有别于其他建筑的方面。

图 11-1　毕尔巴鄂古根海姆美术馆外观

一、建筑造型表现博物馆的内容、主题

建筑艺术是一门象征艺术，它并不适于像某些绘画一样具体地反映某种思想、内容、主题。如果建筑师要以建筑形象来表达它们，往往需要借助于象征与隐喻。有的象征比较直白，而许多却如同隐喻一样需要去体会，去感受，引发种种联想才能理解它的含义。博物馆都有它特定的内容或如同故事情节般的主题，建筑师往往将它们体现在博物馆的建筑造型上。

上海博物馆新馆是一座综合艺术博物馆，以展出中国古代艺术品为主。它上圆下方的形体隐喻着中国传统的"天圆地方"理念。圆形四周 4 个拱门的造型，以象征的手法给人以中华铜镜与鼎的联想，暗示了博物馆以中国古代艺术品为内容特色。郑州市博物馆同样以鼎作为建筑造型的源泉，而其构思源于 1975 年郑州地区出土的商代铜方鼎是馆藏国宝，并加之由郑州地处中原而引申的"问鼎中原"寓意。建筑造型以方为主，与方鼎共鸣。在外墙大面积青铜挂板上，以饕餮纹饰环绕乳丁作为装饰。该建筑的造型将鼎器的粗犷与精美相结合，古风浓郁。（图 11-2）。

亚特兰大是可口可乐公司总部所在地，亚特兰大可口可乐博物馆也是该公司的宣传阵地。它向观众展示可口可乐的发展历史、生产流线、销售业绩以及它在世界各地的产品。可口可乐广告在各种媒体上的频频亮相、其产品在世界各地的广泛销售，使这一饮料品牌早已风靡全球。Coka·Cola 的商标形象也在世界各地深入人心，成为一种对美国文化众所周知的共识。这座博物馆以突出 Coka·Cola 商标为构思，商业气息浓厚（图 11-3）。博物馆从一个高高的门廊处进入。门廊绿色的屋顶、黄色的立柱色彩十分鲜艳。门廊正中悬挂着一个巨大的金属网球，纵横相交的金属网格就像地球仪的经线、纬线。金属网球在不断自转，这使它对地球的象征更为形象。网球中间是硕大的 Coka·Cola 商标，红底白字相当醒目，有着强烈的广告效应。博物馆入口处的造型

图 11-2　郑州市博物馆外观

把可口可乐这一世界知名品牌将美国文化推向全球的寓意表现得十分逼真。博物馆屋檐下还有一圈装饰带,它是连续不断的 Coka·Cola 字样。博物馆广场上的售货亭用红底白字的 Coka·Cola 商标包装。门厅里的多媒体展示台也布置在形似可口可乐饮料罐的造型之中。这座博物馆不仅以建筑造型点明了它的内容主题,还宣传了美国文化在世界范围的影响。

图 11-3 亚特兰大可口可乐博物馆外观

华盛顿大屠杀纪念博物馆是纪念二战期间在纳粹集中营中 600 万遇难犹太人的博物馆。在设计该馆时,从外形到室内都将建筑作为纪念这一历史事件的见证来构思。博物馆的主立面对称布局,庄重简洁、纪念性强。四座 5 层高砖塔的造型唤起人们对集中营守卫塔的回忆。团体与个人两个并置的入口隐喻着进入集中营时男女分开,家庭拆散的情景。入口旁瘦骨如柴、衣衫褴褛的犹太难民照片惨不忍睹,更为直接地点明了博物馆所纪念的主题(图 11-4)。

图 11-4 华盛顿大屠杀纪念博物馆外观

上述几个博物馆的造型实例都是将该博物馆最具代表性的特色加以提炼,以象征的建筑语言体现在博物馆的造型设计上。这也比较容易为观众所体会,得到认同。

柏林犹太人博物馆也是一座纪念犹太人的博物馆,它的建筑造型同样表现着博物馆的主题。引发建筑师丹尼尔·里勃斯基设计该博物馆的"灵感"主要来自四个方面:

一是里勃斯基调查柏林的历史,查询柏林的名人,他们既有犹太人,也有非犹太人。里勃斯基把他们的住址在城市地图上标示出来,并将这些地址相互连线之后得出一系列正三角形模式,它犹如二战期间德国纳粹强迫犹太人佩带的六角形标志——"大卫之星"——一个为世人所共知的犹太人代码(图11-5)。博物馆弯折、闪电式的平面,被称之为"破碎的大卫之星"。

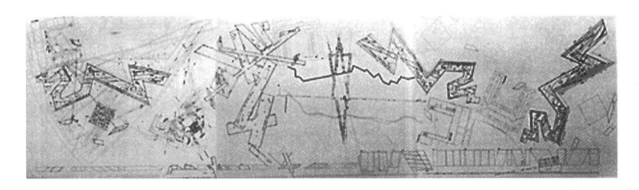

图 11-5　柏林犹太人博物馆构思图

其二是里勃斯基对作曲家阿罗德·斯康伯格(Arnold Schonberg)所写的惟一一部歌剧"摩西和亚伦"十分欣赏。该歌剧由于种种原因未能完成。演出也以一种未完成的形式出现。第三乐章被重复演奏之后是几分钟的寂静。结尾处摩西没有演唱,他只是说"oh word, thou word"。里勃斯基被这种空缺的震撼力所感动,并应用在该博物馆的设计中。

他在博物馆折线形平面上叠加了一条直线,这是屋顶上5个天窗的轴线。轴线被曲折的平面所打断,形成5个片段。天窗下面是穿过层层楼板一通到底的空洞——以建筑空间象征空缺的虚空,是作者对该建筑能给人以震撼的期望。一折一直的两条线被里勃斯基称之为该设计构思的特色——"两线之间"(图11-6)。这也是建筑师对犹太人历史的隐喻和对他们前途的希望。

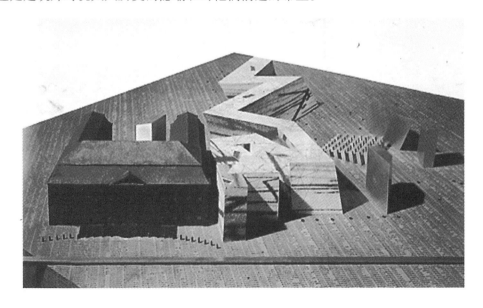

图 11-6　柏林犹太人博物馆模型鸟瞰图

其三来自阿尔特·本杰明(Walter Benjamin)的一篇文章"单行道"的影响。博物馆折线形展开的平面，是否表现了建筑师的"单行道"创意。

其四来自被逐出或失踪的柏林人。该博物馆环境中地面倾斜，难以停步的霍夫曼花园就隐喻着被驱逐犹太人的逃亡生活。

柏林犹太人博物馆建筑造型的走势具有强烈的爆炸性。它如同二战期间犹太人惨遭灭绝人性大屠杀的历史一样给人强烈的震动。建筑表面以蓝灰色金属材料装饰。坚挺、曲折、交叉、反常规的线形窗户再次强化了爆炸、破碎的能量。博物馆的建筑形象完全符合1989年该项设计竞赛时评委们所要求的"非同寻常的、完全新颖的解决方案"。

华盛顿大屠杀纪念博物馆与柏林犹太人博物馆都用建筑来表现博物馆近似的内容主题，然而，所用手法却完全不同。前者模仿、提炼了二战集中营的建筑形象用于新建筑中，人们较容易将它与二战期间犹太人被纳粹屠杀的历史事实联系在一起。这种"构成结构性的隐喻以建筑形象来模仿某种有认知意义的形态"❶，较为直接地点明了博物馆的内容主题。

柏林犹太人博物馆是以意念同构的隐喻暗示了博物馆的内容主题。"意念同构的隐喻是人类认知的基本形式之一，对外部形状的认识是建立在与已有认识系统相比较、相联系的基础之上的"❷。有的意念同构的建筑造型已形成习惯性共识，例如"对称的形态就成为历史上隐喻力量、权势、地位最常见的方式"❸。有的仅存在于设计者的思路之中，启迪他构思的灵感。而大众要从建筑的外形来理解这种隐喻是需要得到解释、说明，才能沿着设计者的思路去体会，去感受。柏林犹太人博物馆所作的隐喻属于后者。

二、建筑造型使博物馆的功能特色外显

博物馆建筑内部包含着许多有别于其他建筑的功能，而其中的两部分容易使博物馆的建筑造型有有别于其他建筑的识别性。其一是博物馆陈列室的采光系统；其二是博物馆陈列区的空间。

（一）采光方式与博物馆造型

在大多数博物馆的陈列室中，为了利用墙面悬挂展品，为了获得均匀优质的自然光线，很少采用侧窗采光，而顶窗得到普遍运用。这样必然加大博物馆建筑外表的实墙面，同时，天窗也会在建筑造型上显现出来。因此，许多建筑师在博物馆的设计中，对这一功能特色或在其建筑造型上加以掩盖和弱化处理，或因势利导，将其凸显为具有特色的建筑外形。

1959年戴念慈先生设计的中国美术馆建在北京沙滩，它与故宫、景山、北海邻近。为了与这些古建筑群协调，美术馆外观采用中国传统民族风格。当初戴先生所设计的建筑主体是3层高的陈列厅，而各层陈列厅的采光方式均不相同。首层陈列厅没有侧窗，完全依靠人工照明。二层陈列厅以高侧窗采光为主，辅以人工照明。三层的中央部分，即正对主入口上方是装有大面积玻璃窗的休息厅。休息厅两侧的陈列厅用顶窗采光。依照陈列厅的采光方式，该建筑外观原应展现大面积实墙，但经过戴先生的设计处理，改变了美术馆的建筑形象（图11-7）。设计在主入口的两侧伸出一条空廊，空廊与建筑之间是一片绿化带，这不仅遮挡了大片实墙面，丰富了建筑的外形，外部空间的穿插流通还使建筑的中国味更加浓厚。不仅如此，戴先生还在第3层实墙的外面加了一圈围廊，再次打破了建筑较为封闭的格局。虚实对比，光影变幻，使中国美术馆的造型更加丰富、生动。1990年中国美术馆进行了一次改造，虽然2层陈列厅全部改为人工照明，3层陈列厅改作文物商店，但中国美术馆仍然保持了戴念慈先生所设计的外观。

阿瓦拉·西扎(Alvaro Siza)设计的西班牙圣迭哥伽利逊当代美术中心与中国美术馆的造型处理完全不同，大面积实墙成为该美术中心建筑造型的重要元素。该建筑地上两层，主立面朝西，毗邻一条大路，西扎将需要自然光线的门厅布置在建筑西侧，门厅上方的2层平面是一排办公室。门厅的玻璃窗与大面积实

❶ 王立山.建筑艺术的隐喻.广州:广东人民出版社,1998

❷ 同上

❸ 同上

(a) 外观

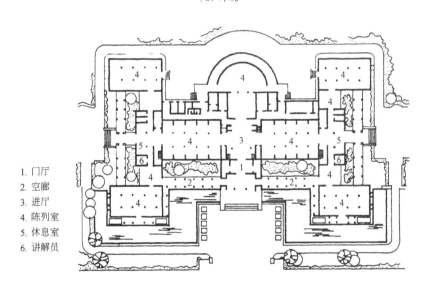

1. 门厅
2. 空廊
3. 进厅
4. 陈列室
5. 休息室
6. 讲解员

(b) 1层平面图

图 11-7　中国美术馆

墙在主立面上形成强烈的虚实对比。玻璃窗后退于实墙面所形成的灰空间光影生动而变幻。入口处的大片实墙与基座断开,仅由隐蔽的钢支点支撑,形同悬挂。入口前是前后贯通的通廊,空间流通。屋顶上天窗被高高的女儿墙完全遮挡,不在建筑外形上显现。建筑的其余部分基本上是大面积实墙。该美术中心建筑造型简洁,虚实对比强烈,构图优美。在建筑厚实的体量之中有空间通透的变化,形体别致,具有强烈的雕塑感(图 11-8)。

　　盖瑞设计的德国维特拉家具博物馆是个两层高的建筑实体。建筑外墙基本上没有开窗,自然光线自陈列室天窗倾泻而下,通过上下楼层间的流通空间同时照亮下层展室。盖瑞将各种形状的建筑小实体叠加在博物馆的实墙面上,形成丰富、怪异的建筑造型。白色外墙上形状各异的建筑阴影使这个雕塑感强烈的建筑造型更具魅力(图11-9)。

(a)外观

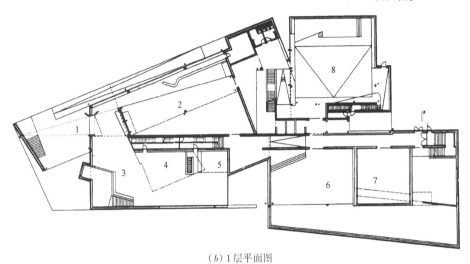

1.主入口;
2.门厅;
3.休息厅;
4.问询、书店;
5.咖啡厅;
6.主展厅;
7.临时展厅;
8.报告厅

(b)1层平面图

图11-8 西班牙圣迭哥伽利逊当代美术中心

(a)外观

(b)室内

图11-9 德国维特拉家具博物馆

(二）采光天窗与博物馆造型

许多博物馆建筑都利用天窗进行自然采光。天窗的形状常常在博物馆建筑造型中凸显出来,成为识别博物馆建筑的标志。有时建筑师也把天窗包容、组织在博物馆总体造型之中,这时,博物馆建筑的标识性就不明显。

在博物馆建筑中,天窗的形式各异,品种繁多。科隆瓦拉夫·理查茨和路德维希博物馆的天窗是带有弧线的锯齿形,它覆盖着建筑的整个屋面,使建筑造型有强烈的整体感,如同一块大托盘般将著名的科隆大教堂衬托出来(图 11-10)。赫尔辛基 Kiasma 当代美术馆陈列区的屋面与外墙是一平滑连续的曲面,顶部 的天窗都镶嵌在屋面之中,外形并不明显,只有5个小天窗布置在曲面外墙的弧顶处,如同颗颗牙齿般在建筑造型上突出出来,成为该博物馆的一种特色(图 11-11)。斯德哥尔摩现代美术馆的天窗在十几个尺度不同的金字塔形屋面上。它们大小各异、错落有致的组合使建筑沿海的轮廓线活泼起伏(图 11-12)。洛杉矶现代艺术博物馆也有 7 个大小不同的天窗呈金字塔形,它们在建筑外观中形象鲜明、突出。天窗与建筑半圆形、方形等几何形体块组织在一起,使该博物馆的造型简洁、明确、丰富、有序(图 11-13)。

图 11-10　科隆瓦拉夫·理查茨和路德维希博物馆与科隆大教堂

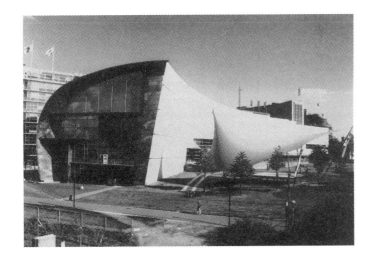

（a）外观

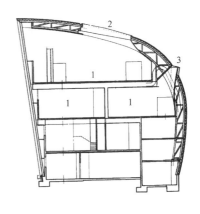

（b）剖面图

图 11-11　赫尔辛基 Kiasma 当代美术馆
1. 陈列室;2. 顶部天窗;3. 齿形天窗

路易·康设计的金贝尔艺术博物馆,天窗与拱形屋面的配合十分默契。天窗在屋面上并不显眼,它与屋面结合形成六个连拱。拱筒端部与端墙曲面的交接处布置了一条狭窄的弧形玻璃窗,这是建筑师精心设计的建筑细部(图 11-14)。它使建筑貌似平淡的造型蕴含着细腻与内秀,还使拱形屋面有种轻盈的飘浮感。建筑造型简洁、朴素大方,被称之谓犹如得克萨斯平原上的粮仓。它毫不张扬地融入到所在公园的自然环境中。

（a）外观

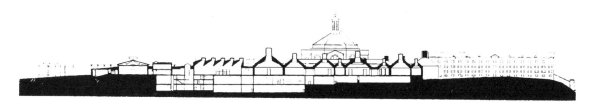

（b）剖面图

图 11-12　斯德哥尔摩现代美术馆

图 11-13　洛杉矶现代艺术博物馆鸟瞰

（三）陈列区的空间与博物馆造型

陈列区是博物馆供观众活动的前台，它所包含的功能比较多样，因此，它的空间类型也比较丰富。博物馆陈列区的主要空间可分为核心空间、陈列空间、交通空间与服务空间。其中，陈列空间是陈列区的基本空间。该空间的共同特点是空间的大小、形状都比较自由、灵活,受功能约束较小,尤其是它的基本空间与旅馆、学校,医院等建筑的基本空间不同,除少数特殊展品、特殊展出方式要求陈列空间要有特殊的空间尺寸外,绝大多数陈列空间的大小、形状都较自由灵活。一个建筑的外部造型会反映建筑的内部空间,一个建筑的内部空间也会制约建筑的外部造型。博物馆的建筑造型主要是陈列区的建筑造型,博物馆陈列区空间自由、灵活的特点为建筑师创作博物馆的造型提供了广阔天地。博物馆所具有的文化艺术内涵,也激发建筑师的创作灵感,促使他们为博物馆建筑创造出多姿多彩的建筑形象。盖瑞所设计的毕尔巴鄂古根海姆美术馆那如同绽开花朵般复杂优美的建筑形态,就是博物馆建筑这一空间特点在建筑造型上最为淋漓尽致的外显。

在博物馆陈列区中,一般都有多个陈列室。当它们以同样大小同样形状的空间,或以近似形状,渐变大小的空间并联或串联组织时,或将陈列室的外墙划分成一种单元模式时,博物馆建筑就呈现出具有韵律感的建筑造型。而陈列室屋面上有节奏布置的天窗常常还使建筑造型的韵律感更为强烈。金贝尔艺术博物馆就是并联在一起的6个有节奏的连拱。东京都美术馆4组大小、体形相同的展厅给建筑以韵律造型,而汉诺威历史博物馆的外观则是陈列室外墙单元模式划分的再现(图11-15)。

图11-14 金贝尔艺术博物馆外观

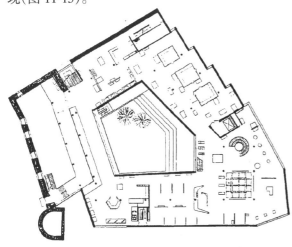

(a) 平面图

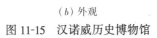

(b) 外观

图11-15 汉诺威历史博物馆

三、建筑环境启迪博物馆建筑造型联想

特色建筑环境常常能激发建筑师联想创造的灵感,而这种联想创造最适合体现在建筑造型上。博物馆属于文化建筑,它的文化性、艺术性使它在建筑造型上容易与其他艺术形式相通,尤其是雕塑。从一些博物馆的建筑造型中,我们可以感受到建筑师从建筑环境中所获得的启示,以及建筑艺术语言对这种启示的象征性描绘。那些具有象征性的建筑造型,又如同雕塑般与建筑环境形成整体艺术效果。有时建筑师也提炼建筑环境的特色,并在博物馆的建筑造型中再现,使建筑成为环境中别具一格的景观。

有几个以船为构思的博物馆造型,都与建筑环境中的水面有关。

哥本哈根方舟现代艺术博物馆的馆名点明了"船"的构思。而这种构思来自美术馆所在自然环境的启迪。该美术馆建在哥本哈根南部的伊舍吉地区,用地周围是湖泊、海湾与海滩,有着自然野趣。建筑师伦德(Soren Robert lund)以博物馆象征一艘搁浅的船。从海湾远望,建筑的造型就像"搁放"在海滩上的"船体"。几根钢柱所支撑的三片造型有风帆的寓意,打破了长长"船体"造型的单调。这个由环境联想的建筑造型,与开阔、荒野的海滩和宽广的水面配合默契,相得益彰,成为海湾的景点(图11-16)。

图11-16　哥本哈根方舟现代艺术博物馆外观

伦佐·皮阿诺设计的阿姆斯特丹"新大都市"科技博物馆,其建筑造型也来源于环境的联想及与环境的结合。阿姆斯特丹是座海港城市,素有"水上城市"之称。"新大都市"科技博物馆建在一个人造半岛的前端,与海临近。自海湾望去,博物馆的造型像艘甲板空旷的大船飘浮在海面之上。巨大的"船头"向上倾斜,强调了船的动态。鲜艳的绿色"船体"使"船"的形象更为逼真。博物馆的船形造型使建筑自然而然地融入港湾的海景(图11-17)。正如皮阿诺所言,建筑体现了"逐步由阿姆斯特丹中心的传统尺度向开放性的海湾的演变"[1]。

---

❶　程世丹编著.展览建筑.武汉:武汉工业大学出版社,1999

图 11-17　阿姆斯特丹"新大都市"科技博物馆外观

安东尼·普瑞多克(Antoine Predock)所设计的怀俄明大学美国民族中心与美术馆和菲尼克斯亚利桑那科学中心,都以建筑造型模拟、象征了自然环境的特色,成为独特的大地景观。

怀俄明大学位处美国西部,美国民族中心与美术馆建在校园内一大片平地上,与一座山丘为邻。站在这里远眺,视野开阔,近处的拉勒米山脉连绵不断,远处可见雪山起伏。该博物馆的建筑造型是对自然景观的艺术再现。一部分建筑成高大的锥形,它象征山的架构。大面积实墙上仅有几处窗户点缀,让人更容易与山产生联想。这里布置着民族中心。一部分建筑造型低矮平缓,象征着美国西部地区空旷、开阔的原野,这里是美术馆用房。两部分建筑之间围绕着一座台地庭院和一片屋顶平台。自地面沿层层台阶向上,可抵达建筑在台地庭院层的入口,自庭院再向上,可达屋顶平台。这种层层跌落的建筑造型,使建筑与环境间有种自然过渡,将人造建筑与大地环境更为紧密地联系在一起(图 11-18)。

亚利桑那科学中心建在美国菲尼克斯市中心。远处索拉那沙漠上的山丘是该城市的背景环境。科学中心的建筑造型构思源自与城市周围自然环境的遥相呼应。普瑞多克

(a) 外观

图 11-18　怀俄明大学美国民族中心与美术馆(一)

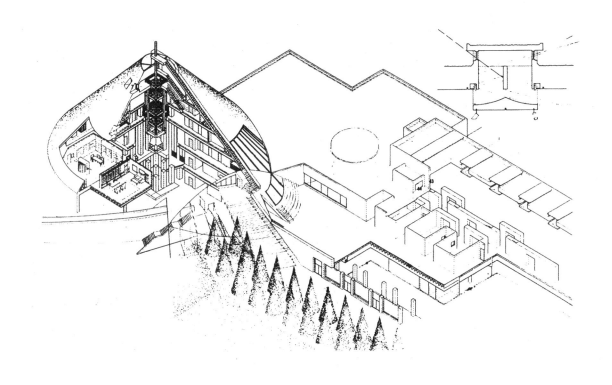

（b）鸟瞰

图 11-18　怀俄明大学美国民族中心与美术馆(二)

将科学中心 12000m² 的庞大体量分割为若干体块,这些混凝土结构的体块模拟沙漠上的山丘,让人联想到山峰、山谷、台地、悬崖等自然地貌。普瑞多克希望这幢建筑有"亚利桑那味",这幢人造建筑与自然地貌的相映成趣的确让人感受到他的初衷(图 11-19)。可见由环境联想生成的建筑造型更容易得到身处环境中公众的理解与认同。而博物馆较为自由、灵活的空间要求,也为建筑造型的联想创造提供了更多的可能。

建筑的风格流派,理论理念,许多都能在博物馆建筑的造型设计中得到实践、探索、创新。一些建筑师的设计风格、个人追求,也能在博物

图 11-19　亚利桑那科学中心鸟瞰

馆建筑的造型设计中得到体现、发展。丹尼尔·里勃斯基最近为伦敦设计了一座新博物馆,它那新颖的建筑造型是对螺旋形的发展。博物馆室内没有柱子,螺旋转折上升的建筑外墙展开时犹如一条长带。它让人联想起里勃斯基设计柏林犹太人博物馆的折线造型。新博物馆是否再次受到"单行道"的启发?然而新的"单行道"已向立体化方向发展。这座新博物馆将在 2004 年建成,它必将再次引起建筑师们的关注。

138

博物馆建筑造型的演变和现状也可视为建筑历史车轮前进的索引。博物馆建筑的文化属性很适合建筑师探索、创造建筑的未来。

学习博物馆的建筑造型不要停留于对名师名著的形式模仿。简单化的学习方法容易束缚自己的思想。了解名师名著创作的思路与实施方法,容易开阔眼界,启迪灵感,创作更好的作品。

第十二章 博物馆建筑的扩建设计

博物馆建成之后,藏品在逐年增加,功能在不断扩展,馆舍狭小的矛盾会日益突出,博物馆的扩建成为设计中的一个重要课题。不少博物馆都有过扩建的历史,有的还不只扩建过一次。伦敦泰德美术馆扩建过两次,第三次扩建方案也早已完成。纽约现代艺术博物馆扩建过两次。纽约古根海姆博物馆 1982~1992 年扩建过,纽约大都会博物馆早在 1979 年就完成了扩建……。

法国卢浮宫 14 世纪就成为查理五世的宫殿,1793 年被改作博物馆。虽然卢浮宫珍藏稀世珍宝无数,但贮藏与办公面积仅占 10%,被称为"没有后台的剧院"。为了解决使用中的种种矛盾,卢浮宫于 1989 年、1997 年相继完成了两次大规模扩建工程。展出面积翻番,增加到 6 万 m²,使用功能合理了,硬件设施现代化了,扩建之后,这座古老的历史建筑转变成为一座大型的现代化博物馆。

博物馆的扩建设计会受到老博物馆、老环境的影响和制约。扩建之后的新建筑又会对所在环境产生影响,有时这种影响还会扩大到城市范围。因此,如何处理新老建筑之间、新建筑与环境之间的关系是扩建设计的重要问题。

一、从全局着眼为博物馆建筑的扩建定位

博物馆建筑的扩建设计,首先要从全局着眼,把握新建筑与老环境的关系。博物馆所在城市环境、周边环境、现状环境的不同,博物馆自身级别、重要性的区别,博物馆扩建规模的差异都影响到对扩建部分在环境中所担当的角色和所起作用的定位。

(一)保持原有城市文脉

老博物馆建筑有的本身就是需要保护的历史文物,有的身处城市文脉浓郁的历史街区。扩建这样的博物馆需要十分慎重,要选择最恰当的扩建方式,以保持历史文脉在环境中的延续,但这并不局限于形式上的模仿与雷同。贝聿铭所作的卢浮宫扩建工程就是这方面最成功的范例。

卢浮宫不是一般的历史建筑,它是一座始建于 1190 年举世闻名的古老宫殿 。自建成之后,卢浮宫历经多次扩建,沿塞纳河的两翼就已延伸至 457m,可见规模之宏大。卢浮宫位处巴黎城市主轴线——著名的香榭丽舍大道的东端。该轴线中段有名扬四海的巴黎凯旋门,西段新建的德方斯巨门通向巴黎新区。卢浮宫在城市中的地位十分显赫,它是巴黎城市历史文脉最重要的组成部分。然而,卢浮宫这座著名的博物馆却没有像样的主入口。由于宫殿建筑与博物馆功能不相匹配,还导致参观路线组织混乱。建筑面积的严重短缺使贮藏、办公、研究、服务、修复等场所都无法合理安排。卢浮宫扩建的重任委托给了贝聿铭,贝聿铭多次踏勘现场,经深思熟虑之后提出了他的扩建方案。

贝聿铭说:"卢浮宫不是一座普通的博物馆。它是一座宫殿。如何做到不触动、不损害它,既充满生气,有吸引力,又要尊重历史?"[1],这几句话是贝聿铭扩建卢浮宫的构思原则,它明确了扩建工程应有的位置。贝聿铭还认为增建新的结构体会对卢浮宫造成破坏,将所需求的空间地下化是惟一解决之道[2]。这也是贝聿铭对如何扩建卢浮宫最明智的选择。1989 年首期扩建工程完成。拿破仑广场下新建的地下大厅成为卢浮宫新的交通枢纽,它从地下联系着老馆的各个部分,交通四通八达。只有地下大厅上方的玻璃金字塔显露在广场之上,它是新建博物馆的总入口,坐落在巴黎著名的城市主轴线上。玻璃金字塔在环境中十分谦逊,它是卢浮宫主立面高度的 2/3。由大收小的金字塔造型对卢浮宫的遮挡很少,玻璃的塔面也不

---

❶ 巴黎卢浮宫地下宫.法国.世界建筑,1984(5)
❷ 黄建敏.贝聿铭的艺术世界.第 1 版.北京:中国计划出版社,1996

妨碍人们的视线。无论从地上、地下,古老卢浮宫的优美造型依然清晰可见(图12-1)。

贝聿铭扩建的玻璃金字塔的建筑造型、建筑材料、设计手法都是现代的。它那时代感强烈的形象加入到有800多年历史的城市文脉环境中时,不仅使原有的城市文脉得到保护,还为它注入了新的活力。事实证明,贝聿铭的设计大获成功。能在一个历史地段对文物古迹的扩建如此成功,首先在于贝聿铭对扩建工程的正确定位。

图12-1 卢浮宫扩建后的景观

(二)强调新老建筑协调

在博物馆建筑的扩建设计中,强调新老建筑间的协调是最常见的处理办法。一些博物馆老建筑建造时就与周围环境十分融洽,所形成的和谐氛围也一直延续下来。城市历史地段中不少老博物馆的状况尤其如此。也有的老博物馆建成后,它的建筑形象广为公众所熟悉、喜爱。还有的老博物馆与周边建筑相处十分协调,它们共同成为城市的背景建筑,强调了环境的整体感。诸如此类的种种情况都适合对新建筑采取与老建筑协调的处理,以维持环境的和谐共存。正如摩西·赛弗迪(Moshe Safdie)所说:建筑师在一个历史性环境中设计新的建筑,就好像一个乐手加入到已经开始演奏的乐队当中,应当将已经开始的乐曲演奏得更加完美,富有新意,而不是为了表现自己去演奏很不协调的音乐。

特列恰科夫画廊的改扩建工程曾荣获1995年俄罗斯建筑师协会优秀建筑一等奖,由I·M·维那格拉德斯基等设计。老画廊1905年建成,它坐落在莫斯科市中心的一处历史街区,毗邻一座建于18~19世纪的老教堂。老画廊立面红白两色相间,墙面饰有俄罗斯传统浅浮雕线,具有浓厚的传统民族风格。新馆建筑面积超过8000m²,主要部分成一U字型环绕老教堂,并与老画廊贴建在一起。站在街角望去,老教堂的屋顶依然可见。新画廊沿用了与老画廊相同的色彩、高度、比例,但檐口、窗套、线角都作了简化处理。粗看新老建筑十分相似,细看又有年代差异。它们的协调共处,保持了原有历史街区的完整与文脉联系(图12-2)。

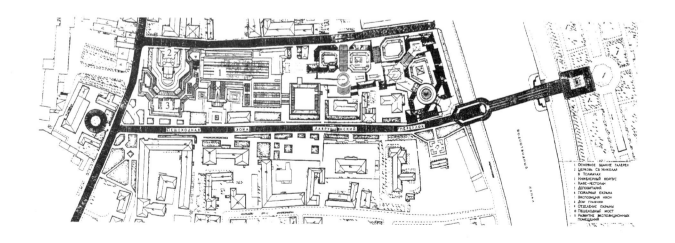

图12-2 莫斯科特列恰科夫画廊总平面图

1. 老馆;2. 老教堂;3. 新馆

(三) 整合原有建筑环境

有些需要扩建的博物馆建筑在与周边环境的相互关系上,或者在它们自己的建筑现状中存在着不协调,甚至混乱的状况。这时,博物馆的扩建设计要起到调整现状关系,整合原有建筑环境的作用。第六章曾介绍过洛杉矶州立艺术博物馆的扩建实例,由于它扩建的新楼成功介入原来不和谐的建筑群体,用以新盖旧的方法遮挡了原有的凌乱局面,使环境完全改观。

查尔斯·格瓦斯梅和罗伯特·西格尔为纽约古根海姆美术馆所作的扩建也改善了原有建筑与环境的关系,起到了整合环境的积极作用。纽约古根海姆美术馆是美国著名建筑师赖特的作品,于1959年建成。赖特在美术馆设计中首次运用中庭空间。中庭内螺旋上升的坡道,美术馆螺旋向上、向外扩张的造型使该美术馆一举成名。然而这座建在曼哈顿第88街第5大道上的美术馆,它那30余米的高度与周围越来越多的高楼林立并不那么协调。1982年美术馆扩建时,建筑师为它加建了一座10层高的新楼。新楼是个造型简洁的板式建筑,它依附在老馆后面充当背景。新楼强烈的整体感衬托着老馆别致的造型。新、老建筑的有机组合既突出了人们所熟悉的老馆形象,又使建筑更为和谐地融入曼哈顿的高层建筑群中(图12-3)。

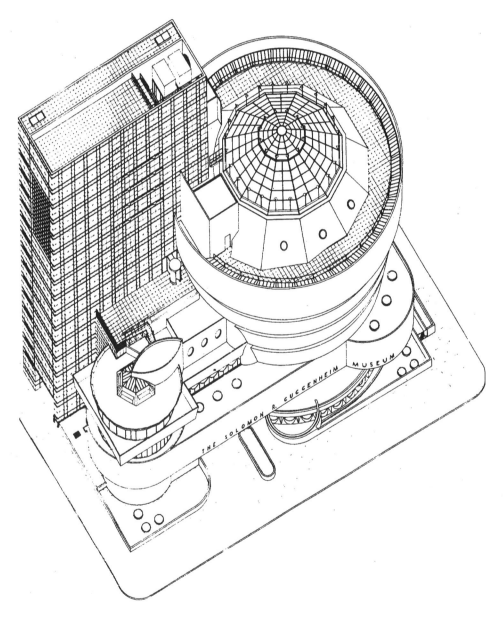

图12-3　纽约古根海姆美术馆扩建轴测图

（四）重新塑造城市节点

有的博物馆建筑周围的环境经历过战争、自然灾害等变迁；或者周边建筑本来就各自为政，很不和谐；或者在历史的演变中环境出现混乱局面……。这时博物馆的扩建有可能担当重塑城市节点的作用。

第十一章曾介绍过丹尼尔·里勃斯基设计的柏林犹太人博物馆，它是柏林博物馆的扩建部分。柏林博物馆建立于1962年，是利用一座建于1735年的巴洛克式宫殿——Collegienhaus改建而成。新馆扩建在老馆一侧，位于柏林老城区林登大街巴洛克街口附近，离柏林墙不远。然而，柏林经历战争创伤，建筑在二战中被摧毁了一半，一些幸存的历史性建筑也摇摇欲坠。扩建地段的环境正是柏林大环境的索引。不仅如此，战后流行的板式建筑还破坏了附近原有巴洛克式街区的构图。周围环境冷清而凌乱。里勃斯基的设计将新馆独立于老馆建设，新、老之间在地下保持联系（图12-4）。新馆没有修复原有的城市环境，它以12000m^{2}的体量，全新的前卫造型，在环境中占据着领导地位，为塑造新的城市节点创造了条件。

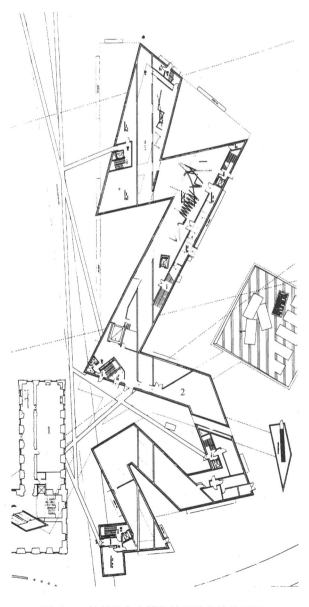

图 12-4　柏林犹太人博物馆新馆老馆关系图
1. 老馆；2. 新馆

斯特林所设计的斯图加特国立美术馆新馆建在二战后的一片废墟上。新馆后现代主义的建筑造型与建于1837年老馆的新古典主义设计呼应。新馆与老馆侧翼所围合的广场近似对称布局,它对新馆中轴线的强调更突出了新馆的主导地位。其后新馆另一侧又建了一座音乐学院,也是斯特林的设计作品。新馆、老馆、音乐学院组成新的建筑群体,朝气蓬勃,充满活力,成为城市的新节点(图12-5)。可见重新塑造城市新节点也不局限于使用新旧建筑完全对比的手法。

图12-5　斯图加特国立美术馆鸟瞰(左老馆,右新馆)

二、从具体着手实现新老建筑和谐

对于扩建的博物馆新建筑来说,与它联系最直接、关系最密切的就是老博物馆建筑以及原有的建筑环境。新、老建筑在总平面关系上、功能上、空间上、形象上都有密切的联系。从总体上为扩建设计定位之后,还必须着手具体处理新老建筑的相互关系,寻求新老建筑的恰当对话,使总体定位能在具体的扩建设计中得到实现。

(一) 选择新老建筑的布局方式

绝大多数扩建的新馆都需要与老馆在功能上、内部交通上产生联系。参观需要连续性,功能也要有联系。只有极少数的新馆相对于老馆完全独立,例如曼尼尔博物馆的加建。曼尼尔博物馆的新馆、老馆都建在休斯敦的"曼尼尔带"中,相距不远。加建部分用以展出美国抽象派画家 Cy Twombly 的作品。从展出内容来说,新馆是独立的,因此它的独立扩建并没有给使用带来不便。

各个博物馆在扩建时所面临的现状环境都各不相同,新老建筑在功能上需要联系的程度也有所差异。根据不同的客观条件,为新老建筑选择恰当的布局方式,有助于保护历史文脉;有助于创造良好的城市环境;有助于博物馆在扩建后的总体形象;同时也有助于博物馆的使用方便。

博物馆扩建时,新老建筑的布局方式主要有以下几种:

1. 地下扩建为主,保护历史环境

博物馆的文化属性使一些博物馆的选址偏好历史文化地区,常常与历史古迹邻近或本身就是由历史建筑甚至文物古迹改建而成,这些博物馆建设之初就要遵循保护历史环境的原则,它的扩建也不例外。1987年10月,国际古迹遗址理事会所通过的"华盛顿宪章"关于历史地区的保护内容有如下几个方面:

(1) 是地段和街道的格局和空间形式;

(2) 是建筑物和绿化、旷地的空间关系;

(3) 是历史性建筑的内外面貌,包括体量、形式、风格、材料、色彩及装饰;

(4) 是地段与周围环境的关系,包括自然的和人工的环境关系;

(5) 是地段在历史上的功能作用[1]。

---

❶　王景惠、阮仪三、王林编著.历史文化名城保护理论与规划.上海:同济大学出版社,1999

对上述内容最好的保护办法之一就是尽量少触动它,不触动它。当博物馆建筑本身就是文物古迹时尤其需要这样。历史地区博物馆建筑扩建最成功的例子就是卢浮宫的扩建。

早在 1950 年法国博物馆总长乔治·沙斯(George Salles)就提出在卢浮宫地下某处进行扩建的设想。贝聿铭将扩建部分布置在卢浮宫中央的拿破仑广场地下,几乎布满广场整个地下空间(图 12-6)。它不仅满足了卢浮宫的扩建需要,还兴建了容纳 100 辆大轿车、600 辆小轿车的大型地下停车场。新建地下大厅——拿破仑厅的平面呈正方形,屋顶是座玻璃金字塔。它和 3 个小玻璃金字塔突出在广场上,为地下采光,它们是广场上充满活力、具有时代感的新景观。卢浮宫在地下扩建对历史建筑触动最小,使城市文脉得到完好延伸。玻璃金字塔在总平面上与卢浮宫的里希留殿、德隆殿、叙立殿有着轴线联系,加之它对巴黎主轴线的参与与强调,都使新建筑与老宫殿之间,新建筑与历史文脉之间相互沟通,和谐对话。

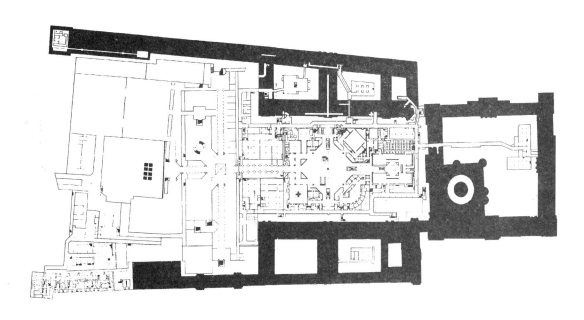

图 12-6　卢浮宫地下－9.00m 平面图

2. 地上独立扩建,地下保持联系

博物馆扩建条件的差别常常使扩建的布局不同。有时最佳的选择是将扩建部分在地上与老馆分开,各自独立。新老建筑之间通过地下通道或将双方的地下部分连在一起,保持联系顺畅,使用方便。

美国国家美术馆西馆的扩建用地是它东面的一块梯形地段,西馆的对称格局与东馆不规则用地的矛盾看似难以协调,而且它们之间还被一条城市道路隔开。贝聿铭的设计将东馆独立布置在用地上,东馆、西馆之间由一条地下通道联系。他最著名的一笔是将东馆切成两个三角形。其中那个等腰三角形的高与西馆对称轴重合,这种轴线关系的对话使两个独立建筑取得了微妙的联系。这个受环境限制的扩建难题,在贝聿铭笔下成为世界闻名的扩建设计(图 12-7)。

前面曾介绍过柏林犹太人博物馆的扩建,虽然用地条件并不成为新老建筑连建在一起的障碍,但是环境需要新建筑发挥统帅作用,重新塑造城市节点。里勃斯基采取新建筑与老馆在地下取得联系,地面上相互独立的布局,减轻了老馆对新建筑的约束,提供了更为宽松的创作环境,使新建筑的前卫造型得到实现。

法国里尔美术馆的扩建也是新馆在地上独立建设,地下与老馆相互联系,这个扩建布局是建筑师在建筑造型方面构思的结果。

3. 地面直接联系,方式各不相同

大多数博物馆的扩建部分都在地面上与老馆直接联系。在新老建筑之间有的用过渡体过渡;有的用天桥相连;有的共用原有中庭;有的共用新建中庭;有的空间自然连通……。连接方式多种多样,建筑造型的整体感也有强有弱。

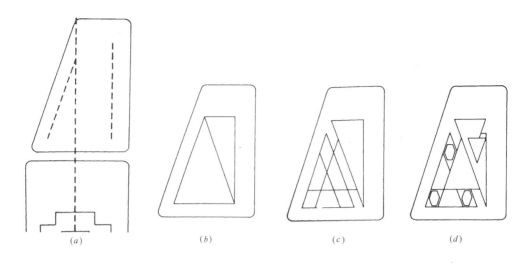

图 12-7　美国国家美术馆东馆总平面形成示意图

　　英国国家美术馆的扩建由文丘里设计。他在新老建筑之间布置了一个体量不大的圆形过渡体。过渡体在平面上大步后退的处理使新老建筑之间的联系十分隐蔽,这使立面处理上的过渡也容易比较自然(图 12-8)。

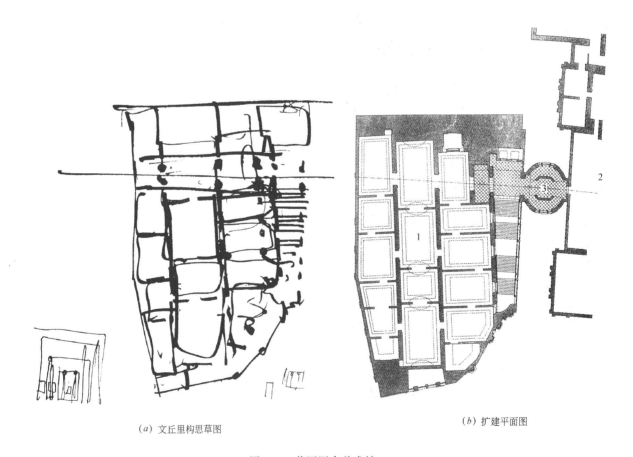

(a) 文丘里构思草图　　　　　　　　　　　　(b) 扩建平面图

图 12-8　英国国家美术馆

1. 新馆;2. 老馆;3. 过渡体

　　斯特林在斯图加特国立美术馆的新馆与老馆之间,布置了一个过街楼,博物馆内部的水平参观流线因此而自然连通。过街楼也退缩在后,两馆的联系也比较隐蔽。新馆老馆平面还一前一后错位,显得它们各自更为独立,自身形象相对也更加完整(图 12-9)。

在纽约古根海姆美术馆的扩建中,格瓦斯梅将新老建筑的平面彼此镶嵌在一起。它们共用老馆的中庭,相互关系十分紧密。这样有利于新馆成为老馆的背景,用它简洁的形象来衬托老馆著名的造型(图 12-10)。

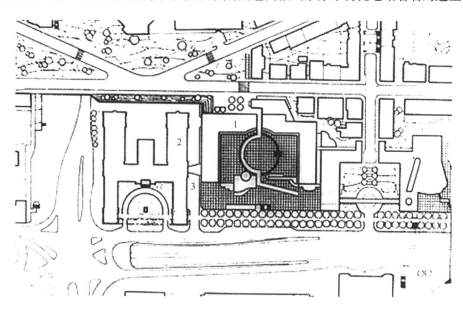

图 12-9　斯图加特国立美术馆总平面图
1. 新馆;2. 老馆;3. 过街楼

纽约现代艺术博物馆 1939 年由古德温和斯东设计,其后经过多次扩建。1953 年在建筑后部扩建了雕塑庭园;1964 年又由菲利浦·约翰逊主要扩建了东翼(图 12-11);1984 年西萨·佩里扩建了西翼,建起高层公寓以及雕塑庭院东侧的餐厅。西萨·佩里还在新老建筑之间建起自动扶梯厅(园厅),这是一个 5 层高的中庭。它成为联系新老建筑的交通枢纽,也是博物馆重要的垂直交通中心(图 12-12)。这个扩建将新老建筑紧密联系在一起,从平面布局上很难看出扩建的痕迹。

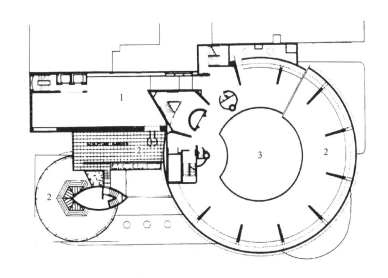

图 12-10　纽约古根海姆美术馆扩建后平面图
1. 新馆;2. 老馆;3. 老馆中庭

莫斯科特列恰科夫画廊的扩建部分自成体系,虽然它的平面十分完整,但它与老画廊紧密拼接在一起,扩建后的参观流线十分流畅,其总平面见图 12-2。

(二)处理新老建筑的造型关系

经历时间的磨砺,老博物馆的建筑形象大多成为历史。新的扩建设计面临着技术更新、材料进步、理论发展、流派纷呈的局面。在建筑历史不断前进的状况下,扩建部分造型设计的关键在于如何处理新老博物馆在建筑造型上的关系。处理是否得当关系着历史建筑的保护、城市文脉的延续、城市环境的新生。博物馆扩建建筑除了以我为主的全新造型外,还有如下几种主要的造型途径。

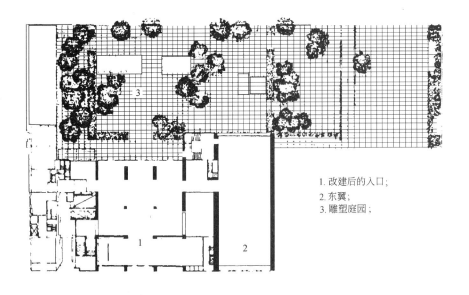

1. 改建后的入口；
2. 东翼；
3. 雕塑庭园；

图 12-11 纽约现代艺术博物馆 1964 年扩建图

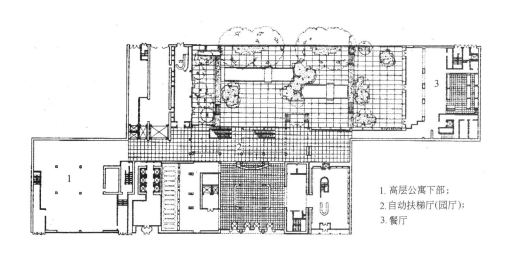

1. 高层公寓下部；
2. 自动扶梯厅（园厅）；
3. 餐厅

图 12-12 纽约现代艺术博物馆 1984 年扩建图

1. 保护历史，保持历史建筑原有形象

对于知名的老博物馆建筑，尤其是利用文物古迹改建而成的博物馆，它们的建筑扩建已经把在城市历史地段中建设新建筑的矛盾缩短到近距离对立，如果处理不当将对人类建筑文明的历史造成破坏。像卢浮宫这样的历史建筑，从它始建至今已经经历了 800 多年历史，有过多次扩建。然而每次扩建，建筑师都努力与老建筑保持和谐，才有今天卢浮宫完整的建筑形象。

贝聿铭为卢浮宫所作的玻璃金字塔方案曾遭受过巨大的阻力，首先就是法国名胜古迹委员会的强烈反对。这个方案还被媒体批评为"肤浅的、冰冷的和荒唐的"建筑物，"巴黎脸上的暗疮"。法国《费加罗报》当时做过一项民意调查，90％的民众赞成卢浮宫要扩建，但 90％的民众反对贝聿铭的方案。甚至要求贝聿铭在拿破仑广场上搭起足尺框架，让公众眼见为实（图 12-13）。这一方面说明法国民众对国家民族遗产的热爱与强烈的保护意识。另一方面也说明要为卢浮宫这样的历史建筑进行扩建的巨大难度。贝聿铭将扩建面积地下化的设计避免了扩建体量与历史建筑的冲突，避免了对历史环境的影响和破坏。而地面的玻璃金字塔造型展示了卢浮宫具有时代感的新入口，它在视觉上的通透效果保证了对卢浮宫的完整观察。贝聿铭对金字塔的大小、形状、材质都经过精心设计、推敲。金字塔十分优美的造型还激发了拿破仑广场新的活力。这个设计最大限度地保护了历史建筑的完整形象，使历史风貌在新环境中和谐延续。

148

图 12-13　贝聿铭在卢浮宫扩建工地

绝大多数的博物馆建筑都没有卢浮宫这样的知名度，但它们的形象已在公众心目中留有深刻的记忆，或者在建筑发展历史中占有一席之地。对于这样的历史建筑，扩建中保持它们的原有形象，也是使历史建筑博物馆化的设计办法。

1939 年设计的纽约现代艺术博物馆是西方现代建筑代表作之一，古德温和斯东尝试在它的临街立面上使用横向带形窗。这个面向纽约 53 街的"国际式"外观早已广为公众所熟悉。20 世纪 60 年代，菲利浦·约翰逊在首次扩建时将这个街立面保留了下来。80 年代，西萨·佩里在第二次扩建时也保留了它，同时还沿用了约翰逊以东西翼深色玻璃幕墙衬托中间老馆的手法。而且，玻璃幕墙的模数、尺度、横竖关系也与老馆取得一致。在 53 街上，公众熟悉的老形象依然是街立面的主角，新面貌以谦虚的姿态依附在它左右，与老建筑和睦相处。然而，面对雕塑庭园的新立面却以全新的姿态展现自我，为博物馆的后院创造了全新的环境氛围（图 12-14）。

保护环境的历史风貌可以运用保持历史建筑原有形象的设计手法，但并不是只要保持了历史建筑的原有形象就能保护环境的历史风貌。

纽约大都会博物馆是美国最大的艺术博物馆，它占地 8.5hm²，跨越 5 个街区，与中央公园毗

图 12-14　纽约现代艺术博物馆雕塑庭园景观

邻。它虽然身处纽约市中心，但又有着与闹市隔离的优美环境。大都会博物馆是幢欧洲古典式建筑，自 1870 年开始筹建，1902 年建成，至今已有 100 年的历史。老馆由麦金、米德和怀特设计（Mckim、Mead and Wite）。今天它已成为环境中的地标。

1979年,大都会博物馆扩建了原始艺术陈列厅。新建筑是个玻璃盒子,它与老博物馆之间仅有一个狭窄的过渡体。虽然老馆的形象被完整地保存下来,新馆也将自己的屋顶高度与老馆檐口对齐,新馆的基座还用了与老馆相同的石材,但是新老建筑的形象对比十分强烈,它们并立在一起给环境造成了极不和谐的后果。新建筑大面积的玻璃幕墙没有任何细部处理,它那现代建筑简洁的造型,形象冷漠整体感强烈。而老建筑檐口、柱式、门窗洞口以及基座的细腻线条却人情味浓厚,让人感到十分亲切。新老建筑的反差实在太大,让人难以想象它们还是同一个建筑整体(图12-15)。大都会博物馆的室内也有类似问题存在,

(a) 扩建总平面图

(b) 过渡体连接新馆和老馆

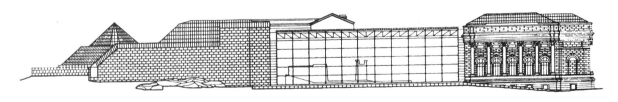

(c) 扩建立面图

图12-15　纽约大都会博物馆

1. 老馆;2. 新馆;3. 中央公园;4. 第五大道

150

当你从光线柔和的老馆进入新展厅时,空间尺度的突然扩大让人感到空旷,光线骤然明亮使展品好似失去了艺术背景。展出环境过分强烈的变化,让人难以感受依然是在历史悠久的大都会博物馆中参观(图12-16)。布伦特·C·布罗林在建筑与文脉一书中说得好,"仅仅创造视觉上的截然对立不能绝对保证视觉上的韵味。事实上,其结果多半看起来仅仅像两幢互相没有联系的建筑碰巧凑在一起。观察者陷入了难以区分'对比'和'忽视'的困境"❶。

（a）老馆门厅室内

在法国里尔美术馆的扩建中,同样保持了老博物馆的原有形象,新老建筑同样也以对比手法造型,但它却是一个成功之作。

法国里尔美术馆坐落在里尔市中心,是一幢建于1892年的欧洲古典风格建筑。美术馆建成后100多年来进行过多次改扩建,但它依然轮廓起伏,造型优美。20世纪90年代里尔美术馆再次扩建,吉恩·马克·伊伯斯(Jean Marc Ibos)和默托·维塔特(Myrto Vitart)在设计竞赛中一举夺标。扩建设计基本上保持了里尔美术馆的原貌,但拆除了20世纪70年代增建的体量。基地南侧与老馆相对的位置上扩建了一幢细长的新建筑,与老馆共同围合一座向城市开放的庭院。新馆底层为面

（b）新建原始艺术陈列厅室内

图12-16 纽约大都会博物馆

向城市的咖啡厅,上层为绘画藏品厅。庭院的地下扩建了临时展厅、讲演厅和工作室,新馆、老馆在地下联系起来。自地下层透过临时展厅的玻璃屋顶仰望,新馆、老馆形象都清晰可见。在庭院里,玻璃屋面如同水池般汇合着新老建筑的倒影。新馆是幢现代建筑,它以整面半反射玻璃幕墙面对着老馆。幕墙上排列整齐的方点、横竖划分的框线组合成有规律的图案。幕墙后新馆走道红色的天花,红色金色交错的墙面将老馆反映在幕墙上的影像衬得轮廓清晰,五彩斑烂(图12-17)。自新馆透过幕墙向老馆望去,老馆形象与幕墙上的点、线图案叠加在一起,古典风格中增添了现代感(图12-18)。一个现代建筑,一个古典风貌,形象相差甚远,对比如此强烈,但它们相互映衬,联系微妙。新建筑以积极的姿态与历史建筑和谐共处,让人们身处历史与现实的对比和交融场景之中。

2. 尊重历史,新老建筑以对话取得和谐

---

❶ (美)布伦特·C·布罗林,Brent C·Brolim.建筑与文脉——新老建筑的配合.翁致祥、叶伟、石永良、张洛先译.北京:中国建筑工业出版社,1988

图 12-17　里尔美术馆新馆外观

在博物馆的扩建设计中,新老建筑非常接近,常常还贴建在一起,然而它们之间的时代距离、形象差距又是一个无法回避的问题,尤其博物馆属文化建筑,处理不当会对环境造成负面影响,难以弥补。从前面的实例分析可以看出,保持历史建筑的原有形象能为环境的协调创造条件,能否达到这一目的关键还在于对新建筑的设计处理。处理得当,即使形成对比,有时代差异的建筑形象也能在新环境中取得和谐。处理不当,即使完整保护了历史建筑的原有形象,也会造成环境中不和谐的旋律。协调是建筑扩建

图 12-18　自里尔美术馆新馆室内望老馆

时常用的手法,新建筑与老建筑取得协调使它们在视觉上和谐共存也是对历史的尊重。相似是取得协调的一种办法,但相似不是"克隆"。"无论什么时代设计一幢与其他建筑文脉协调的建筑物,都需要创造性技能以及明智地运用设计技巧,却从来不依赖机械的复制"[1]。新建筑与老建筑保持相似的体量、尺度、比例、色彩、材料;相同类型的建筑特征;近似的建筑符号……都容易使他们产生自然而然的联系,达到新老建筑和谐共存的目的。

英国国家美术馆是英国收藏绘画珍品最丰富、最著名的美术馆。它对称布局,坐落在伦敦著名的特拉法加广场北侧,是该广场的核心建筑。美术馆始建于 1824 年。它与广场周围的其他建筑一样都具有欧洲古典风格,共同形成环境的历史风貌。新建筑如何与历史环境中的建筑文脉取得联系,保持历史风貌的完整延续,这是英国国家美术馆扩建中所面临的重要问题(图 12-19)。扩建设计由著名建筑师文丘里承担,他成功地解决了这一难题。

[1]　(美)布伦特·C·布罗林,Brent C.Brolin. 建筑与文脉——新老建筑的配合 . 翁致祥、叶伟、石永良、张洛先译 . 北京:中国建筑工业出版社,1988

图 12-19　英国国家美术馆以及特拉法加广场的历史风貌

　　扩建用地在老馆西侧,位于特拉法加广场的西北角上。扩建部分与老馆被朱必利步行道隔开,步行道上一个圆柱形连接体退缩在与老馆横向轴线重合的位置上。新馆在广场西北角处成一圆滑斜面,并朝向广场,这里布置着新馆入口,使新馆与广场有机地联系起来(图 12-20)。这一斜面是新馆的主立面,也是文丘里使新馆与环境和谐共存的重点处理位置。文丘里让新馆的高度与老馆一致,还保持了与老馆相似的

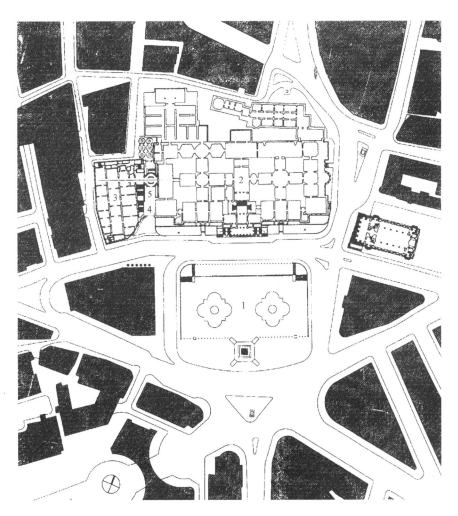

图 12-20　英国国家美术馆总平面图

1. 特拉法加广场;2. 英国国家美术馆老馆;3. 新馆;4. 朱必利步行道;5. 连接新馆、老馆的过渡体

(a) 外观

尺度、比例、色彩、材料。主立面上运用了与老馆相同母题的符号——壁柱。壁柱的高度、大小、柱础、柱头以及檐口、女儿墙的处理都与老馆相同。但壁柱渐变的间距改变了老馆壁柱等距离的韵律，新馆完全以谦逊的姿态与老馆寻求一致。自广场望去，新馆完全融入到周围的历史风貌中，与环境十分协调、统一（图12-21）。然而，新馆在朱必利步行道上的立面却是大片玻璃幕墙，它在一个较为隐蔽，不影响建筑群体视觉效果的位置上表明了新建筑的时代特征（图12-22）。

(b) 新建筑的柱式
图12-21　英国国家美术馆扩建

克罗画廊是伦敦泰德美术馆的扩建部分，斯特林在这项扩建中同样寻求新馆、老馆的协调，但他的扩建方法却不同于英国国家美术馆在新老建筑形象上的相似与雷同。

泰德美术馆即英国国家艺术馆，建于1899年，它专门收藏17世纪以来的英国绘画作品。该美术馆是幢欧洲古典风格建筑，在它的成长岁月中经历过多次扩建。1987年斯特林所设计的克罗画廊平面呈L型，位于主馆北侧，退居在主馆主立面之后（图12-23）。它在总平面上所处的次要位置，它退缩在凹入小广场的主入口，它低于主馆的高度，小于主馆的体量等都使它处于从属于主馆的地位；但它有黄橙相间的墙面、翠绿色的门窗、鲜红色的构架、湛蓝色的卷帘，这些如此鲜艳的色彩组合和简洁的造型，都表明建筑师不愿新建筑失去自己特色的愿望。对于扩建部分的从属地位和自身特色的矛盾，斯特林没有用新老建筑直接相似的手法处理。但是，入口处三角形的玻璃墙面、外凸的三角形窗；入口上半圆形的小窗、圆形的大门；入口前的一排构架又让人自然而然将它们与老馆三角形的山花、圆拱形的窗户、立面上的柱式联系在一起。斯特林选择了老建筑中具有代表性的符号在新建筑中改头换面，异位重构，依然使新老建筑取得了视觉上的和谐与共鸣（图12-24）。

图 12-22　新馆在朱必利步行道上的大面积玻璃幕墙

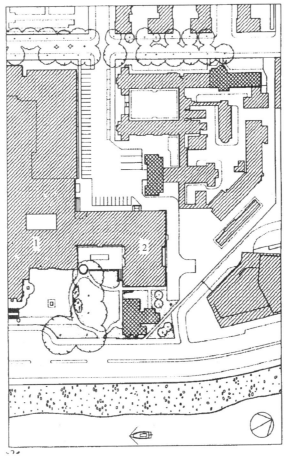

图 12-23　泰德美术馆总平面图

1. 老馆；2. 克罗画廊

3. 现代巧妙介入历史,创造新的和谐共存

在博物馆建筑的扩建中,新老建筑一般都有几十年,甚至上百年的年龄差距。在这个时间差中,建筑的风格流派、建筑的理论理念、建造的材料技术、人们的审美取向都已经在变化,在发展,建筑的历史不可能在某个时间坐标上停顿不前。随着时间的推移,老建筑所处的环境在不断变化,现状环境本身常常就是建筑历史发展的见证。博物馆建筑的扩建不仅要面对老博物馆建筑,同时还要面对周围既成事实的现状。而现状往往是复杂的,所以博物馆建筑的扩建常常会遇到各种困难,如何全盘统筹解决种种矛盾是十分重要的。如果不从具体情况出发,一味强调新老建筑的统一、一致,那是一种片面的作法,只会使城市变得单调,乏味,死气沉沉,丧失生命的活力。当然,对于历史文化名城,对于历史街区,对于文物古迹则必须保护它,尽量少触动它。因此在博物馆的扩建设计中,应当因地制宜,因馆而异,具体情况区别对待。另外,新老建筑要能取得视觉上的和谐共存,也并非只能用相同的建筑语言来进行"对话",将新建筑巧妙介入历史现状之中也能达到同样的目的。格瓦斯梅在西雅图华盛顿大学亨利美术馆的扩建中,利用合理"介入"这一办法使扩建获得了成功。格瓦斯梅说:"建筑的历史不断在对现有建筑的改变、对话、加建、插入和更新中丰富起来"❶。

亨利美术馆建于 20 世纪 20 年代,由建筑师卡尔·古尔德(Carl Gould)设计,是幢新哥特风格建筑。古尔德原规划将亨利美术馆与南边的音乐楼匹配,成为中间大厅的两翼,并且形成广场。但是这个构想 70 多年来一直未能实现。不仅如此,在此期间,美术馆周围还建起了其他几座校园建筑、地下停车库和一座人行过街天桥。过街天桥遮挡了老馆的南立面,现状完全改变了古尔德的规划。

亨利美术馆与 15 街毗邻,这里也是进入校园的入口。扩建用地位于老馆南侧,一条东西向的校园景观轴从基地中间穿过。基地与校园之间是个陡坎,新馆就建在陡坎之下。美术馆的面积要从 3050m² 增加到 15250m²(图 12-25)。

格瓦斯梅将新馆布置成 L 形,L 形的长边贴建在老馆东侧。短边布置在老馆以南,与老馆之间隔着一个雕塑庭园。短边的中轴线与校园景观轴重合,相互形成"对话"(图 12-26)。格瓦斯梅还将原有的过街天桥向南偏

图 12-24　老馆与克罗画廊外观

移,与短边的屋顶结合成为一片平台。这样,不仅使老馆被遮挡的立面重见天日显露出来,天桥和屋顶平台上的行人还可俯视雕塑庭院的景观(图 12-27)。屋顶平台西南角布置了一部旋转楼梯,人们在这里可以从平台向下来到 15 街。这个屋顶平台成为联系校园与街道的交通枢纽,它大大减少了新馆与校园间的高差。陈列室的天窗还是平台上的景观。平台下的建筑部分埋入地下,这便于平台与校园标高上的衔接,也有利于减少因新馆面积比老馆大 4 倍在体量上给老馆带来的压力。平台西侧是陈列室的弧形屋面,它朝向 15 街逐渐降低的造型也减少了邻街立面对 15 街的压力(图 12-28)。

---

❶　Justin Henderson·Museum Architecture·USA:Rockport,1998

图 12-25　亨利美术馆鸟瞰

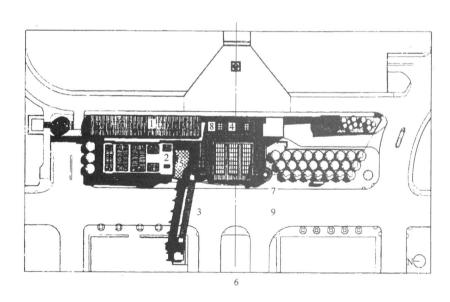

图 12-26　亨利美术馆总平面图
1. 新馆；2. 老馆；3. 人行天桥；4. 屋顶平台；5. 雕塑庭园；
6. 校园景观轴；7. 旋转楼梯；8. 新馆入口；9. 15街

　　美术馆从平台上自扩建长边的 3 层平面进入，参观路线自上层到下层(图 12-29)。空间序列也由小到大，光线也越来越明亮，这个符合实际状况的反常规流线使观众在参观中感到惊奇和欣喜。

　　格瓦斯梅所作的这项扩建设计，虽然新馆、老馆的外观都展现出各自所处时代的建筑特征，但新馆总平面布局、体形、体量以及外部空间环境都与老馆及其现状环境配合得十分默契。这使新建筑巧妙地介入到历史形成的环境之中，也使现状环境得到了改造和更新，创造了新与旧的和谐共存。

图 12-27　从天桥俯视雕塑庭园

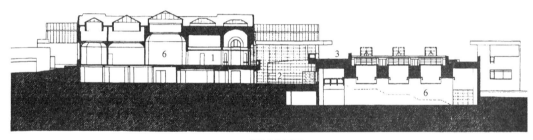

(a) 南北向剖面图

格雷夫斯在 1985 年曾为纽约惠特尼美国艺术博物馆作过扩建设计。虽然这项设计未能实施,但新馆、老馆在街立面上的拼接却十分诙谐有趣。它们各自都有自己的形象,却又友好地组合在一起。新馆对老馆的有机介入,使它们在视觉上形成整体(图 12-30)。

世界上的博物馆不计其数,博物馆建筑设计如同万花筒般丰富多彩,十分有趣,对建筑师有极大的吸引力。博物馆的建筑设计并没有僵硬、固化的设计准则,学习博物馆的建筑设计最重要是能举一反三,学会设计建筑的思想和方法。

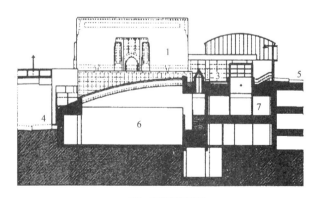

(b) 东西向剖面图

图 12-28　亨利美术馆剖面图
1. 老馆;2. 雕塑庭园;3. 屋顶平台;4. 15 街;
5. 校园;6. 陈列室;7. 办公室

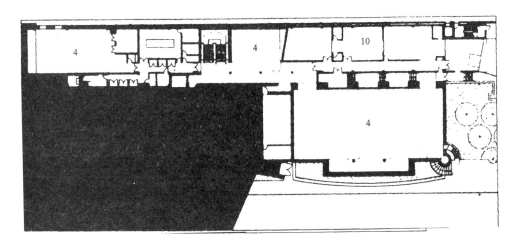

(a) 1层平面图

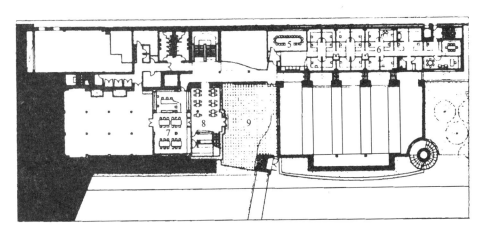

(b) 2层平面图

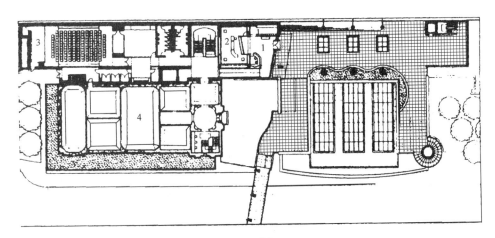

(c) 3层平面图

图 12-29 亨利美术馆平面图

1. 门厅；2. 礼品店；3. 报告厅；4. 陈列室；5. 会议；6. 办公；7. 研究；

8. 咖啡厅；9. 雕塑庭园；10. 贮藏

（a）老馆外观

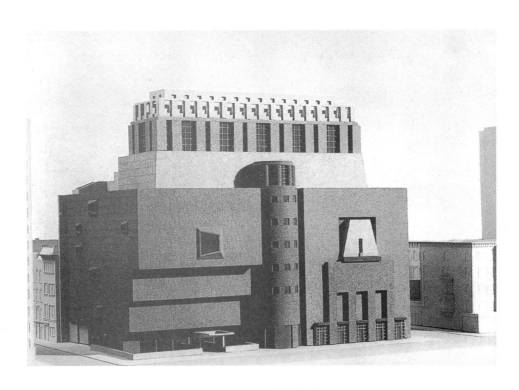

（b）新、老立面的有趣组合

图 12-30　纽约惠特尼美国艺术博物馆

实 例 彩 页

实例 1-1　炎黄艺术馆入口外观

实例 1-2　炎黄艺术馆展厅室内

实例 1-3　炎黄艺术馆上层主展厅室内及顶部采光

实例 1-4　炎黄艺术馆多功能厅室内

实例 2-1　陕西历史博物馆鸟瞰

实例 2-2　陕西历史博物馆主馆细部处理

实例 3-1 中国美术学院国际画廊大厅——室内"广场"的弧墙、天桥和台阶

实例 3-2
中国美术学院国际画廊 1 层展厅
"院落"中轴线上的门洞

实例 4-1　西汉南越王墓博物馆临街外观

实例 4-3
西汉南越王墓博物馆古墓覆斗形玻璃罩

实例 4-2　西汉南越王墓博物馆自室内大台阶上望临街入口　　实例 4-4　西汉南越王墓博物馆墙面浅浮雕

实例 5-1　上海博物馆外观

实例 5-2　上海博物馆局部外观

实例 5-3　上海博物馆夜景

实例 5-4　上海博物馆青铜器馆入口

实例 5-5　上海博物馆青铜器馆室内

实例 5-6
上海博物馆古代雕塑馆室内

实例 5-7
上海博物馆少数民族馆室内

实例 5-8
上海博物馆家具馆中的"书房"

实例 6-1　何香凝美术馆外观

实例 6-2　何香凝美术馆入口前的弧墙

实例 6-3　何香凝美术馆入口天桥下的环境

实例 6-4　何香凝美术馆主展厅大堂

实例 6-5　何香凝美术馆主展厅内下沉式"院子"

实例 7-1
侵华日军南京大屠杀遇难
同胞纪念馆外观

实例 7-2
侵华日军南京大屠杀遇难同胞纪念
馆卵石广场、遗物馆、母亲雕像

实例 7-3
侵华日军南京大屠杀遇难同胞纪念馆小型碑雕

实例 7-4
侵华日军南京大屠杀遇难同胞纪念馆入口处十字架状雕塑

● 徐州博物馆 ●

实例 8-1　徐州博物馆外观

实例 8-2　徐州博物馆石灯

实例 8-3　徐州博物馆细部

实例 9-1　河南博物院外观

实例 9-2　河南博物院细部处理

实例 9-3　河南博物院室外灯具

实例 10-1
郑州市博物馆、科技馆
外观

实例 10-2　郑州市博物馆夜景

实例 10-3　郑州市博物馆东入口

实例 10-4　郑州市科技馆外观

实例 10-5　自街头花园望郑州市科技馆

实例 11-1　金贝尔艺术博物馆南侧外观

实例 11-2　金贝尔艺术博物馆门厅室内

实例 12-1 约翰逊艺术博物馆东南侧外观

实例 12-2 约翰逊艺术博物馆自休息室通长玻璃窗外望

实例 13-1　耶鲁大学不列颠艺术和研究中心外观

实例 13-2
耶鲁大学不列颠艺术和研究中
心自圆柱形楼梯望图书馆中庭

实例 13-3
耶鲁大学不列颠艺术
和研究中心顶层画廊

实例 14-1　华盛顿国立航空航天博物馆南侧外观及屋顶花园绿化

实例 14-2
华盛顿国立航空航天博物馆
两层通高展厅室内

实例 15-1　美国国家美术馆东馆外观

实例 15-3　美国国家美术馆东馆中庭

实例 15-2　美国国家美术馆东馆中庭的天桥及艺术空间　　实例 15-4　美国国家美术馆东馆展厅室内

实例 16-1 洛杉矶州立艺术博物馆外观

实例 16-2 洛杉矶州立艺术博物馆
日本艺术馆室内

实例 16-3 洛杉矶州立艺术博物馆连接安
德森楼与比恩中心间的东环通道

实例 17-1　巴尔的摩国家水族馆馆前广场

实例 17-2　巴尔的摩国家水族馆临港湾外观

实例 18-1　亚特兰大高级美术馆外观

实例 18-3
亚特兰大高级美术馆中庭中的坡道

实例 18-2　亚特兰大高级美术馆中庭室内

实例 19-1
纽约现代艺术博物馆自动扶
梯厅室内

实例 19-2
纽约现代艺术博物馆雕塑庭院

实例 19-3
纽约现代艺术博物馆室内

实例 20-1　洛杉矶现代艺术博物馆室外喷泉与建筑

实例 20-2　洛杉矶现代艺术博物馆下沉式入口广场

实例 20-3　洛杉矶现代艺术博物馆展厅室内

实例 21-1　自休斯敦曼尼尔博物馆望曼尼尔博物馆加建部分

实例 21-2　休斯敦曼尼尔博物馆室内

实例 21-3　休斯敦曼尼尔博物馆外廊

实例 23-1　埃默里大学迈克尔·卡洛斯博物馆庭院方向外观

实例 23-2

埃默里大学迈克尔·卡洛
斯博物馆庭院方向入口

实例 24-1　华盛顿大屠杀纪念博物馆外观

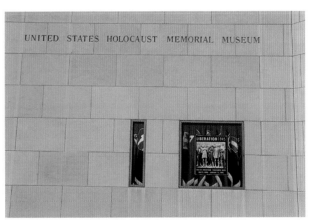

实例 24-3
华盛顿大屠杀纪念博物馆外墙上的集中营犹太难民相片

实例 24-2　华盛顿大屠杀纪念博物馆见证厅室内

实例 25-1　旧金山现代艺术博物馆外观

实例 25-3　旧金山现代艺术博物馆侧面外观

实例 25-2　旧金山现代艺术博物馆入口

实例 25-4　旧金山现代艺术博物馆室内

实例 26-1　盖蒂中心自中心广场望博物馆

实例 26-3
盖蒂中心中心广场上有轨观光电车站

实例 26-2　盖蒂中心博物馆内院

实例 26-4　盖蒂中心博物馆入口大厅

实例 26-5　盖蒂中心自中心花园望博物馆

实例 26-6　盖蒂中心观景台

实例 26-7　盖蒂中心外部空间处理

实例 26-8　盖蒂中心自中心花园望艺术与人文研究所

实例 26-9　盖蒂中心报告厅入口

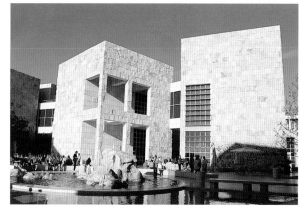

实例 26-10　盖蒂中心博物馆内院

实例 26-11　盖蒂中心外部空间处理

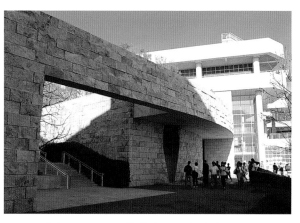

实例 26-12　盖蒂中心外部空间处理

实例 27-1　纽约古根海姆美术馆加建后外观

实例 27-2　纽约古根海姆美术馆加建前外观

实例 28-1　毕尔巴鄂古根海姆美术馆西北侧外观

实例 28-2　毕尔巴鄂古根海姆美术馆南侧外观

实例 28-3　毕尔巴鄂古根海姆美术馆东北侧外观

实例 28-4
毕尔巴鄂古根海姆美术馆南入口

实例 28 5
毕尔巴鄂古根海姆美术馆中庭处北立面细部

实例 29-1　尼姆现代艺术中心与古罗马神庙

实例 29-2　自尼姆现代艺术中心中庭望古罗马神庙

实例 29-3　尼姆现代艺术中心中庭室内

实例 30-1 卢浮宫扩建工程外观

实例 30-2 卢浮宫玻璃金字塔周边的水池

实例 30-3 自卢浮宫拿破仑厅入口层平台外望里希留馆

实例 30-4　自卢浮宫拿破仑厅入口层平台下望螺旋形圆楼梯、圆筒状电梯及夹层平面的回廊

实例 30-5
卢浮宫拿破仑厅中螺旋形圆楼梯中的圆筒状电梯

实例 30-6
卢浮宫地下层的倒锥形玻璃金字塔

实例 31-1　巴黎蓬皮杜文化中心外观

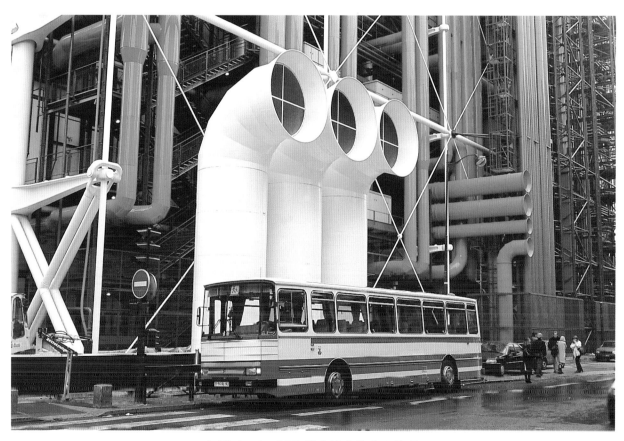

实例 31-2　巴黎蓬皮杜文化中心街景

实例 32-2 明兴格拉德巴赫市博物馆展厅入口

实例 32-1 明兴格拉德巴赫市博物馆入口

实例 32-3 明兴格拉德巴赫市博物馆展厅室内

实例 33-1　斯图加特国立美术馆新馆入口

实例 33-3　斯图加特国立美术馆新馆雕塑庭院

实例 33-2　斯图加特国立美术馆新馆局部鸟瞰　　实例 33-4　斯图加特国立美术馆新馆层层平台

实例 33-5　斯图加特国立美术馆新馆入口

实例 33-6　斯图加特国立美术馆新馆展厅室内

实例 34-1　法兰克福建筑博物馆展厅与庭院

实例 34-2　法兰克福建筑博物馆"房中房"

实例 34-3　法兰克福建筑博物馆展厅室内

实例 35-1　法兰克福工艺美术博物馆外观

实例 35-2　法兰克福工艺美术博物馆室内坡道

实例 35-3　法兰克福工艺美术博物馆新旧馆连廊

实例 36-1　法兰克福席恩美术馆外观

实例 36-2　法兰克福席恩美术馆展厅室内

实例 37-1　法兰克福德国邮政博物馆底层大厅

实例 37-2　法兰克福德国邮政博物馆外观

实例 37-3　法兰克福德国邮政博物馆展厅室内

实例 38-1 法兰克福现代艺术博物馆楼梯厅仰视

实例 38-2 法兰克福现代艺术博物馆入口外观

实例 38-3 法兰克福现代艺术博物馆局部外观

实例 38-4 法兰克福现代艺术博物馆展厅室内

实例 39-1
科隆瓦拉夫·理查茨和路德维希博物馆外观

实例 39-2
科隆瓦拉夫·理查茨和路德维希博物馆室内

实例 40-1 维特拉家具博物馆外观与环境雕塑

实例 40-2 维特拉家具博物馆室内

实例 40-3 维特拉家具博物馆室内

实例 41-1　波恩艺术博物馆外观

实例 41-2　波恩艺术博物馆展厅室内

实例 42-1　波恩德国艺术展览馆外观

实例 42-2　波恩德国艺术展览馆屋顶雕塑花园的锥形采光塔

实例 43-1　柏林博物馆老馆与扩建的柏林犹太人博物馆外观

实例 43-2　柏林犹太人博物馆外观

实例 43 3　柏林犹太人博物馆展厅室内

实例 44-1　哥本哈根方舟现代艺术博物馆外观

实例 44-2　哥本哈根方舟现代艺术博物馆中庭室内

实例 45-1 维罗纳卡斯泰维奇博物馆展厅室内

实例 45-2
维罗纳卡斯泰维奇博物馆外观及斯卡拉像

实例 46-1 斋浦尔博物馆水院

实例 46-2 斋浦尔博物馆中心庭院

实例 47-1
包含着"环抱"与"断裂"双层含义的主入口

实例 47-2
利用自然地形，在建筑物底层形成"基座"的厚重感

实例 47-3
外部展场干枯的黄砂上陈列着扭曲的黑色焦灼物

实例 48-1　水庭是博物馆与外部的过渡，面向参观者的休息区域就设在水庭的下方

实例 48-3　从北侧道路看博物馆

实例 48-2　大尺度的瓦当、收刹柱脚以及墙面划分蕴
涵着"唐风"建筑的质朴气度

实例 48-4　博物馆西侧入口

实例 49-1 "玻璃长廊"门厅

实例 49-3 西侧主入口

实例 49-2 面向公众的美术图书馆及阅览室　　　实例 49-4 从公园看美术馆

● 江户东京博物馆 ●

实例 50-1 以四支"巨柱"架于空中的博物馆

实例 50-2 透过架空广场，可以看到著名的国技馆－大相扑馆

实例 50-3 广场上的休息亭

实例 51-1　远眺水族馆

实例 51-2　水族馆夜景

实例 52-1　面向湖面的玻璃廊

实例 52-2　面向内庭院的弧形大屋檐

实例 52-3　中庭外侧的楼梯

实例 52-4　博物馆侧面

实例 52-5
可以观看湖体剖面的平台

实例 53-1　从入口处看画庭

实例 53-2　坡道与落水庭园是空间的生命

实例 53-3　坡道在自由的片墙中间穿行，指引着参观流线

实例 53-4　静卧于庭中的名画

实例 54-1　掩映在自然保护山林中的美术馆

实例 54-2　美术馆主入口

实例 54-3
美术馆大屋顶传统式的梁架构件以及内部横向格栅
贴覆的木纹贴面，使这个完全由金属制造的大屋顶
给人以日式传统屋顶的感受

实例 54-4　金属制造的吊桥与栏杆

实例 55-1　从东侧水面看博物馆

实例 55-2　夜景中的大檐廊与灯柱廊

实例 55-3　博物馆门厅

实　　例

1 炎黄艺术馆，中国，北京，1990
The Art Gallery of Yan Emperor and Huang Emperor, Beijing, China

建筑师：刘力（Liu Li）、郭明华（Guo Minghua）、曾俊（Zeng jun）

炎黄艺术馆由著名国画大师黄胄先生倡议、筹资兴建，以展出中国画和民族艺术品为主，是我国第一座民办公助的大型现代化艺术馆。艺术馆坐落在北京亚运村东北角，用地 15000m²。总建筑面积 13240m²。由中央大厅、报告厅、大小 9 个展厅及辅助设施组成。报告厅和中央大厅为 1 层，展厅共 2 层，画库、研究、办公、餐厅、文物商店和画廊布置在半地下层和地下层内。

展厅及报告厅分成大小高低不同的三组，布置在中央大厅东、西、北三侧。三组建筑的屋顶均成覆斗状，采用青紫色琉璃瓦。东侧展厅

图 1-1　炎黄艺术馆鸟瞰图

体量最大，共 2 层，由 8 个展厅组成。设计中巧妙利用覆斗状屋顶上小下大的特点，将东侧屋顶从中部断开，布置窗户。这样，上下两层展室都能得到自然光线照明，简练的屋顶造型也因变化增添了活力。建筑外墙以色彩、质感略有差异的石材饰面，外观统一而不单调。主入口对称布局，由大台阶引入，赋予建筑纪念性色彩。

艺术馆室内设计简洁、朴素，以突出展品为主。所引入的自然采光和大楼梯的设置丰富了展室的内部空间。报告厅顶部以中国传统木结构式样重构，四周墙面用国画加以点缀，民族气息浓厚。

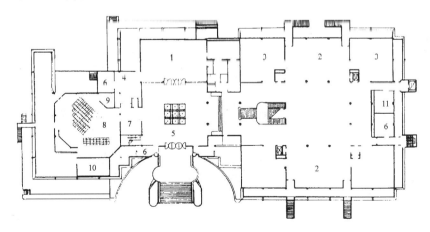

图 1-2　首层平面图

1. 大展厅；2. 中展厅；3. 小展厅；4. 接待室；5. 门厅；6. 办公；7. 休息厅；8. 多功能厅；
9. 放映间；10. 空调机房；11. 贮藏

整幢建筑沉稳、凝重,富有文化内涵与中国建筑的神韵。1999年国际建协第二十届大会在北京召开期间,本建筑作为中国建筑艺术精品,被选为"当代中国建筑艺术展"55项参展作品之一。

(彩图见实例彩页:实例1-1,1-2,1-3,1-4)

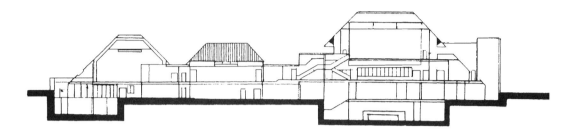

图1-3 剖面图

图1-4 下层展厅室内自然采光与人工照明

图1-5 通向2层的大楼梯

陕西历史博物馆,中国,西安,1991
Shanxi Museum of History, Xian, China
建筑师:张锦秋(Zhang Jinqiu)、王天星(Wang Tianxing)、安志峰(An Zhifeng)

陕西省省会西安古名长安,是我国七大古都之一。自公元前 1126 年起,西周、西汉、隋、唐等十多个王朝先后在这里建都,历时千余载。陕西省有着悠久的历史,十分丰富的文物资源,至 20 世纪 70 年代已有文物 10 万多件,其中包括许多稀世珍品。陕西历史博物馆的前身是 1944 年 6 月所设立的陕西省历史博物馆。由于馆藏面积狭小,自 1983 年开始策划筹建新馆。新馆于 1991 年 6 月建成开放。

陕西历史博物馆位于西安城南唐大雁塔西北 1km 处,是一座国家级博物馆,投资 1.44 亿元,建筑面积 45800m²,文物收藏设计容量 30 万件,被联合国教科文组织确认为世界一流博物馆之一。

国家明确要求陕西历史博物馆的设计"应有浓厚的民族传统和地方特色,并成为陕西悠久历史和灿烂文化的象征"。对此,博物馆的总平面以中国传统宫殿群体的布局为模式,遵循"轴线对称,主从有序,中央殿堂,四隅崇楼"的章法,以取得恢弘的气势。同时,设计还把传统的布局与博物馆的现代功能结合起来。首先,建筑功能分区十分明确。向观众开放的展厅、报告厅及文物商店布置在前。供内

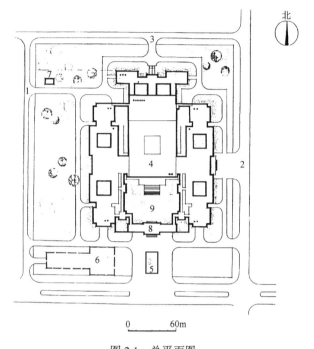

0　　　　60m

图 2-1　总平面图

1. 小寨东路;2. 翠华路;3. 兴善寺东路;4. 主馆;5. 水池;
6. 地下车库;7. 辅助用房;8. 入口;9. 内院

部使用的管理办公、设备用房及藏品库安排在后。其次,参观流线的组织既符合中国传统建筑的序列,又使参观便捷有序。观众进入大门之后,先经中国式带回廊的内庭院,再由大台阶登堂入室,进入大厅。大厅周围对称布置展厅,参观流线由大厅呈放射状。平面中还对称布置了若干内院,解决了博物馆的采光通风问题。

图 2-2　自主庭院望入口大门

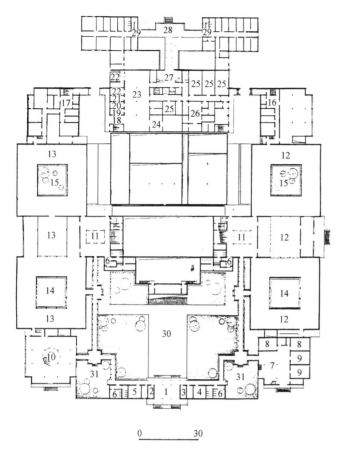

图 2-3 首层平面图

从博物馆的总体布局到建筑造型都具有中国民族传统和浓郁的唐风。中国式的屋顶出檐深远,斗拱雄伟、巨大、简朴,体现了盛唐时代气势磅礴、豪放的艺术风格。建筑以黑、白、灰为基调,庄重、典雅、富有文化气息。室内外以现代材料装饰,运用传统与现代相结合的手法,使建筑有浓厚的民族传统与地方特色,同时又具时代气息。本建筑作为建筑艺术精品,1999 年国际建协第二十届大会在北京召开期间,被选入"当代中国建筑艺术展"55 项参展作品之一。并在国内多次获奖。

（彩图见实例彩页:实例 2-1,2-2）

1. 大门;2. 售票;3. 小件寄存;4. 接待室;5. 保卫值班;6. 厕所;7. 接待楼门厅;8. 贵宾接待;9. 教室;10. 商店;11. 休息厅;12. 临时陈列;13. 专题陈列;14. 水庭;15. 石庭;16. 图书资料楼;17. 行政办公楼;18. 文物入口;19. 登录;20. 清洗;21. 干燥;22. 熏蒸;23. 晾晒;24. 暂存库;25. 文物修整;26. 照相;27. 业务办公楼门厅;28. 北门;29. 文物保护实验楼;30. 主庭院;
31. 副庭院

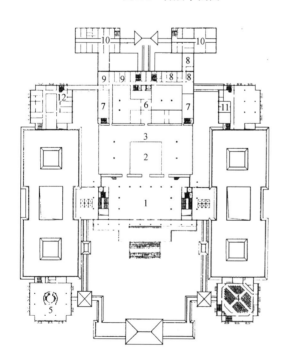

图 2-4 2 层平面图
1. 序厅;2. 中央陈列大厅;3. 基本陈列;4. 报告厅;
5. 餐饮;6. 文物库区;7. 机房;8. 计算机中心;
9. 陈列制作;10. 文物保护实验楼;11. 图书资料楼;
12. 行政办公楼

图 2-5 自主庭院望主馆

图 2-6 序厅室内

3 中国美术学院国际画廊,中国,杭州,1991
International Gallery in Chinese Academy of Arts, Hangzhou, China

建筑师:王澍(Wang Shu)

这是一所用旧会堂改建而成的画廊,在严格的限制中作者进行了成功的创造。

这所砖木结构的旧会堂,坐落在杭州西湖南岸中国美术学院校园内。西入口朝向南山路。会堂建于20世纪30年代,1949年后浙江省委第一次党代会曾在这里召开。因为建筑具有一定的历史意义,所以要求建筑师在不变动建筑外观的前提下对它进行改造,使新画廊适合于国际性艺术展览,并具有销售功能。设计除安排画廊所需的展示场所与辅助面积外,还需要提供一个可容纳400人开会的多功能空间。也就是要在严格限定了基地面积和高度的旧建筑内,解决超过1400m²的使用面积。

图3-1 画廊外观

设计者认为:所有复杂的建筑类型的原型归趋即在于"居住"。"皖南民居是一本超越了地域与类型圈限的建筑文本"。他认为不应该只看到皖南民居的外在形式,而要探索其空间存在的本质结构。他"不断地解读皖南民居",并"以抽象几何学的诗意形式进行系列设计试验"。

设计遵循不改变建筑外观的原则,拆除了舞台和固定座席。而原来的木屋架依然裸露在两坡顶之下。新画廊是座二层高的砖、木、钢混合结构,它套建在旧会堂的矩形空间里。

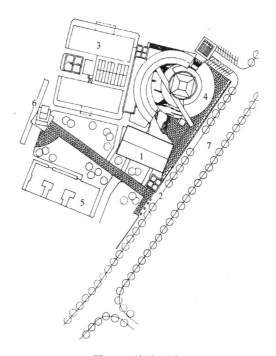

图3-2 总平面图
1. 国际画廊;2. 大门;3. 图书馆;4. 拟建的陈列馆;5. 教学楼;6. 拟建的路亭;7. 南山路

画廊的入口安排在临南山路的西山墙上。在小门厅的两侧,原有的办公室和厕所被保留下来,用一段3/4的圆弧墙将厕所隐蔽起来。套建部分的新墙体从西山墙后退了8m。西山墙与新墙体之间形成一个二层通高的大厅——一个紧凑的室内"广场"。这里既是公共活动中心,又可展示高大的雕塑作品。新墙体不但成为画廊第二层的立面,空间重构的标志,还把室内"广场"与展示场所分隔开来。它的后面是一部通向二层的弧形楼梯。"广场"上方还有一架钢制天桥,天桥支撑在延伸至展室内的红色门式钢架上。它是二层多功能空间与版画陈列间的水平交通联系。

为了套建的两层展室有足够的高度,设计将原有地面标高下降了0.6m。然而,施工时旧砖墙的基础放脚被暴露出来。设计者在施工现场随机应变,即兴创作,用三步台阶把基础放脚给包装起来。这三步台阶为观众提供了休息、交谈的坐凳,还让大厅更加具有室外广场的气氛。给原有设计增加了一点意外的惊喜。

在底层展室内,4.8m宽的井字型通道围绕着三个4.8m×4.8m的正方形"院落"。从西向东依次从2

229

层通高"内院",一层高"内院",向半边墙体加2根立柱的残缺"内院"递减变化。它概括了皖南民居中三种基本院落的类型。一组同样大小的门洞形成三组内院的中轴线。此外,沿建筑南、北外墙还布置了6个"厢房"式的画库与"院落"对应,形成矩阵式的匀质平面。"院落"与"厢房"的墙体都用砖砌成,这些墙体支撑着2层楼面。

2层是个多功能空间,既可以容纳400人开会,又可在木屋架下悬挂展板供展出用。在2层中轴线西端有一个用钢和磨砂玻璃做成的对景。在灯光照射下它如同一盏纱灯,又像2层通高"院落"——休息厅的天井。

画廊没有用任何高档的装修材料,也没有多余的装饰,但总体风格的把握和细部的推敲处理都很细致。墙面以普通抹灰为主,部分采用一种质感粗糙的面砖贴面,有少量木面曲墙。木地面、木门套,带有铆钉的钢制门过梁,钢丝网栏杆。展室里,楼板底面涂黑,用一层黑色钢丝网覆盖在梁的下部作为吊顶。室内以白与暖黄为基本色调,局部点以黑与红色,用色大胆而不杂乱。整个画廊给人以具有时代感的简约美。画廊总造价60万元,每平方米造价仅为428元。

（彩图见实例彩页：实例3-1,3-2）

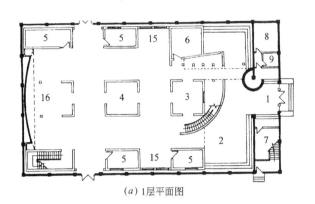

(a) 1层平面图

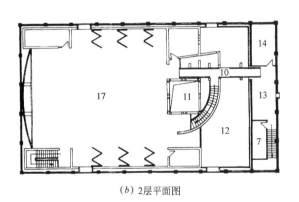

(b) 2层平面图

图3-3 平面图

1. 门厅；2. 广场；3. 休息厅；4. 陈列厅；5. 画库；6. 珍品室；7. 办公；8. 男厕；9. 女厕；10. 天桥；11. 休息厅上空；12. 大厅上空；13. 版画陈列；14. 办公；15. 凹状空间；16. 弧形展壁；17. 多功能空间

图3-4 2层多功能空间内的展板、木屋架及正对的"纱灯"

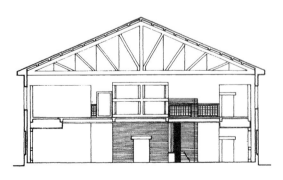

图3-5 剖面图

图3-6 木屋架下的"纱灯"

4 西汉南越王墓博物馆, 中国, 广州, 1988～1993
Tomb Museum of Western Han Dynasty Nanyue King, Guangzhou, China

建筑师:莫伯治(Mo Bozhi)、何镜堂(He Jingtang)

1982年,广州象岗山兴建住宅时发掘出公元前120多年南越王的墓址,本博物馆就修建在该墓址之上。博物馆由陈列馆、古墓馆、珍品馆组成。建筑群统一规划,分两期建成。陈列馆与古墓馆为一期工程,于1991年建成,建筑面积5272m²。珍品馆为二期工程,于1993年完工,建筑面积4262m²。

建筑群以突出古墓为主,三幢建筑分别对称布置在东西、南北两条垂直相交的轴线上。古墓馆就在两条轴线的交会处,以一个覆斗形玻璃罩盖在古墓之上。从馆外蹬道可下至墓室。古墓馆四周以草坪与回廊环绕,大面积绿色草坪将红色古墓馆衬托得十分突出。陈列馆布置在东西轴线上,位于小山的陡坡之下,主入口朝向街道。入馆后44级的大台阶正对坡顶古墓,大台阶上方的拱形天窗将自然光线引入室内,大台阶与两侧展室之间空间相互流通。珍品馆坐落在南北轴线的最高处,以一圭形门结束。珍品馆地上地下各一层,建筑外墙不开窗,犹如墓室的延续。整个建筑群依山就势,古墓主题突出,整体感强。

岭南地区在我国古代就已开放。这里既受中原文化影响,又有外国文化传入,还兼地域传统文化特色,使岭南文化具有广泛的包容性。西汉南越王墓博物馆正是体现了多种文化交融的岭南建筑特征。

该建筑造型简洁,无繁琐线条。玻璃幕墙、玻璃拱顶及覆斗形玻璃罩的运用,都具有时代感。方形柱廊环绕院落布置及覆斗形玻璃罩的造型又有中国建筑的特点。珍宝馆还采用了岭南建筑三合院的布局方式。

建筑外墙及雕塑均选用广东东莞所产的红砂岩,这种地方材料不仅与古墓内部用材的质感、色彩相同,还赋于建筑鲜明的地方性和引人注目的色彩效果。在陈列馆与珍宝馆红砂岩的外墙面上刻有大面积的浅浮雕,浅浮雕的造型取材于古墓的出土文物。陈列馆前的一对红砂岩石狮子也是与中国北方狮子不同的南狮形象,这些细部处理使建筑更加具有岭南传统文化的气质。

本建筑曾获国家优秀设计金质奖,中国建筑学会优秀设计创作奖。1999年国际建协第二十届大会在北京召开期间,本建筑作为中国建筑艺术精品,被评选为"当代中国建筑艺术展"55项参展作品之一,并获中国环境艺术创作成就奖。

(彩图见实例彩页:实例4-1,4-2,4-3,4-4)

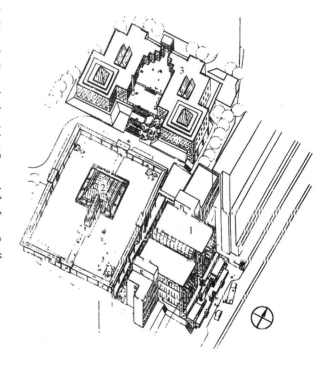

图4-1 总体规划图
1.陈列馆;2.古墓馆;3.珍品馆

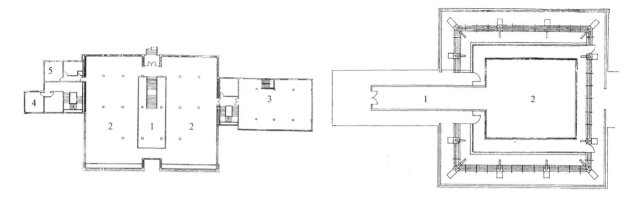

图 4-2　陈列馆 3 层平面图
1. 中庭; 2. 展厅; 3. 资料库; 4. 办公; 5. 厕所

图 4-3　古墓馆平面图
1. 通道; 2. 墓室

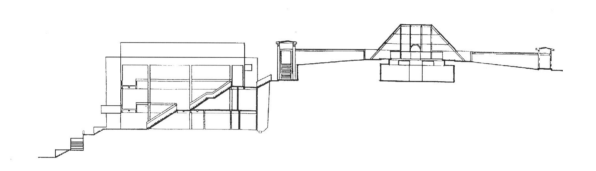

图 4-4　陈列馆至古墓馆剖面图

图 4-5　陈列馆前石狮雕塑

图 4-6　珍品馆圭形门外观

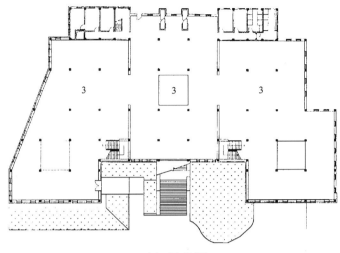

（a）1层平面图

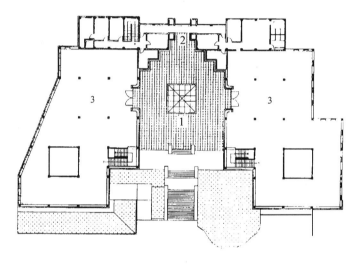

（b）2层平面图

图 4-7　珍品馆平面图
1. 庭院；2. 圭形门洞；3. 展厅

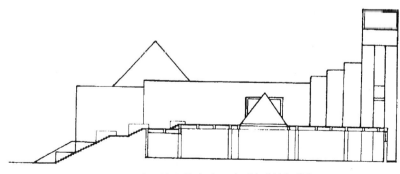

图 4-8　珍品馆室外台阶至圭形门洞剖面图

上海博物馆新馆，中国，上海，1994
Shanghai Museum, Shanghai, China

建筑师：邢同和（Xing Tonghe）、滕典（Teng Dian）、李蓉蓉（Li Rongrong）

上海博物馆创建于1952年，是一座国家级综合艺术博物馆。由于老馆面积过小，只有1.2%的库藏艺术品能被展出，因此于上海市中心的人民广场建设新馆。新馆规划用地2.2hm²，建筑面积38000m²，高25m，于1994年建成。

新馆馆址选在人民广场南侧，南临武胜路和延安东路，北隔人民广场和人民大道，与市府大厦相望。地段的东、西是大面积的绿地，其附近已建成不少高层或超高层建筑。在寸土寸金的上海，能在城市中心广场、绿地中建馆，环境十分难得。而开阔的地段及四周的高楼又对博物馆的造型布局，包括第五立面都提出了全方位、高标准的要求。这里是环境空间的视觉中心，这里的建筑应当成为城市的标志。

市府大厦是座18层的板式高楼，对称布局。它的中轴线也是人民广场和博物馆建设基地的南北轴线。新馆布置在轴线南端，与市府大厦共同形成自南北围合人民广场之势。博物馆建筑的主体分别以东西轴线、南北轴线对称，这样它既与市府大厦、人民广场形成轴线序列，又有利于开阔地段的全方位景观。在建筑南侧的临街部分还附加了对称的两翼，使街立面的长度有所增加。

建筑采用下方上圆的体型，也有"天圆地方"的寓意。方形部分分两级、呈台阶状，好似建筑的基座。它的屋顶绿化又与环境绿地呼应。圆形部分四面各有一拱门，其造型来自中华铜镜与鼎的联想。方、圆体形间的过渡，采取将第3层方形平面收缩于圆形之下的作法，使立面上形成

图5-1　博物馆外观

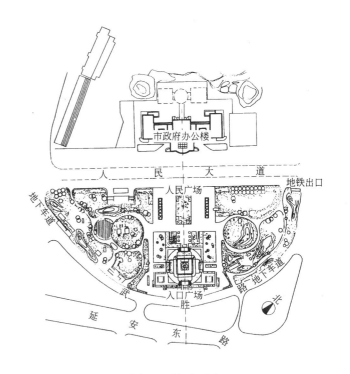

图5-2　总平面图

大面积的阴影，造成圆形悬浮于基座之上的效果。外墙面的浮雕源于中国青铜器的纹样。南入口前的动物石雕也具有中国石雕的特点。建筑造型简练、大度，形象鲜明，有民族特色和艺术性，已成为上海的标志性建筑之一。

建筑地上4层，局部5层。地下室有一夹层。建筑功能分区明确。

陈列展览主要布置在地上4层内，按艺术品种类分层划分。展室围绕中庭组织，中庭既是共享空间，

又是垂直交通枢纽。各层展室不但与中庭相连,还可单独从室外进入,参观具有灵活性。顶层是学术用房。

行政管理用房主要布置在地下夹层内,并有专用电梯与地上联系,管理办公自成体系。

藏品库房设在地下层,以保管中心为核心布置,防盗、防火、防水三防措施严密。设备用房也布置在地下层内。地下层内还有一讲演厅。

博物馆室内设计与展出内容配合默契,以突出展品为主,具有文化内涵与民族特色。尤其是灯光设计使艺术品更加光彩照人。

该建筑设计曾获多种奖项,1999年国际建协第20届大会在北京召开期间,作为中国建筑艺术精品入选"中国当代建筑艺术展"。上海博物馆及其设计者邢同和于1999年获首届霍英东奖,邢同和是获首届霍英东奖的惟一一名中国建筑师。

(彩图见实例彩页:实例5-1,5-2,5-3,5-4,5-5,5-6,5-7,5-8)

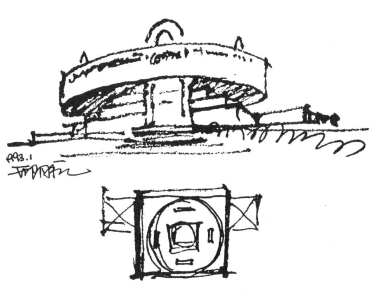

图5-3 邢同和构思手稿

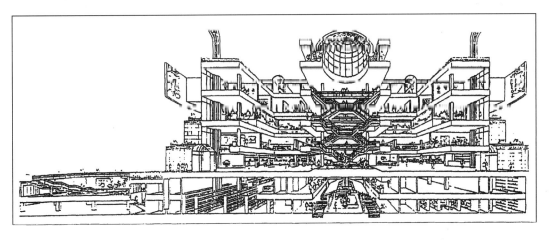

图5-4 室内剖视图

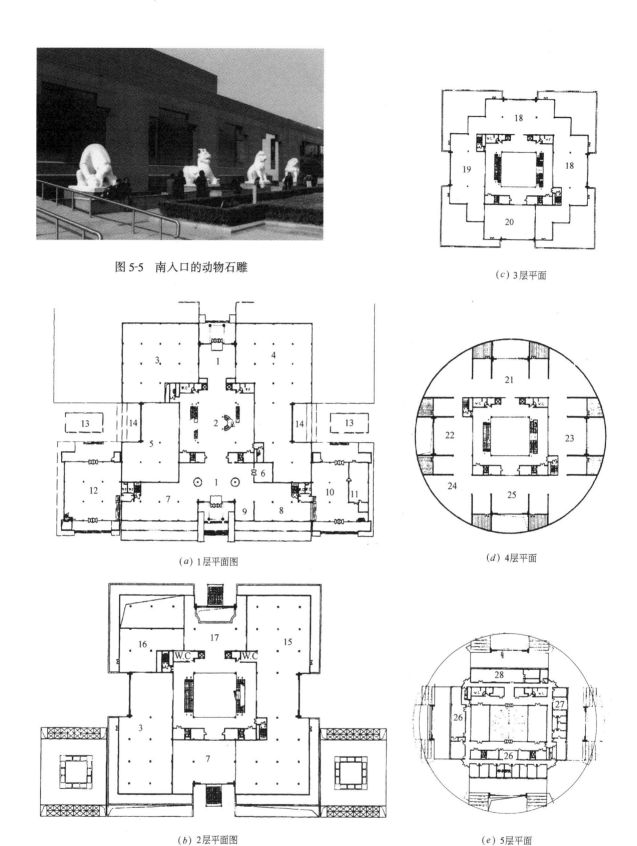

图 5-5　南入口的动物石雕

（c）3层平面

（a）1层平面图

（d）4层平面

（b）2层平面图

（e）5层平面

图 5-6　平面图

1. 门厅；2. 中庭；3. 临时展厅；4. 青铜陈列馆；5. 雕刻陈列馆；6. 接待；7. 文物书店；8. 工艺品商店；9. 衣帽；10. 快餐厅；11. 厨房；12. 上博艺苑；13. 水池；14. 花坛；15. 陶瓷陈列馆；16. 胡惠春专馆；17. 休息厅；18. 绘画陈列馆；19. 书法陈列馆；20. 印玺、篆刻陈列馆；21. 钱币馆；22. 家具馆；23. 少数民族馆；24. 现代艺术馆；25. 玉器馆；26. 学术研究；27. 文物修缮；28. 书画装裱

6 何香凝美术馆,中国,深圳,1997
He xiangning Museum, Shenzhen, China

首席设计师:龚书楷(Gong Shukai)
项目设计师:梁文杰(Liang Wenjie)
设计小组:裴协民等(Pei Xiemin & Associates)

我国著名革命家廖仲恺先生的夫人何香凝女士不仅是位社会活动家、爱国者,还是我国知名的女国画家。这所美术馆就是为介绍她的革命活动,展出她的国画作品。建筑面积 5000 余平方米。

美术馆坐落在深圳华侨城,与深圳三大文化旅游景区"锦绣中华"、"世界之窗"、"中国民俗文化村"相邻。周围绿树环绕,环境优美、宁静。建设用地在通往市区道路的陡坎之下,由于道路与地段的高差,美术馆入口设在 2 层,以一条长长的天桥与道路相连。2、3 层布置展厅,1 层有报告厅、画室、培训中心、裱画室及会议办公用房。美术馆坐南朝北,与道路之间有一角度。设计者

图 6-1 何香凝美术馆入口外观

巧妙地在入口前布置了一片弧墙,架于天桥之上,有如美术馆的大门。这片弧墙使斜向道路与美术馆之间过渡自然。天桥与片墙的组合又使进入美术馆具有趣味性和戏剧性。天桥之下,一个浅浅的反射水池围在建筑前面,水池旁有绿地、小径相伴。弧墙后面沿着一条坡道从桥下也可抵达入口。这样一来,"旱桥"下的环境充满了活力。

该设计力求以庄重、实效、适度为原则,体现何香凝女士一生的品格。力求在现代建筑中隐含中国传统,点明它展出国画家作品的主题。力求使建筑宜小、宜巧、宜藏、宜秀,与周围的人文景观匹配。

建筑平面分东、西两部分,西为主展厅,东是副展厅,主展厅共 1200m²,以室内庭院为中心对称布局,在朴实中显出庄重。副展厅将室外庭院三面环绕。两个庭院一内一外,一虚一实富有变化。主展厅陈列着何香凝各个时期的绘画精品,副展厅用于个展、联展及专题展。主展厅内庭院像一个加上玻璃顶的传统四合院。中间的"院子"稍稍下沉,由四部小台阶登上四周"沿廊"。这是一个交通空间,门厅内的圆形楼梯和它上方的圆形顶光,引导人流向下到 1 层报告厅。主展厅还单独设有中庭,两层高。它与周围展厅、连廊和两侧楼梯间之间相互流通,空间组织丰富。副展厅内的剪刀梯配上片墙、顶光以及与室外庭院沟通的玻璃窗,使楼梯间空间形象简洁、活泼。

美术馆运用现代建筑设计手法,外形小巧,大实大虚,白墙饰面,简洁大方,尺度宜人。室内外的栏杆、窗户、门的划分又有中国传统建筑韵味。室内设计朴素、淡雅,没有刻意装饰的痕迹。
(彩图见实例彩页:实例 6-1,6-2,6-3,6-4,6-5)

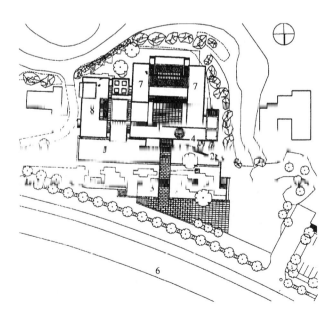

图 6-2 总平面图
1. 美术馆;2. 弧墙;3. 天桥;4. 弧墙后坡道;5. 水池;6. 道路
7. 主展厅;8. 副展厅

237

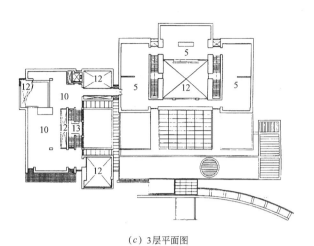

(c) 3层平面图

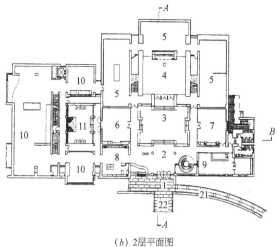

(b) 2层平面图

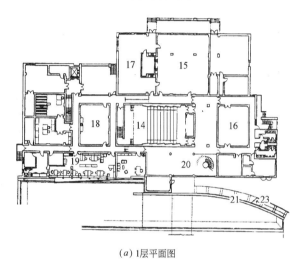

(a) 1层平面图

图6-3　各层平面图

1. 入口；2. 门厅；3. 进厅——下沉式"院子"；4.
中庭；5. 主展厅；6. 咨询中心；7. 贵宾室；8. 纪
念品销售；9. 茶室；10. 副展厅；11. 庭院；12. 上
空；13. 剪刀梯；14. 报告厅；15. 培训中心；16. 裱
画室；17. 画室；18. 会议室；19. 办公；20. 前厅；
21. 弧墙；22. 天桥；23. 坡道

图6-4　弧墙后的坡道

图6-5　剪刀楼梯间丰富的空间处理

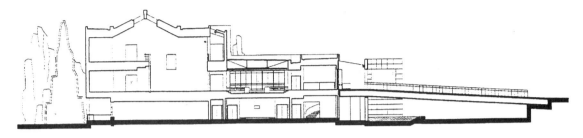

(a) A—A剖面图

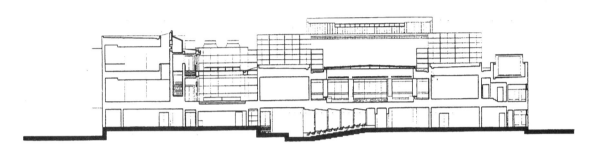

(b) B—B剖面图

图 6-6　剖面图

图 6-7　展厅室内

7 侵华日军南京大屠杀遇难同胞纪念馆，中国，南京，1985~1996
Memorial Hall of Compatriots Killed in Nanjing Slaughter by Japanese invasion Army, Nanjing, China

建筑师：齐康（Qi Kang）、顾檐国（Gu Qiangguo）、郑嘉宁（Zheng Jianing）

侵华日军南京大屠杀遇难同胞纪念馆是为纪念1937年12月日军侵占南京后惨遭侵华日军杀害的30多万南京同胞而建的。纪念馆建在当年遇难同胞尸骨丛葬地之一的江东门"万人坑"遗址上。占地25000m²，建筑面积2500m²。由悼念广场、卵石广场、纪念馆、遗物馆组成。纪念馆与遗物馆大部分埋于地下，地面上几乎没有建筑形象。然而设计者精心营造的环境氛围却浓缩了侵华日军屠杀中国无辜的战争罪行，发出了对日本军国主义的强烈控诉，表达了对遇难同胞的沉痛哀悼。

参观序列自南入口开始。入口处十字架状的雕塑上刻着1937·12·13~1938·1几个大字。这是日寇在南京进行血腥大屠杀的黑暗日期。一条笔直的路从入口直达悼念广场，正对着一片残破的城墙。城墙将广场与城市环境隔开，使观众置身于设计者所营造的悼念场景之中。被砍下的头颅、挣扎的手、屠刀与城墙构成了"金陵劫难"的群雕。这些当年大屠杀中的若干片断，以建筑和雕塑的语言默默地再现了那段惨无人道的历史，勾起人们沉痛的回忆，无声地控诉着日寇屠杀中国人民的残暴罪行。

悼念广场西侧的纪念馆前，在大台阶正对的墙面上，用中、英、日文赫然镌刻着"遇难者300000"几个黑色大字。触目惊心，震撼人心。纪念馆西南是个院落。院落里一大片灰色鹅卵石铺成的广场上寸草不生，只有几枝残破的枯树，隐喻着侵华战争给中国人民带来的灾难、死亡，让人沉思。卵石广场周边种有小片青草，暗示了生与死的斗争。院墙上三组大型浮雕高2m，总长51m，用画面揭露了侵华日军当年在南京烧、杀、淫、掠累累暴行。卵石场上一座4m高的母亲雕像紧握右拳形态悲愤。沿着院墙安放着13块小型碑雕，是为全市各处集体屠杀点所立纪念碑的缩影，向参观者诉说了日寇在南京大屠杀中对中国人民犯下的滔天罪行。

遗物馆建在院落西南角，形同棺椁。馆内存放着从"万人坑"中挖出的遇难者的大量遗骨。纪念馆坐落在院落东北，埋于地下，如同墓穴。馆内陈列着上千件展品。有400多幅大屠杀现场照片，有当年参加大屠杀日军的供词、日记，有幸存者、受害者的名单和部分证词、实物……。电影厅内还播放着当年南京大屠杀的历史文献纪录片。

这座纪念馆没有传统纪念性建筑的庄严、崇高、宏伟。设计者有时以生动的具象、简明的文字，有时以象征、隐喻的手法对纪念馆的环境作了精湛的设计。用建筑语言、艺术语言渲染气氛、点明主题，如诉如泣般叙述了这段惨痛的历史事实，寄托了对死难者的深切纪念。

比较遗憾的是，这样一个历史主题纪念馆周围的城市环境过于杂乱，在一定程度上影响了原设计的沉重感和应有的肃穆。

该纪念馆在国内曾多次获奖。它作为中国建筑艺术精品，于1999年世界建协第二十次大会在北京召开期间在中国美术馆展出。

（彩图见实例彩页：实例7-1，7-2,7-3,7-4）

图7-1　悼念广场上"金陵劫难"群雕

240

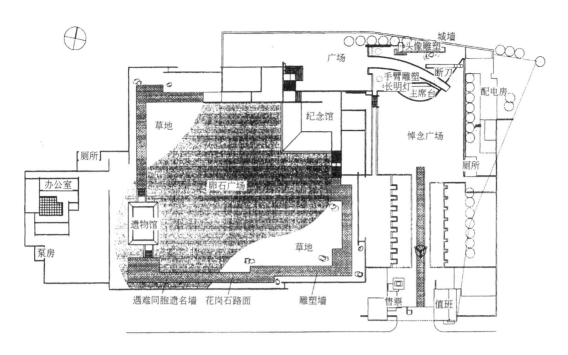

图 7-2 总平面图

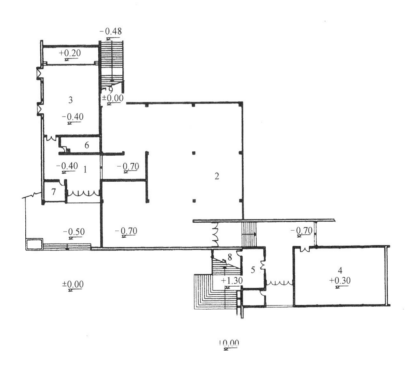

图 7-3 纪念馆1层平面图

1. 过厅；2. 陈列室；3. 电影馆；4. 藏品部；5. 接待室；6. 放映厅；7. 小卖部；

8. 配电；9. 风机房

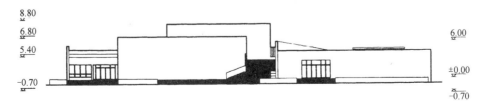

图 7-4 纪念馆北立面图

徐州博物馆,中国,徐州,1997～1999
Xuzhou Museum,Xuzhou,China

建筑师:关肇邺(Guan Zhaoye)、季元振(Ji Yuanzhen)、
刘玉龙(Liu Yulong)、王鹏(Wang Peng)
雕塑家:李林琢(Li Linzhuo)

徐州古名彭城,秦末西楚项羽曾在此建都,西汉之初又是汉宗室分封诸王领地之一。本地区至今留有大量西汉遗迹和出土文物。

博物馆位于徐州市中心云龙山风景区。地界南临和平路,西起土山西巷,东至彭城路。馆址北部的土山有一座尚未发掘的汉墓,计划日后将发掘整理以供展出。馆址东南隅有乾隆时代行宫,在小空间内布置了殿堂庭院,水池廊榭。这里是徐州博物馆的旧馆,成立于1960年。新馆建成后,"乾隆行宫"辟为文物园林对外开放,与新馆区可分可合。行宫和汉墓都是博物馆的有机组成部分。

图8-1 徐州博物馆远景

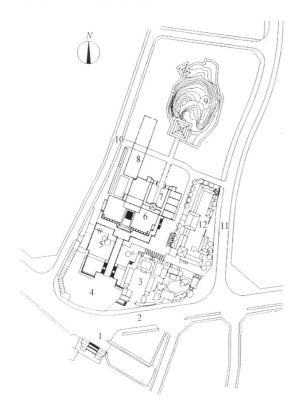

图8-2 总平面图

1.云龙山公园;2.和平路;3.乾隆行宫;4.上层广场;5.下沉式庭院;6.新馆;7.雕塑展览园;8.预留二期工程;9.土山汉墓;10.土山西巷;11.彭城路;12.文物市场

本设计以传统的左右两条平行轴线组织空间。主轴贯穿主要入口和主体建筑中心。副轴线经过主体建筑与会议厅之间的雕塑展览园直达汉墓。两条轴线的组织既能使对称的建筑主体尽量远离"行宫",减少对"行宫"的影响,又兼顾了汉墓遗址与新馆之间的有机联系。正门前结合地势做下沉式庭院和抵达主入口的旱桥。使博物馆的参观人流与休闲市民的活动空间及后勤通道分工明确,互不干扰。

建筑共4层,建筑面积9500m²。2、3、4层供陈列展览用,观众由2层主门厅进入,展室布置在门厅周围。2层还设有可独立出入的报告厅及雕塑展览园。附属辅助设施布置在1层,可由下沉式庭院单独出入。

中庭和临时展厅采用自然采光,其余大部分展室以人工照明,建筑外观形成大面积实墙。设计以入口处成片后退的玻璃窗与实墙形成强烈的虚实对比。实墙上的浅浮雕及透空格架所形成的阴影又丰富了实墙面的造型。主入口上方是洛黄色覆斗形屋顶。主入口两侧的厚重墙体象征汉文化的天门——阙。主入口前的旱桥引起"神道"的联想。建筑造型及装饰浮雕参考了汉代石刻风格,桥上石灯外形古朴。建筑具有中国传统建筑文化内涵。

(彩图见实例彩页:实例8-1,8-2,8-3)

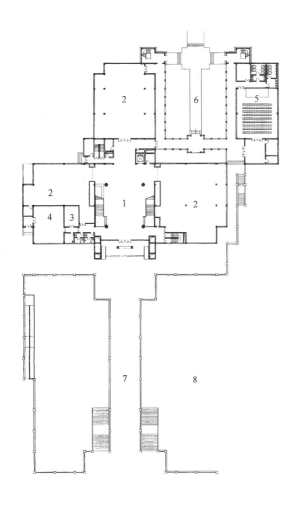

图 8-3　入口层平面图

1. 中央大厅;2. 展厅;3. 小接待厅;4. 贵宾接待厅;5. 多功能
厅;6. 雕塑展览园;7. 旱桥;8. 下沉式庭院

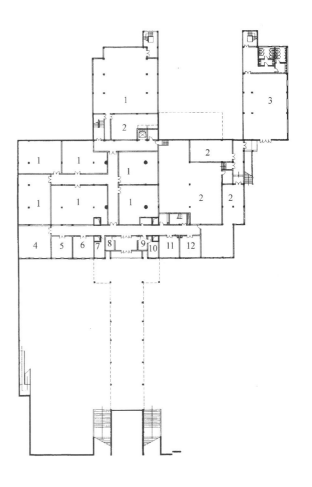

图 8-4　下沉式庭院层平面图

1. 库房;2. 设备机房;3. 临时展厅;4. 修复室;5. 办公;
6. 缓冲间;7. 微机编目;8. 接待室;9. 值班室;10. 监控室;
11. 照相室;12. 整理室

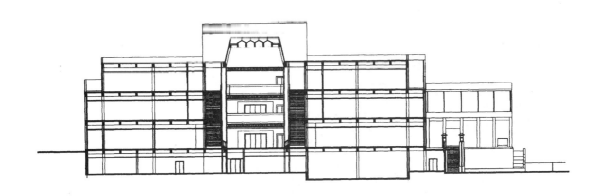

图 8-5　剖面图

9 河南博物院，中国，郑州，1999
Henan Museum, Zhengzhou, China

建筑师：齐康（Qi Kang）、郑新（Zheng Xin）、张宏（Zhang Hong）

河南自古为中华民族的摇篮，中原文化发祥地。古城郑州市内保存着商城遗址。河南开封是我国七大古都之一。历史文化名城洛阳素有九朝古都之称。河南历史悠久，文化遗址、古迹名胜众多，是我国首屈一指的文物大省。

河南博物院是一座国家级历史博物馆，占地 10.4hm²。博物馆业务用房 55740m²，其中陈列区占 12000m²。此外还有 23100m² 的宿舍。总投资近 3 亿元。

该博物院坐落在郑州市农业路中段北侧，用地方整，由主馆、办公楼、文博培训楼、报告厅及俱乐部组成。建筑群对称布局，主馆位居中央，其余四楼置于四角。布局严谨，主从有序，具有纪念性。

建筑师对当地历史、文化、古迹、文物进行了调查了解，建筑设计以再现地域文化、历史文化，创造具有时代感的现代建筑为原则，着力表现"中原之气"。建筑造型受到登封古观象台对称布局、墙面倾斜、正中凹缝、形象简朴优美的启示。

主体建筑造型呈覆斗状，顶部以一正向小斗结束。四角斜梁突出于外表，直插水池中。建筑形体简洁、挺拔、线条刚劲、有力，有着"问鼎中原"的气势。顶层一圈蓝色玻璃幕墙顺建筑四面中缝而下，既有黄河之水天上来的意境，又赋予建筑时代感。建筑四面斜墙上的白色乳钉，以矩阵排列，乳钉辅以淡红色底垫衬托，再现中国青铜器与古代大门的传统纹样。四面斜墙上的两层细条带形窗既为展室提供了自然光线，又丰富了建筑的立面造型。室外环境、小品、建筑细节处理细致。建筑将历史与现代融于一身，具有深厚的文化历史内涵。

设计也有不足之处，主入口与建筑主体形象稍欠协调。由于设计刻意在 3 层地面上仅留个一小洞，屋顶大面积顶光的下达突然中断，使中央大厅的空间比较封闭、单调。室内设计虽然对中国传统建筑符号的提炼有些较为成功，但悬臂柱等装饰效果过于强烈。强烈的带形灯光令人眼花缭乱，有喧宾夺主之势。

该建筑作为中国建筑艺术精品，1999 年国际建协第二十届大会在北京召开期间，入选"中国当代建筑艺术展"。

（彩图见实例彩页：实例 9-1，9-2，9-3）

图 9-1 河南登封古观象台

图 9-2 主馆屋顶局部

244

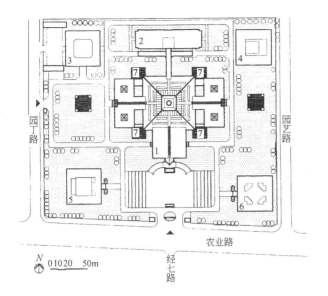

图 9-3　总平面图

1. 主馆; 2. 文物库; 3. 办公楼; 4. 培训楼;
5. 电教楼; 6. 石刻艺术馆; 7. 小水池

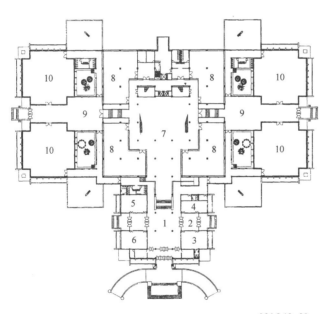

图 9-4　主馆首层平面图

1. 序厅; 2. 侧门厅; 3. 大贵宾室; 4. 小贵宾室; 5. 学术报告厅; 6. 商店; 7. 中央大厅; 8. 基本陈列; 9. 东、西侧厅; 10. 临时展厅

图 9-5　外墙细部处理

图 9-6　培训楼外观

方案设计主持人：邹瑚莹（Zou Huying）
方案设计建筑师：周榕（Zhou Rong）、饶戎（Rao Rong）
施工图设计建筑师：朱爱霞（Zhu Aixia）岳战军（Yue Zhanjun）

郑州是中原文化发祥地河南省的省会，市内不仅有商城遗址、新石器时代大河村遗址，还保存和出土了大量珍贵的历史文物。郑州市博物馆始建于1957年，老馆系冯玉祥将军为阵亡将士所修建的祠堂。由于建筑陈旧，面积狭小，室内环境极差，迫切要求修建新馆。

博物馆建设基地约有13000m²，原为博物馆独家馆址。由于年变事迁，到计划实施时根据城市建设主管部门的要求，这块地段需与郑州市科技馆"分享"。不仅要统一规划，而且还要同时兴建。在这块原本不大的用地上，要建设两幢建筑就显得相当局促，而且因展出功能要求层数又不能过高，也使设计工作一开始就面临着一些棘手的问题。

建设基地位于市中心。地界东面隔嵩山路便是郑州市最大的城市广场——绿城广场。地界北面是一片街头花园。花园以西是郑州市政治中心——市委办公大楼。花园以北是城市主干道中原路。建设基地在城市中的位置十分引人注目，也使设计工作承担了创造优美建筑环境与城市景观的重任。设计不仅要考虑自绿城广场西望的景观及建筑外部空间与绿城广场的沟通，还要照顾自中原路上南望时视线的通畅和对景，使两幢建筑不要相互遮挡。这项重任对于已经相当局促的基地来说，用地紧张的矛盾就变得更为突出。

此外，在这块狭小的基地上，两幢建筑还有完全不同的性格特征。一个是展示历史文物的博物馆，它需要面对过去，显现历史的辉煌。一个是科学技术馆，它要在展示科学技术的成果中展望未来，体现时代的进步。如何用建筑语言来表达它们不同的文化内涵和个性特色，如何使两幢挤在一起、形象迥异的建筑取得协调与共鸣，这些都是建筑师所面临的难题。

为了处理好这些矛盾，该项设计在总体布局和建筑造型上做了若干努力。

图 10-1　郑州市博物馆、科技馆外观

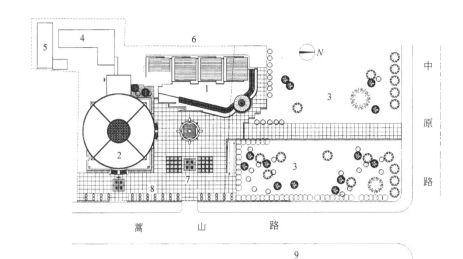

图10-2 总平面图

1. 科技馆；
2. 博物馆；
3. 城市街头公园；
4. 原有博物馆仓库；
5. 博物馆办公、宿舍；
6. 市政府；
7. 广场；
8. 绿化停车场；
9. 绿城广场

在总平面上，设计使博物馆和科技馆的布局成L形。博物馆主体为紧凑的集中式平面，布置在基地南端，方便与基地西南角上已建成的库房楼联系。科技馆呈南北向线性布局，靠在基地西侧。使两馆形成一个建筑群体，而又尽量减少相互遮挡。两馆共同围合形成的馆前广场，东侧面向嵩山路、绿城广场，北端朝着街头花园，向中原路敞开。它最大限度地打开了从中原路穿过街头花园通向博物馆、科技馆的视野。街头花园还向馆前广场交错渗入，又扩大了基地视觉上的限域。这个布局使博物馆和科技馆与周边环境的空间、景观相互因借，交融、流通，使两馆有机地融入到城市大环境之中。

图10-3 博物馆局部外观

1975年郑州地区出土的商代铜方鼎是馆藏国宝，也是馆内有代表性的重要文物。郑州市有关领导希望博物馆的造型能有"问鼎中原"的创意。对于设计构思来说，这是一个很好的题材。因此，设计从这个商代铜方鼎上寻找灵感，将鼎器的粗犷与精美相统一的神韵加以提炼、抽象，用以创造博物馆的形象。同时又通过屋顶的造型、材质的运用赋予其鲜明的时代特征。博物馆建筑主体从上往上逐渐收分，充满力度。外墙面上覆以大面积青铜挂板，自下而上向外卷出，仿青铜器之优雅曲线。挂板之上以饕餮纹饰环绕中央乳丁，古风浓郁。圆形金属屋顶出檐深远，似向上飘浮，形象新颖，有"天圆地方"的喻意。从整体上看，博物馆沉稳、凝重，取鼎之意而超越了简单的形似。设计以中国传统艺术与时代建筑独特形象相结合的手法，在面向过去的主题之中联系着未来。

科技馆用大面积带拉杆的玻璃幕墙饰面，轻快、活泼，与博物馆形成对比。入口旁的玻璃锥塔几何形体鲜明、新颖，具有时代气息。屋顶天窗的四条弧线与锥塔组合形成奔腾的动势，隐喻现代科技发展的日新月异。玻

图10-4 科技馆外观

璃幕墙从博物馆处起始,自南北向西平缓转折,使东立面、北立面一气呵成。它模糊了科技馆以山墙头朝向主干道的尴尬,强调了嵩山路及中原路上建筑景观的连续与完整。科技馆以其简洁、独特的建筑形体,使用具有时代感的外装材料,运用建筑高技术的设计手法来展示建筑个性的科技内涵,象征人类科技的前进步伐。玻璃幕墙上所影映的博物馆幻像及锥塔上的乳钉装饰,又让人们从面对现代的场景中寻找着过去。

然而由于两幢建筑相距太近,设计中寻求对话、缩小反差的措施还不够得力,加上施工中甲方又自行抬高了科技馆的高度,影响了群体轮廓。虽然两幢建筑都做到了性格鲜明,但相互协调融洽仍显不足。

博物馆地上3层,地下1层,建筑面积8079m²。主体部分布置有大厅、中庭、报告厅、展厅、临时展厅和服务设施。半地下室内是设备用房及自行车库。主体西侧有办公、车库及工作间。科技馆地上3层,地下1层,建筑面积8010m²。科技馆以报告厅和各种展厅为主,南端有办公、工作间、图书资料及青少年科技制作间。地下室内是设备用房及可存放23辆汽车的地下车库。

(彩图见实例彩页:实例10-1,10-2,10-3,10-4,10-5)

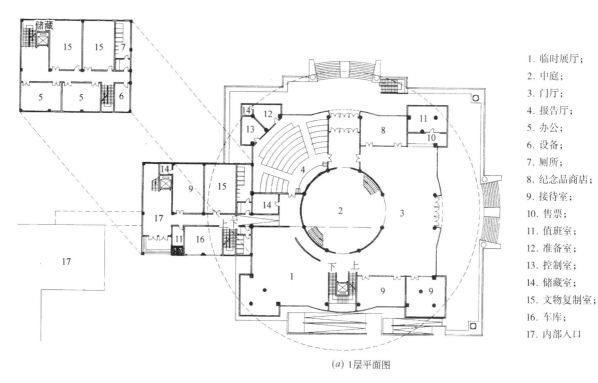

1. 临时展厅;
2. 中庭;
3. 门厅;
4. 报告厅;
5. 办公;
6. 设备;
7. 厕所;
8. 纪念品商店;
9. 接待室;
10. 售票;
11. 值班室;
12. 准备室;
13. 控制室;
14. 储藏室;
15. 文物复制室;
16. 车库;
17. 内部入口

(a) 1层平面图

图 10-5 博物馆平面图(一)

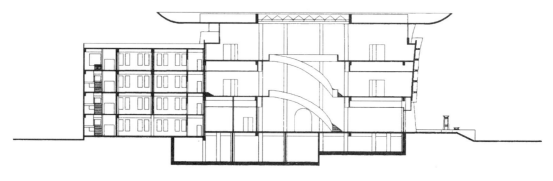

图 10-6 博物馆东西向剖面图

248

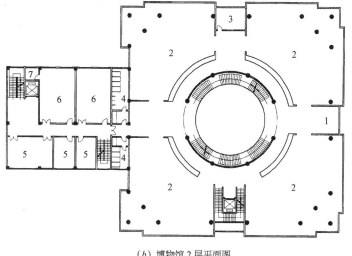

(b) 博物馆 2 层平面图

1. 休息厅;
2. 展厅;
3. 服务人员休息室;
4. 厕所;
5. 办公;
6. 陈列制作室;
7. 储藏室

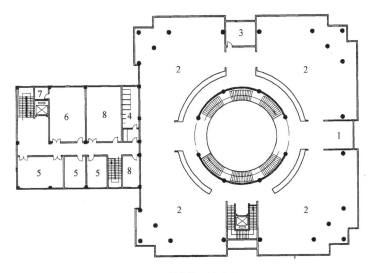

(c) 博物馆 3 层平面图

1. 休息厅;
2. 展厅;
3. 服务人员休息室;
4. 厕所;
5. 办公;
6. 图书资料室;
7. 储藏室;
8. 会议室

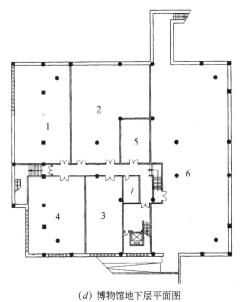

(d) 博物馆地下层平面图

1. 配电;
2. 库房;
3. 热交换站;
4. 空调机房;
5. 水泵房;
6. 自行车库;
7. 储藏室

图 10-5 博物馆平面图(二)

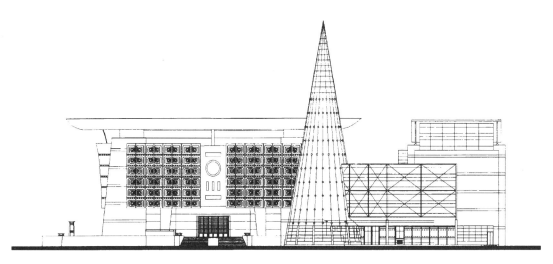

图 10-7 北立面图

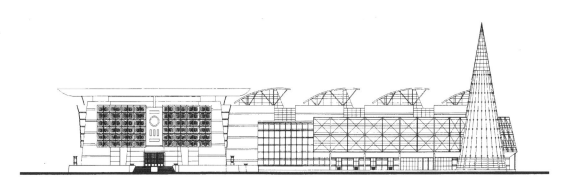

图 10-8 东立面图

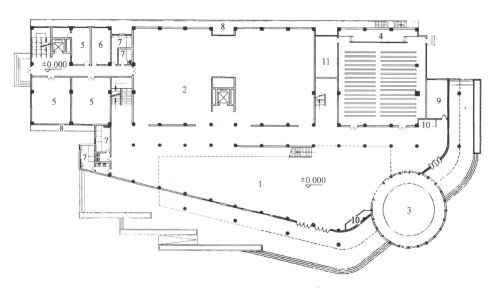

(a) 科技馆1层平面图

图 10-9 科技馆各层平面图(一)

1. 临时展厅;2. 开放展厅;3. 展厅;4. 报告厅;5. 办公;6. 设备;7. 厕所;8. 采光井;

9. 内宾接待;10. 售票;11. 准备室

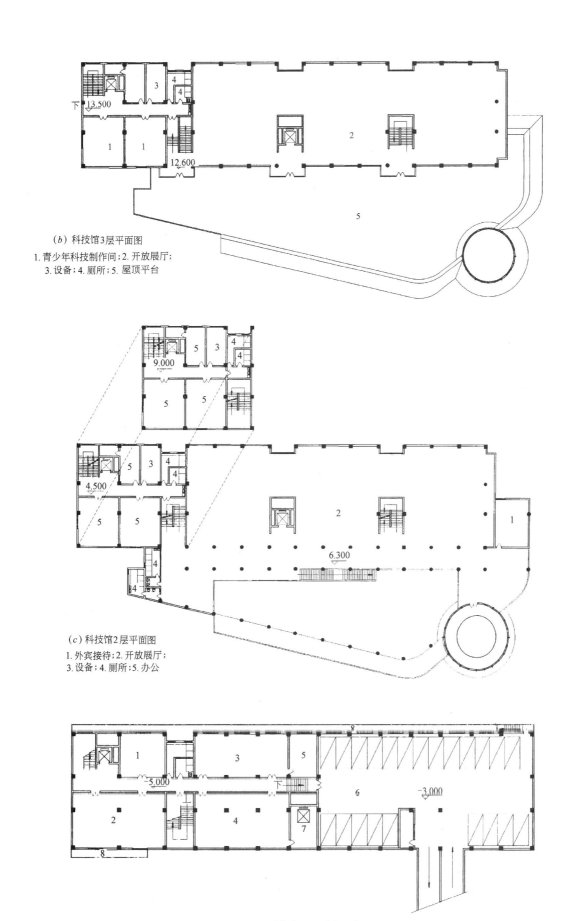

（b）科技馆3层平面图

1. 青少年科技制作间；2. 开放展厅；
3. 设备；4. 厕所；5. 屋顶平台

（c）科技馆2层平面图

1. 外宾接待；2. 开放展厅；
3. 设备；4. 厕所；5. 办公

（d）科技馆地下层平面图

1. 配电；2. 库房；3. 热交换站；4. 空调机房；5. 水泵房；6. 停车场；7. 电梯机房；8. 采光井

图10-9　科技馆各层平面图（二）

金贝尔艺术博物馆,美国,弗特沃斯,1966~1972
Kinbell Art Museum,Fort Worth,USA

建筑师:路易·康(Louis I·Kahn)

金贝尔艺术博物馆位于得克萨斯州弗特沃斯市西郊一个绿树成阴的公园内。这里集中了4座博物馆和3座观演建筑,是城市的文化中心。

用地的东北两边为城市道路,西边地势较高,是城市的公园。建筑平面呈Π字型,其西面开口朝向公园绿地。Π字型平面的凹入部分满铺砂砾,上面是一片棋盘式的小树林,犹如公园的绿化嵌入博物馆之中,使公园与博物馆两者的环境浑然一体,相互通融。然而,树林下的砂砾铺地却又不同于周围的公园草坪,它提示着这里已进入博物馆的入口广场,公园内的步行观众可由此抵达博物馆的入口。

在建筑南北两侧各有一个下沉式广场,北为停车场,南为供观众休息及进行文化娱乐活动的绿地。观众可以从这两个方向,经台阶形缓坡,走向入口广场。

博物馆由3组16个平行拱壳组成,每个拱壳6.5m×30m。Π字型平面的南北两组各有6个拱壳,位于西边的拱壳通向入口广场的敞廊,它们的西侧还各有水池相伴。平面的中部是4个拱壳,其中一个用作入口前的门廊。

连续平行的拱壳造型看似相当简单,灰白色的变质岩板填充在混凝土的拱形框架之中显得异常朴素,整个建筑犹如德克萨斯州大地上平凡的谷仓,给人以自然、质朴的美感。

金贝尔艺术博物馆建筑设计最为成功之处一是具有特色的自然采光,二是采光与建筑室内外形象的

图11-1 敞廊和水池

完美结合。路易斯·康非常重视自然光线在建筑中的运用,他说:"于我而言,自然光是惟一的光,因为他有情调——它提供了我们共识的基础,它使我们接触到永恒。自然光是惟一能形成建筑艺术的光"[1]。为了使博物馆避免眩光,得到最好的自然光照,康与他的建筑光学顾问工程师经过两年的探索,成功地解决了这一问题。

经过多方案的比较,康在室内每个拱壳中间,作了一个0.9m宽的通长天窗。天窗下面铝质穿孔反射板顶棚呈人字形,造型十分优美。这样,使展室内既

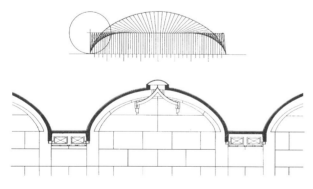

图11-2 人字形拱壳剖面分析图及屋顶剖面图

图11-3 由门厅望室外庭院

❶ 李大夏·路易·康(国外著名建筑师丛书)·北京:中国建筑工业出版社,1993

得到柔和的自然光,又避免了眩光的困扰。康所创造的这种反射板顶棚,其后被广泛模仿与改进。同时康还在拱壳与山墙交接处,设计了一条细长的弧形采光带。这给建筑朴素的外观增添了一份细腻,又使拱顶产生一种悬浮感,室内也因此而显得生动。此外,康还设计了三处光井,使观众参观时处在室内室外变换着的视觉感受中,而由此消除了疲劳。

(彩图见实例彩页:实例 11-1,11-2)

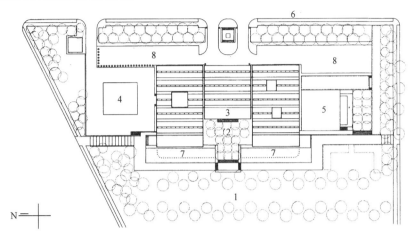

图 11-4　总平面图

1.公园绿地;2.入口前的棋盘式树林;3.博物馆;4.北侧下沉式广场;5.南侧下沉式广场;6.城市道路;7.水池;8.停车场

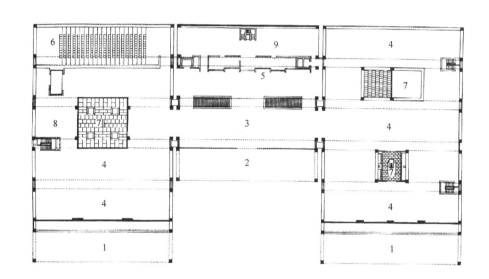

图 11-5　平面图

1.敞廊;2.入口门廊;3.门厅;4.展厅;5.售书;6.报告厅;7.室外庭院——"光井";8.厨房;9.图书室

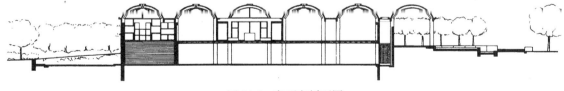

图 11-6　东西向剖面图

12 约翰逊艺术博物馆,美国,伊萨卡,1967~1973
Herbert F. Johnson Museum of Art, Ithaca, USA

建筑师:贝聿铭(I. M. Pei)

1967 年,H.F. 约翰逊向母校康乃尔大学捐款 480 万美元,新建该艺术博物馆,以取代面积狭小、设备陈旧的老馆。约翰逊家族是美国举世闻名的娇生企业所有人。著名建筑师赖特为其家族设计的石蜡公司总部享誉全球。约翰逊要求聘请一位"当代赖特"负责设计工作,最后华裔建筑大师贝聿铭中选。贝聿铭不负所望,使该建筑获 1974 年美国混凝土学会纽约分会大奖,美国建筑师学会 1975 年度荣誉奖。

这座博物馆建在康乃尔大学教学区一座小山坡的顶上,一条南北向的道路直通这里。由此向北,山坡骤然跌入峡谷,环境需要这里的建筑成为视觉终端的景

图 12-1　约翰逊美术馆东侧外观

观。用地四周山水如画,郁郁葱葱,环境十分优美。贝聿铭的设计着眼于使建筑与环境相互交融,而不是环境的屏障,着眼于让观众在参观之余能饱览湖光山色。

建筑由三实一虚四个长方形体块组成,在一个架空的实体下面,第三层室外雕塑展场向东、南、西三面敞开的虚空间沟通了建筑四周的环境,建筑造型有强烈的雕塑感,是上山道路的对景。建筑外墙为淡黄色清水混凝土,模板痕迹清晰可见,流露一种自然、质朴的美感。

该博物馆既服务于教学,又可对公众开放,同时还是校园和社区的活动中心。贝聿铭将其多种功能按垂直分布方式组织起来,各种空间各自独立,相互穿插,丰富多变。

建筑地下 2 层,地上 6 层,局部 7 层。地下 1 层除少数辅助用房外,有一报告厅和一些临时展厅,北部的展室一层半高,在 1 层电梯间有一开口,形成了地上地下空间的交流。1 层入口大厅高达两层,南北两条天窗引入天光,2 层的天桥从天窗下穿过。2 层展室环绕在入口大厅上部四周,北端的大展室也有一层半高,一座装饰性的圆形楼梯立于其中。3 层除北端的展室外,是个很大的室外雕塑展场,共 3 层高,形成立面上的虚空间。4 层、5 层是图书馆及办公用房。6 层以展室为主,从朝南休息室的通长玻璃窗远望,可将湖光山色尽收眼底。7 层是一间大会议室。

(彩图见实例彩页:实例 12-1,12-2)

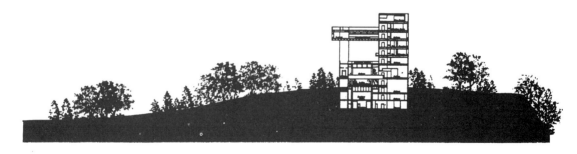

图 12-2　剖面图

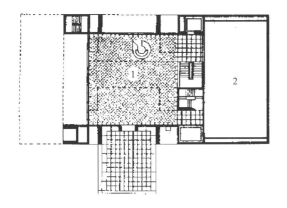

(a) 1层平面图

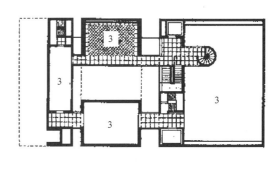

(b) 2层平面图

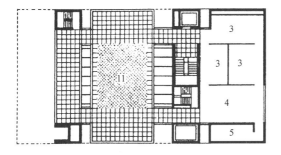

(c) 3层平面图

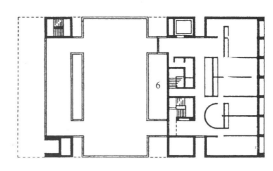

(d) 4层平面图

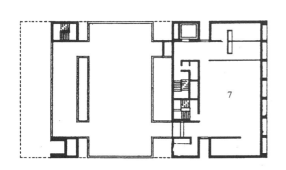

(e) 5层平面图

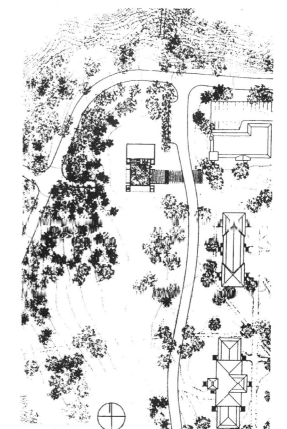

(f) 6层平面图

图 12-4　各层平面图

1.门厅;2.陈列室上空;3.陈列室;4.休息室;5.售货;
6.馆长及行政管理用房;7.图片资料室;8.贮藏室;
9.图书室;10.办公;11.室外雕塑展场

图 12-3　总平面图

255

13	耶鲁大学不列颠艺术和研究中心,美国,纽黑文,1969～1974 Yale Center For British Art and Studies,New Haven,USA

建筑师:路易·康(Louis I·Kahn)

耶鲁大学不列颠艺术和研究中心用以收藏 P·梅隆捐赠给耶鲁大学的艺术品。该中心建于耶鲁大学老校园约克街与哈埃街之间,宗教街与哈埃街相交的东北角处。用地对面是 1927 年所建造的耶鲁大学美术馆,以及由路易·康所作的该美术馆的扩建部分。1961 年保罗·鲁道夫所设计的艺术与建筑学院在相距几十米远处。

建设用地原来是繁华的街区,这里有一批商店。学生们对沿街的商业风貌不能忘怀。路易·康说:"耶鲁学生的一致感受促成沿街设店面的决定。于我而言,这实在很妙。这么一来,我就把底层奉献给商业活动,中心则放到上层去。"❶ 这样,首层沿街部分除艺术中心的入口外,其余均为艺术品商店。

艺术中心地上 4 层,地下 1 层,房间围绕两个内庭布置。东面的入口内庭共 4 层高,自 2 层向上均由画廊所环绕。西面的图书馆内庭从第 2 层开始,共 3 层高,1 层的讲演厅位于它的下方。图书馆布置在 2 层的内庭周围,而 3 至 4 层均为画廊。两个内庭中间由电梯厅和一个圆形楼梯间所隔开。中庭及四层的画廊都有玻璃顶光。

两个内庭是该设计的精华。入口内庭平面呈正方形,体形简洁,垂直向上。图书馆内庭平面呈长方形,一个圆柱形的混凝土楼梯间突出其间,使内庭形象富于变化。两个内庭四周的墙面有规律地开洞,形成周围画廊与内庭空间的生动沟通。两个内庭都把粗犷的灰色混凝土框架暴露出来,框架中间镶以络黄色的橡木板,给人以简洁、温馨、高雅的艺术感受。使参观者自然而然地进入一种舒适、专一地欣赏展品的状态之中。

(彩图见实例彩页:实例 13-1、13-2、13-3)

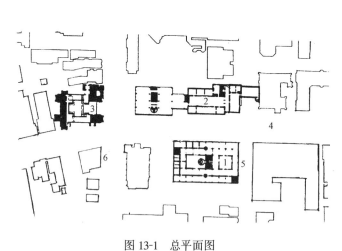

图 13-1　总平面图
1. 耶鲁大学不列颠艺术和研究中心;2. 耶鲁大学美术馆及加建;3. 艺术与建筑学院;4. 宗教街;5. 哈埃街;6. 约克街

图 13-2　图书馆中庭

---

❶　李大厦·路易·康(国外著名建筑师丛书)·北京:中国建筑工业出版社,1993

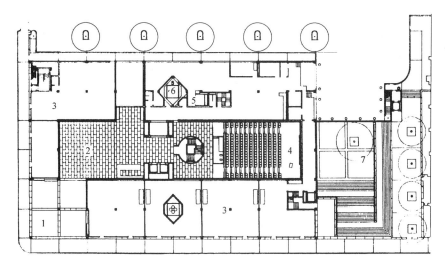

(a) 首层平面图

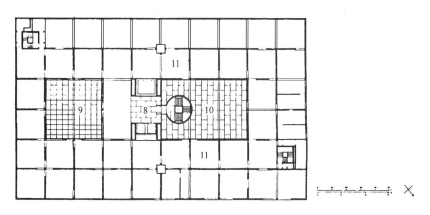

(b) 3层平面图

图 13-3　平面图

1. 凹入式入口灰空间;2. 入口内庭;3. "工作室"——艺术品商店;4. 报告厅;5. 服务;6. 机房;
7. 下沉式庭院和艺术工作室;8. 过厅;9. 入口内庭上空;10. 图书馆内庭上空;11. 画廊

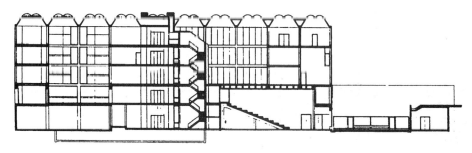

图 13-4　纵剖面图

图 13-5　画廊室内

图 13-6　自电梯间望圆柱形楼梯间和图书馆内庭

14

华盛顿国立航空航天博物馆，美国，华盛顿特区，1973~1976
National Air and Space Museum Washington D.C. USA

建筑师：赫尔穆斯，奥巴塔和凯沙巴门（Hellmuth, Obata & Kassabaum）

在华盛顿中心区华盛顿纪念碑与美国国会之间的林荫广场南北两侧，聚集着一大群博物馆。华盛顿国立航空航天博物馆位于国会广场以西，与美国国家美术馆（西馆）隔林荫广场相对而立。其建筑面积 58713m²，展览面积 18600m²，每年接待国内外观众在 100 万人次以上。

在这座博物馆里，地上、墙面、空中展出各式各样的飞机、飞行器、火箭。美国莱特兄弟 1903 年所制造、驾驶的世界上第一架飞机，以它处女航的高度，悬挂在离地 3.17m 的空中。展品从仪器、仪表到直径 7m，重达 82t 的"航天试验室"应有尽有。观众可以通过电脑，提取包括人类登月的各种资料，还可以在天象厅内，观看天文电影。为此，建筑师们创造了丰富多变的空间，组织了流畅的参观流线来满足航空航天博物馆的特殊功能要求。

博物馆的平面由两种单元交替组合。一种单元由实墙所围合，共四组，分成 3 层。1、2 层为展厅，中间的交通通道将各组南北的展厅串联起来。3 层为图书馆、办公用房及餐厅，之间由一连廊相连。在 2 层平面的北部，还布置一间天象厅，以及一座 485 席的观众厅。另一种单元夹杂在由实墙围合的单元之间，共三组。每个单元的北半部是两层通高的大空间，用以悬挂或放置大型展品。北立面成片的透明玻璃幕墙和玻璃屋顶使这些展品犹如置身空中。每个单元的南半部为两层，与相邻单元同高，以保证参观流线的连贯与通畅。南立面以实为主，辅以玻璃墙面。整个造型富有强烈的韵律感。

在 3 层平面东头，加建了一处新餐厅，它以全玻璃的结构与原有建筑相连，称之为绿房子。开阔的景观、台阶式的绿化，创造了一种开放、清新、花园式的就餐环境。

（彩图见实例彩页：实例 14-1，14-2）

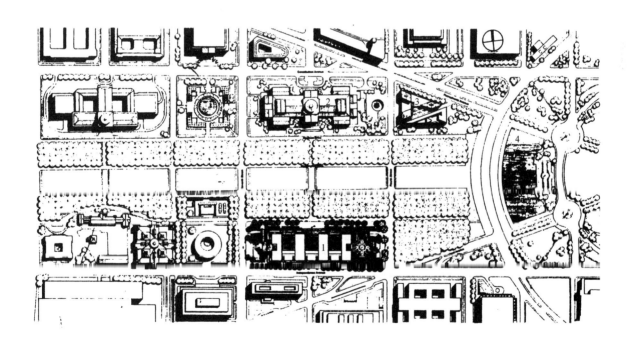

图 14-1　总平面位置图

1. 华盛顿国立航空航天博物馆；2. 美国国家美术馆西馆；3. 美国国家美术馆东馆；4. 国会广场

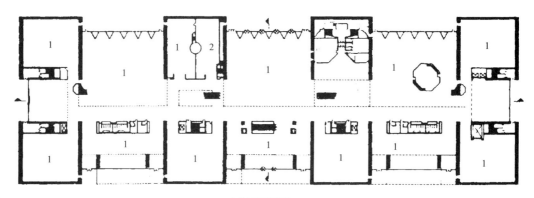

(a) 1层平面图

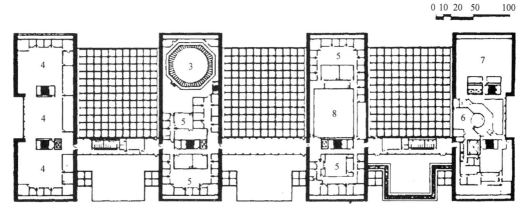

0 10 20 50 100

(b) 3层平面图

图14-2 平面图

1.展厅;2.博物馆商店;3.天象厅上方;4.图书馆;5.研究、办公
6.餐厅;7.厨房;8.冷却塔

图14-3 纵剖面图

图 14-5　上层展厅室内

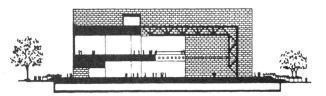

图 14-4　博物馆北侧外观及国会大厦

图 14-6　横剖面图

图 14-7　自两层通高展厅望上、下两层展厅

15 美国国家美术馆东馆，美国，华盛顿特区，1968～1978
National Gallery of Art-East building, Washington D. C, USA

建筑师：贝聿铭(I. M. Pei)

东馆是美国国家美术馆——西馆的扩建工程。由 14306m² 的美术馆与 10404m² 的视觉艺术研究中心组成。西馆一直用以收藏和展出 13 世纪初到 19 世纪末的西洋美术作品。20 世纪 60 年代中期，由于藏品贮藏空间的不足，加以美术馆希望转向 20 世纪艺术作品的收藏和展出，因而开始了扩建东馆的计划。1968 年华裔建筑师贝聿铭受委托主持东馆的设计工作。东馆工程历经 10 年，于 1978 年落成，被誉为"华盛顿的文化之冠"，"三角形的凯旋"。贝氏也因此于 1979 年获美国建筑师协会金奖。贝氏设计的东馆获得如此崇高的荣誉，其成功之处主要有以下几个方面。

首先，贝聿铭准确地把握了东馆设计所面临的主要矛盾，这就是新建筑的用地条件与老馆的对称序列间的尴尬局面。扩建用地与老馆同在华盛顿中心绿地的北侧，是西馆以东的一块不规则的直角梯形地段。西馆由波普(John Russell Pope)设计，1941 年建成，是一座对称、布局严谨有序的新古典建筑，被称为"罗马的最后"。从波普 1936 年为西馆所作的几个方案中我们可以看出，不规则地形与建筑对称格局间的矛盾当时也困扰着波普。然而对这一棘手的问题，贝聿铭别出蹊径、妙笔生辉，以一条著名的斜线，为他日后的成功奠定了基础。

"1968 年，我开过一个美术馆会议后回纽约，试图找到一个解决那个有难度地段的办法"，贝对他从华盛顿回程班机上的灵感回忆说，"我在一个信封背面画了一个梯形，我又画了一条对角线，产生了两个三角形：一个给美术馆，另一个给研究中心，这就是开端"。可以说这条对角线是贝氏绝妙的一笔，其妙在用于美术馆的大三角形是个等腰三角形，底边面对西馆，它的对称轴正好是西馆对称序列的延续。小的直角三角形用于研究中心。大小之别使东馆的两大功能主次分明，各得其所。对于产生这条斜线的思路，贝说得很清楚："不管采用何种建筑风格，新的建筑都必须认准老艺术馆的中轴线。你看，这个入口的中轴线和波普建筑的中轴线实际上是排列成行的。从那一点开始，这条线就自成一体了。"这正是东馆设计构思的精华。

其次，东馆的设计年代正值 1966 年文丘里的《建筑的矛盾性与复杂性》一书出版，后现代主义设计思潮流行。对于现代主义建筑的历程，有人将其褒为"成就的最高峰"，有人将其贬为"最后的喘息"。贝的东

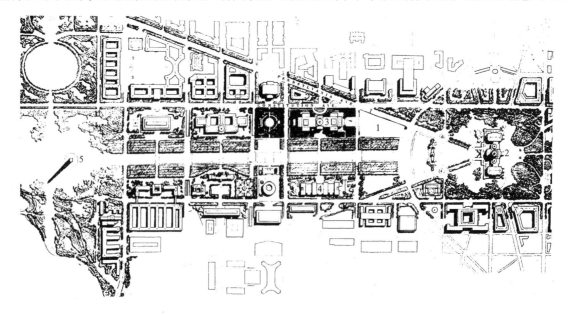

图 15-1 东馆用地位置图

1. 东馆用地；2. 国会大厦；3. 西馆；4. 华盛顿国立航空航天博物馆；5. 华盛顿纪念碑

馆造型既不随后现代主义的潮流,也摒弃了对西馆新古典主义的效仿。它以一个简洁而巨大的 H 形与西馆相对而立,富有雕塑感和纪念性。东馆高度与西馆一致,两馆所用饰面石材均同出于田纳西州矿区,不仅颜色质感,连尺寸也完全相同。这样,贝以二者和谐的手法,使一个典型的现代主义建筑,成功地实现了与新古典主义老建筑间的对话、协调与整体感。

不仅如此,又如华盛顿邮报的建筑评论家本杰明·福格(Benjamin Forgey)所言,"东馆以其壮观的尺度和令人震撼的抽象性,证明自己是一个极为惹人喜爱的纪念碑。"

第三,贝为东馆精心设计了一个巨大的三角形中庭。中庭共 5 层,高达 24.4m,面积 1486m²,为总面积的 1/10 有余。这个中庭是个集散、交通空间。观众从这里既可到达首层各个水平展室,又可经垂直交通与各层展室相联系。横跨中庭的天桥还是连接展室之间的桥梁。观众在中庭和展室间不断流动,变换着视觉环境,从而避免了"博物馆疲劳"的产生。这个中庭还是一个礼仪空间。当时中国副总理邓小平,法国总统密特朗访美时,都曾在这里举行过欢迎集会。贝曾经说:"公众对博物馆的兴趣最近提高得如此之快,使得博物馆变得比'艺术贮藏室'的意义广泛得多,实际上它们已经成为公众聚集的场所"。贝的这番话是20 世纪后期博物馆功能发展变化的写照。博物馆已不再仅仅是珍宝馆,它已成为群众文化生活的重要内容。有人用"人民空间"一词来形容东馆巨大的中庭,这是再恰当不过的了。

从建筑设计的角度来看,中庭顶部完全由三角形天窗所覆盖,室内气氛随光影变化而变化。天窗下悬挂着彩色的动态雕塑,出自大师柯尔德(Alexander Calder)之手。中庭里、天桥上人流来来往往,楼梯上、扶梯里观众上上下下。中庭、展室间的空间流通交错。巨大中庭内天桥凌空横跨。贝为几件固定展品在中庭内精心安排的几处艺术空间熠熠生辉。整个中庭充满着艺术的活力,洋溢着欢快、诱人和轻松的气氛。这个中庭令参观者流连忘返,体现了高档艺术与大众娱乐的结合。贝成功创造的这个积极的动态空间,其本身就是一件精美的建筑艺术展品。尽管有人怀疑这么大的面积用于公共集散和交通功能的必要性,有人批评展室面积太小,中庭难于布置展览……但东馆馆长布朗(Brown)仍认为,这个三角形中庭那种令人眼花缭乱的多种透视效果,很适合 20 世纪的艺术。建筑评论家古柏格林称该中庭的设计凌驾于所有美术馆的中庭之上,是极成功之作。

第四,东西馆之间是第 14 街广场。广场上一圈石墩围成的圆形空间正好以中轴线对称,强化了两馆间的对称序列。圆形空间中不对称地布置着水池、喷泉和几个三角锥体状的玻璃天窗,天窗供地下通道采光之用。这个广场从外部空间上无形地将东西两馆连成整体,封闭广场南北的小树林更加强了它的领域感和整体感。

东西两馆之间由广场下的地下通道联系,通道内人造瀑布的流水声、从玻璃天窗洒下的自然光线都十分迷人。

东馆建成至今已有 20 多年的历史,它在建筑艺术上的成就依然不减当年。

(彩图见实例彩页:实例 15-1,15-2,15-3,15-4)

图 15-2　西馆、东馆之间的第 14 街广场

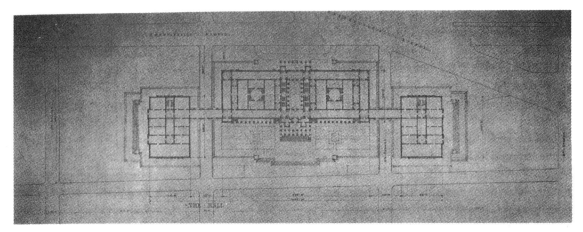

(a) 方案1

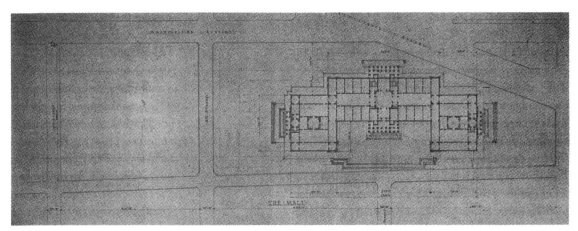

(b) 方案2

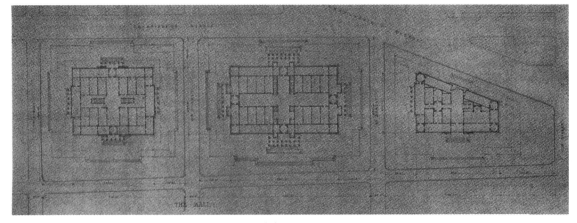

(c) 方案3

图 15-3　波普 1936 年所设计的三个方案

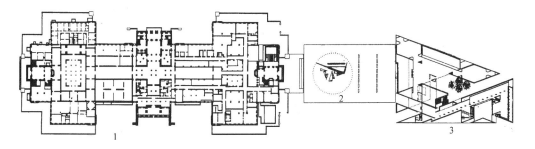

图 15-4　东馆总平面图

1. 西馆;2. 第四街广场;3. 东馆

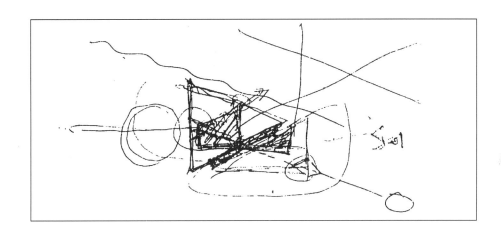

图 15-5　贝聿铭手绘的构思草图

图 15-6　中庭的天窗与活动雕塑

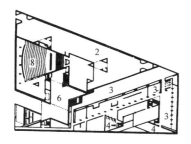

(a) 地下层平面图

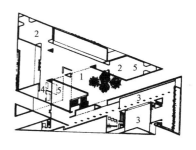

(b) 1层平面图

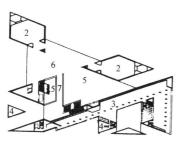

(c) 2层平面图

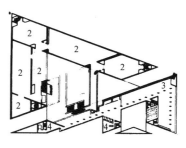

(d) 4层平面图

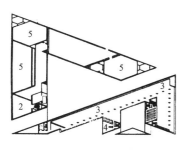

(e) 5层平面图

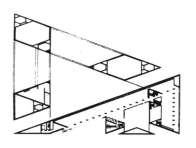

(f) 6层平面图

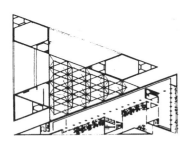

(g) 7层平面图

1. 中庭；
2. 展厅；
3. 研究中心；
4. 后期服务用房；
5. 上空；
6. 过厅；
7. 天桥；
8. 报告厅

图 15-7　东馆各层平面图

16 洛杉矶州立艺术博物馆,美国,洛杉矶,1965~1981

Los Angeles Country Museum of Art, USA

建筑师:威廉·珀里亚(William Pereira)
　　　　　HHPA 事务所(Hardy Holzman Pfeiffer Associates)
　　　　　布鲁斯·高夫和巴特·普瑞斯(Bruce coff & Bart Prince)

　　洛杉矶州立艺术博物馆北面紧邻汉考克公园,东面是斯兴布奇花园与日本花园,有良好的绿化环境。威廉·珀里亚所设计的阿赫马森(Ahmanson)楼、哈蒙(Hammer)楼以及比恩(Bing)中心是由柱廊环绕的三栋复古主义建筑,于 1965 年建成。三栋建筑相对独立,形象各异,缺少和谐,但共同围合成一广场。博物馆的扩建工作 1981 年由 HHPA 事务所完成。所扩建的安德森(Anderson)大楼用于展出 20 世纪的现代艺术作品,并部分用于办公。

　　HHPA 事务所作的扩建设计是成功的,他以新建筑来遮盖不和谐的老建筑,并重新组织老建筑之间,老建筑与新建筑之间的关系,为建筑群创造出一种全新的艺术形象和人情化的外部空间环境效果。

　　安德森新楼共 10700m²。建筑北半部插入原有广场中央。南半部突出于原有建筑群之外,同时尽量增加南立面的宽度。这样,91.5m 长,30.5m 高的新楼遮盖、取代了原有建筑。新楼主立面用有明尼苏达浅黄色的石灰石间以绿色赤陶的横线条装饰,加之带形玻璃窗,创造了全新的现代建筑形象。

　　新楼南立面开有一个大门洞,观众由此进入新老建筑间的环形空间。这是一个半开敞的空间,全部由玻璃顶所覆盖。东环作为入口通道,一排整齐的柱列具有极强的导向性,顺着柱列东侧层层下跌的条形水池更增加了它的方向感,将人流引向入口广场。西环也可供人流出入。北环作为建筑的入口广场,空间比较宽大开阔,观众由此进入各展馆之中。入口广场中设有售票处、问询处、室外茶座,还穿插着展馆间的空中连廊和高大绿树。空间丰富,形象生动,充满人情味。

　　其后,于建筑群东北部还增建了一座日本艺术馆,它造型独特,并用一种半透明石材作外墙,室内扑朔迷离的光影效果营造出东方文化的神秘氛围。日本馆由布鲁斯·高夫设计,他死后巴特·普瑞斯将其完成。

　　(彩图见实例彩页:实例 16-1,16-2,16-3)

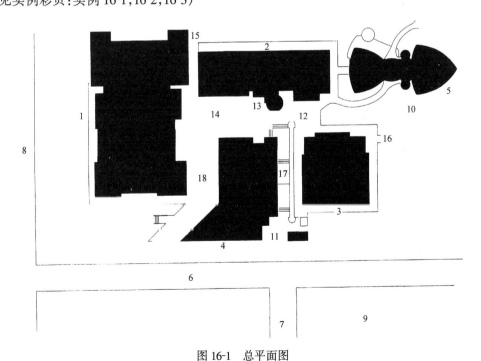

图 16-1　总平面图

1. 阿赫马森楼;2. 哈蒙楼;3. 比恩中心;4. 安德森楼;5. 日本艺术馆;6. 威尔逊大街;7. 斯帕尔丁大道;8. 奥格登车道;
9. 公共公园;10. 日本花园;11. 主入口;12. 售票处;13. 问讯处;14. 入口广场;15. 自汉考克公园的入口;
16. 通向花园的坡道;17. 东环;18. 西环

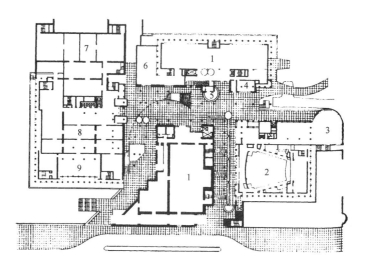

(a) 广场层平面

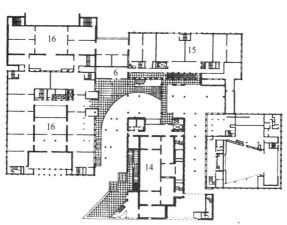

(b) 3层平面

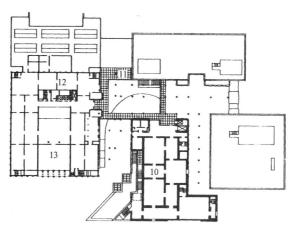

(c) 4层平面

图 16-2 各层平面图

1. 临时展厅；2. 剧场；3. 餐厅；4. 售票处；5. 咨询处；6. 博物馆商店；7. 装饰艺术；
8. 美国艺术；9. 前哥伦比亚艺术；10. 1945 年前的现代艺术；11. 会员休息处；
12. 印第安艺术；13. 远东艺术；14. 1945 年后的现代艺术；15. 欧洲绘画和哈蒙
的收藏品；16. 欧洲艺术

图 16-3　中央庭院内的问询处和连接安德森楼与哈蒙楼的天桥

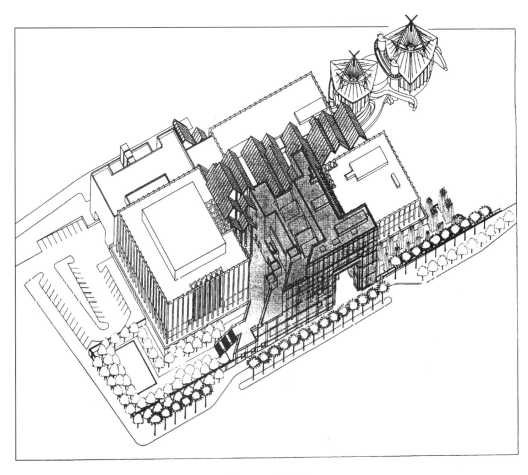

图 16-4　轴侧图

17 巴尔的摩国家水族馆,美国,巴尔的摩,1981
National Aquarium in Baltimore, USA

建筑师:坎布里奇七人组(Cambridge Seven)

巴尔的摩是美国东海岸切萨皮克湾畔的内港城市。

巴尔的摩国家水族馆设备先进,规模宏大,建筑面积 14864m²,共 7 层,每年要接待来自世界各地的 140 多万游客。国家水族馆坐落在一个伸入内港的长条形码头上。三个漂亮的锥形玻璃屋顶覆盖在水族馆顶部,高低错落。锥顶的玻璃反映着港湾的蓝天流云,使水族馆活泼、轻快,充满动感,自港湾望去,让人联想到飘浮在水面的帆船。在巴尔的摩港湾富有活力的旅游环境中,这座水上"宫殿"已成为内港的水上景观。

在用彩旗点缀的馆前广场上,售票处设在一片张拉的白色帐篷下。为了避免地下水位的影响,各种辅助设施布置在广场层及夹层上。水族馆的展厅从它们的上面开始。三个玻璃锥形屋顶对应着水族馆的三个主要的功能区。最小的锥形顶下是入口区,在开敞的空间里,一部自动扶梯将观众从广场导向入口。最高的锥顶布置在水族馆主展区上方,锥顶里有一片模拟的热带雨林。第三个锥顶覆盖着一座环形剧场,供观看海豚表演用。

主展区又分成三部分。一个是 4 层高的中庭展廊,一个是卵形筒状展厅,以及第 5 层的模拟热带雨林。参观路线由平面图中的单行箭头标出。参观游览从进入中庭后开始。观众自中庭而上,到达热带雨林后再经筒状展厅向下循环。

海豚池设计在中庭底部,池里有追逐嬉戏的海豚和各种无脊椎海洋生物,孩子们还可在池边体验捕捉它们的乐趣。这里播放着海洋世界的自然声响,灯光微弱。中庭四周闪烁不定的微光、海豚池内的水底照明、环形池壁的波浪形霓虹灯,使这个洞穴般的中庭像万花筒一样充满神秘和趣味。中庭上空跨越着交叉的天桥,天桥上的自动传送带将观众带到中庭周围的展廊。

在顶层的模拟热带雨林中,不仅种类繁多的动植物让人一饱眼福,观众还可从这里俯瞰城市和海港的全景。

参观完模拟热带雨林之后,沿筒状展厅中心的坡道而下,观众可在行进中欣赏筒状水槽中色彩鲜艳的珊瑚礁,穿梭其间的五光十色的热带鱼。下层筒槽内还有大鲨鱼在游来游去。

水族馆里共有 4000 多件展品,参观游览在观看海豚表演的高潮中结束。

这座水族馆与一般通过玻璃容器观察海洋生物的水族馆不同,建筑师将丰富多变的空间、上下循环空中跨越的参观路线、扑朔迷离的灯光、海洋世界的自然音响以及生动有趣的展品巧妙地组织在一起,为观众提供了一次充满魅力的海洋游览经历。

(彩图见实例彩页:实例 17-1、17-2)

图 17-1 锥形玻璃顶下通向入口的自动扶梯

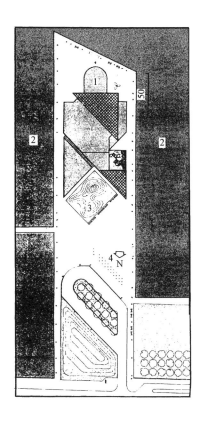

图 17-2　总平面图

1. 水族馆；2. 港湾；3. 帐篷；4. 旗杆

图 17-3　展厅室内

图 17-4　环形剧场室内

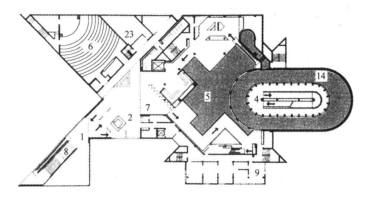

(a) 入口层平面图

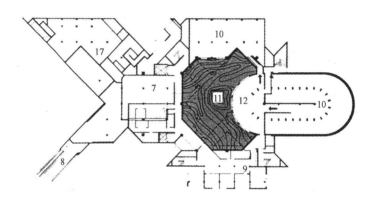

(b) 夹层平面图

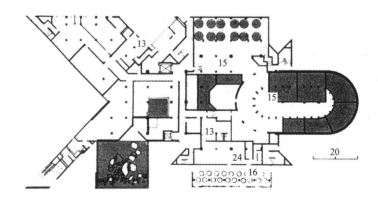

(c) 广场层平面图

图 17-5　各层平面图(一)

272

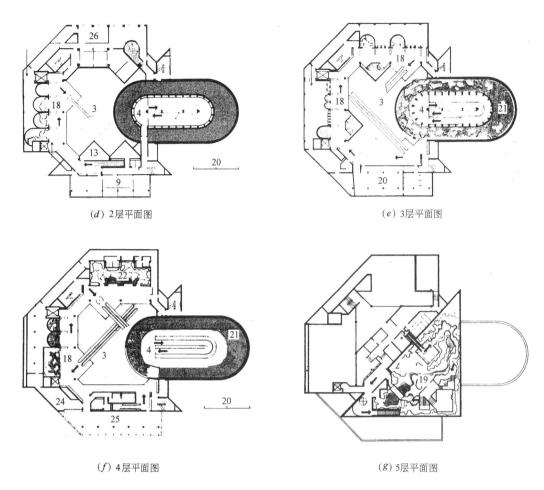

(d) 2层平面图

(e) 3层平面图

(f) 4层平面图

(g) 5层平面图

图 17-5　各层平面图(二)

1. 入口;2. 门厅;3. 中庭;4. 卵形筒状展厅;5. 海豚池;6. 环形剧场;7. 礼品店;8. 自动扶梯;9. 办公;10. 过滤装置上空;
11. 海豚池下部;12. 海豚观察处;13. 贮藏;14. 鲨鱼槽;15. 压力过滤装置;16. 码头餐厅;17. 上空;18. 展廊;19. 模
拟热带雨林;20. 小剧场;21. 珊瑚礁;22. 儿童小海湾;23. 机械;24. 厨房;25. 海港咖啡座;26. 实验室

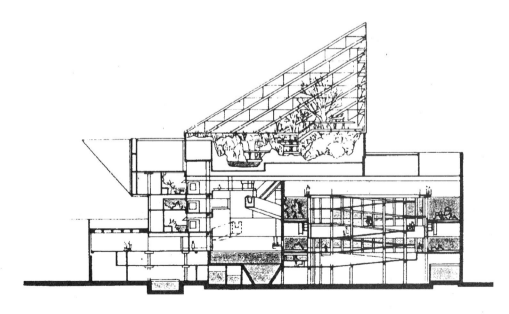

图 17-6　剖面图

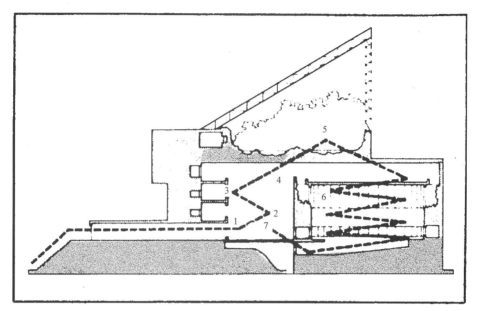

图 17-7　参观流线示意图

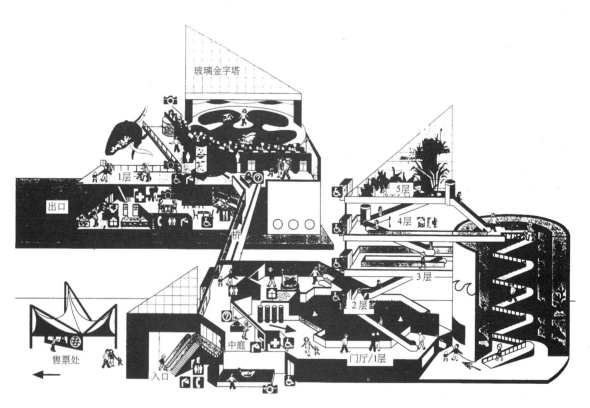

图 17-8　内部空间示意图

18 亚特兰大高级美术馆，美国，亚特兰大，1980～1983
High Museum of Art, Atlanta, USA

建筑师：理查德·迈耶（Richard Meier）

亚特兰大高级美术馆坐落在亚特兰大中部，桃树街西侧的一片缓坡上。南面与亚特兰大纪念艺术中心相邻，北面同第一长老会教堂隔街相望。建筑面积 12077m²，其中展览面积 4830m²。

建筑由几何形体组成。3个立方体紧贴在一个1/4圆柱体的两条直角边上。圆柱体内是建筑的中庭，共4层高。在中庭的玻璃屋顶上，整齐地排列着放射形的格构梁架。3个立方体内，除底层与首层用作行政服务用房外，2至4层均为展室。另一个立方体在平面上旋转了45°，单独布置在靠近入口处，用作多功能讲堂。它在2层以天桥与中庭相连系。

建筑入口的设计具有戏剧性。一条坡状引桥将人流导向入口，引桥中段的一处门架，暗示已进入博物馆的领域。引桥并非直接指向入口，而入口比较含蓄地布置在引桥的东部。观众首先进入一个呈钢琴曲线的门厅，由此向西，豁然开朗，进入中庭。

中庭内，沿圆弧边的一座双跑坡道是联系各层的垂直交通。双跑坡段之间的一片弧墙既作为坡道的结构支撑，弧墙上有韵律的开洞，又使沿坡道上下的人流不会感到行进的枯燥。

迈耶设计的这个中庭比赖特古根海姆美术馆展廊螺旋形上升的中庭有较大的改进。它的双跑坡道顺着中庭的弧边上升，与环绕中庭的水平通道相连，通道上布置了少量展品，观众由通道出出进进毗邻的展室。坡道、通道、展室分工明确，相互独立，为观众提供了良好的观赏环境。虽然，庞大明亮的中庭不陈列任何展品，显得有些空旷，然而中庭以其自身特色成了一个建筑展品。

这座博物馆是白色派建筑师迈耶的代表作之一。建筑外墙由白色搪瓷面板装饰，典雅的廊架在白色墙面上留下生动的光影。建筑造型丰富，抬高入口的处理使建筑仿佛坐落在一个基座之上，显得高雅、纯粹、富于纪念性。

（彩图见实例彩页：实例18-1，18-2，18-3）

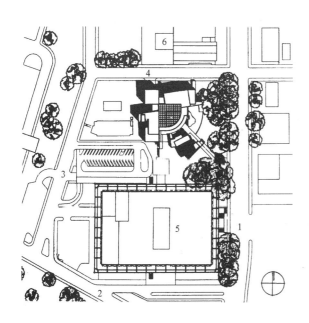

图 18-1　总平面图

1. 桃树街；2. 第15街；3. 伦巴第街；4. 第16街；

5. 亚特兰大纪念艺术中心；6. 第一长老会教堂

图 18-2　中庭室内的坡道和双跑坡段间的弧墙

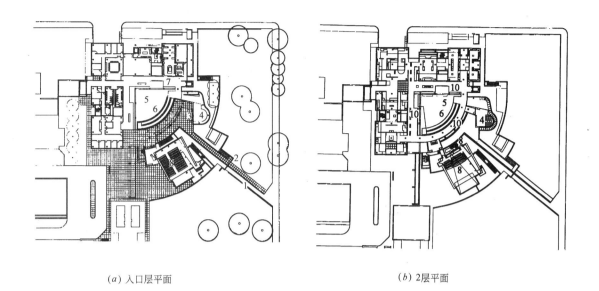

(a) 入口层平面   (b) 2层平面

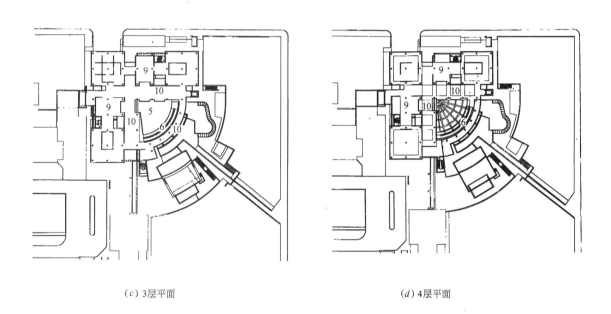

(c) 3层平面   (d) 4层平面

图 18-3 平面图

1. 引桥; 2. 门架; 3. 入口; 4. 门厅; 5. 中庭; 6. 坡道; 7. 展廊; 8. 讲堂; 9. 展厅; 10. 水平通道

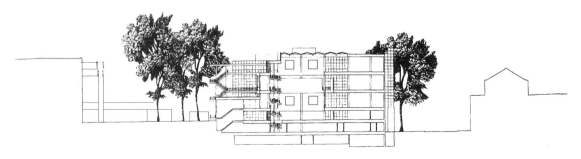

图 18-4 面朝西穿过中庭的剖面图

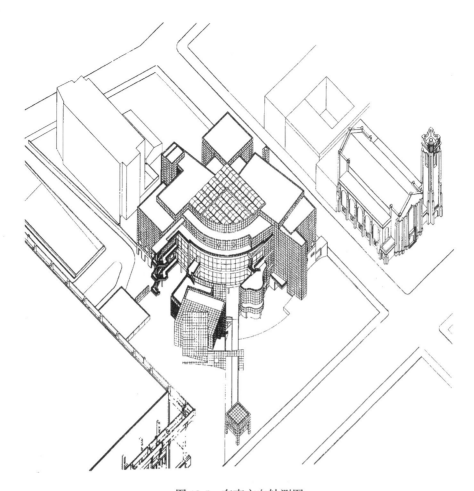

图 18-5　东南方向轴测图

图 18-6　环绕中庭的水平通道及通道上的展品

坐落在纽约第53街的纽约现代艺术博物馆始建于1939年，由菲利普·古德温（Philip Goodwin）和爱德华·斯东（Edward Durell Stone）所设计。作为现代建筑的代表，它在西方现代建筑史中占有一席之地，也是美国美术界的聚会场所。20世纪60年代菲利普·约翰逊（Philip Johnson）扩建了老馆的东西两翼和楼后的雕塑庭园。1983年西萨·佩里再次成功地完成了老馆的扩建与改建。

西萨·佩里的成功，主要在以下几方面。首先，他将约翰逊所扩建的西翼拆除，在这里加建56层高的博物馆公寓大楼。这样既维持了老馆的主立面，又保留了雕塑庭园的空间。

第二，他在老馆门厅与雕塑庭园之间，扩建了一处自动扶梯厅——"圆厅"。观众一进入口，就可透过"圆厅"的玻璃幕墙，欣赏雕塑庭园和曼哈顿的摩天大楼。而且沿着幕墙布置的自动扶梯，还为上下扶梯的观众提供了动态观赏雕塑庭园的情趣。

第三，老馆作为现代建筑的代表，西萨·佩里保留了它"国际式"的外观。约翰逊扩建时以东西翼深色玻璃幕墙衬托中部浅色老馆的手法也被沿用下来。在模数、尺度、横竖关系上都与老馆取得一致。这样，新馆、老馆不仅有机地融合在一起，而且还保持了人们所喜爱和熟悉的老面孔。

（彩图见实例彩页：实例19-1，19-2，19-3）

图19-1　纽约现代艺术博物馆外观

图19-2　自动扶梯厅室内

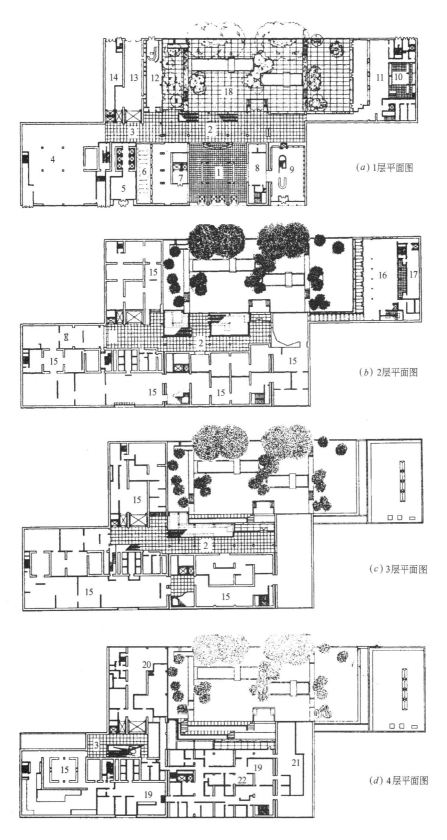

图 19-3　平面图

1. 门厅；2. 自动扶梯厅；3. 电梯厅；4. 临时展厅；5. 塔楼门厅；6. 存衣；7. 内部出入口；8. 售品部；
9. 书店；10. 自助餐厅；11. 对外餐厅；12. 接待；13. 美术馆运输通道；14. 塔楼运输通道；15. 展厅；
16. 会员餐厅；17. 配餐；18. 雕塑庭院；19. 研究中心；20. 整修车间；21. 藏品库；22. 贮存

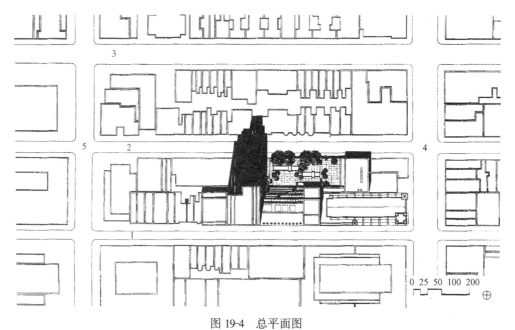

图 19-4 总平面图

1. 第53街；2. 第54街；3. 第55街；4. 第5大道；5. 美洲大道

图 19-5 雕塑庭园

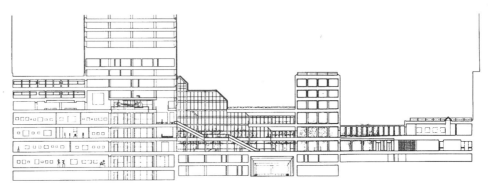

图 19-6 纵剖面图

20 洛杉矶现代艺术博物馆，美国，洛杉矶，1981～1986
Museum of Contemporary Art, Los Angeles, USA

建筑师：矶崎新（Arata Isozaki）

1979年洛杉矶一些年轻艺术家、建筑师、收藏家组成的委员会要求市长建立这个艺术博物馆。但是好事多磨，设计经历了不断反复的艰难历程。最初，加拿大建筑师埃里克森在竞赛中获奖，但他的方案却遭到委员会的拒绝。其后又邀请日本建筑师矶崎新设计。然而，矶崎新与委员会之间也逐渐产生了分歧。由于委员会的反对，矶崎新一轮一轮地共提出了36个方案。最后由于委托人与公众对委员会的指责，这一方案才得以采纳。

洛杉矶现代艺术博物馆坐落于"加州广场"上。建筑面积9060m²，其中2600m²用于展出。建设地段西侧是一条架高的大道，它与博物馆用地间形成高差，用地北侧的街道由高架桥下穿过。矶崎新的方案成功地处理了这一高差矛盾。

建筑分成南、北、中三部分，中部屋顶作为入口广场，标高与高架道路相平。入口广场向东是一片南北走向的屋顶花园。从这里拾级而下可抵达北侧街道。自北侧街道望去，建筑看似坐落在一个高高的基座之上。观众在入口广场一片白色曲墙的引导下，进入一处下沉式广场，博物馆不起眼的入口就布置在这里。

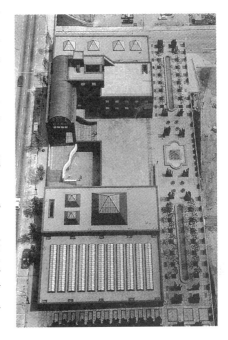

图 20-1　建筑鸟瞰全景

博物馆的展室布置在门厅的南、北两侧，二层高的空间，顶部由金字塔形和长条形的天窗采光。从入口广场还可直接进入广场北部四层高的办公楼。地下2层除一座观众厅外，其余都是服务设施。矶崎新写道："展示室以涡卷状的回路形式构成，意在为艺术品提供一个非分散式的背景。房间的各种尺度、比例，光线的微妙变化，为观众提供了一个可感受的、受到严格控制的视觉环境"[1]。

建筑由三角形、圆形、正方形等最基本的几何原形组成，形象简洁而明确，体块组织既丰富又有序。矶崎新在博物馆图片展的目录册上题词说："西方的黄金分割比是一种空间划分的方法，东方的阴阳图说也是分割空间的方法，我两者皆崇"。他还说："在一个天井式的小庭院的两边安排了若干纯正方形平面的建筑体块，并将它们划分成为黄金分割比；在同一空间上两个相对且反向旋转的形态是阴阳图说的永恒反映"[2]。

建筑以印度产的土红色石材为饰面，衬以洛杉矶湛蓝色的晴朗天空，犹如人工、自然的美妙对话。

（彩图见实例彩页：实例20-1,20-2,20-3）

图 20-2　西北侧外观

---

❶ 矶崎新·矶崎新主要作品30题·自注·见：罗瑞阳译·世界建筑，1993（1）：58
❷ 邱秀文等编译·矶崎新（国外著名建筑师丛书第二辑）·北京：中国建筑工业出版社，1990

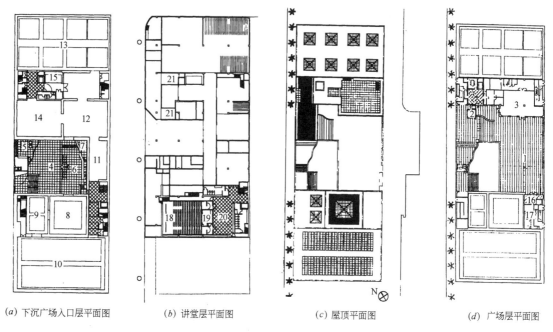

(a) 下沉广场入口层平面图　　(b) 讲堂层平面图　　(c) 屋顶平面图　　(d) 广场层平面图

图 20-3　各层平面图

1. 入口广场;2. 售票处;3. 书店;4. 下沉式广场;5. 咖啡;6. 门厅;7. 问讯衣帽;8. 展厅 A;9. 展厅 B;10. 南展厅;11. 展厅 C;
12. 展厅 D;13. 北展厅;14. 展厅 E;15. 艺术品电梯;16. 伤残人入口;17. 接待;18. 讲堂;19. 控制室;20. 电视;21. 机械室

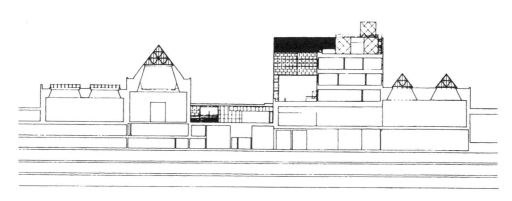

图 20-4　南北向剖面图

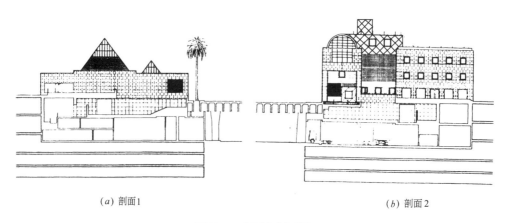

(a) 剖面1　　　　　　　　　　　　　　(b) 剖面2

图 20-5　东西向剖面图

休斯敦曼尼尔博物馆,美国,休斯敦,1981~1986
Menil Museum, Houston, USA
建筑师:伦佐·皮阿诺(Renzo Piano)

曼尼尔夫妇精心收藏了大量的超现实主义与非洲原始艺术藏品,该博物馆就是为了收藏和展出这些艺术品而兴建的。在蓬皮杜文化中心艺术馆馆长的推荐下,皮阿诺承担了博物馆的设计工作。

曼尼尔博物馆建在休斯敦的"曼尼尔带"之中,这是一片属于曼尼尔家族的19世纪带游廊的小住宅。曼尼尔夫人要求博物馆要大中见小,既能存放其丰富的收藏,又要与"曼尼尔带"的人文环境融为一体;要求博物馆功能合理,展品要轮换展出便于观众欣赏;要求博物馆看似庄严,但绝非纪念碑;要求观众能领略到变幻不定的自然光线为展品带来的微妙感受。皮阿诺在设计中充分展示了他的天才,他不仅极有创造性地满足了业主的要求,又使这座博物馆气质非凡,堪称建筑艺术的杰作。

为了减少博物馆的体量,与周围"邻居"相配,建筑以1层为主,局部2层,总高15.6m。1层平面是个54m×150m的长方形,一条走道横贯东西。走道以北为展室,以南是图书馆、办公及工作间等内部用房。内部用房上方的局部2层用作珍品库。设备用房、库房及作业室布置在地下室内。整个建筑布局合理,使用方便。

为了精心设计博物馆的采光系统,皮阿诺与曼尼尔夫人参观了世界上几个纬度、日照与休斯敦大致相同的博物馆。皮阿诺的助手们与藏品睡在一起,体验阳光对艺术品产生的魅力。皮阿诺与Ove Arup工程事务所合作,成功地设计了一个"阳光天棚"。阳光从玻璃屋顶上射下来,屋顶下的球墨铸铁构件上,悬吊着上百片钢筋混凝土叶片。光经过叶片多次反射与折射,滤掉紫外线,清澈而生动地照射到室内。每个展厅都沐浴在晴朗闪烁的光线之中。叶片造型非常优美,形成第一座"阳光博物馆"。

"光栅"的叶片还延伸到室外,在建筑四周形成一圈带柱的白色敞廊。预制的叶片装饰性极强,赋予建筑一种庄严的韵律美。整栋建筑尺度亲切宜人,白色钢结构框架间的灰色木质外墙与周围环境协调一致,犹如充满乡村风味的文化村。该博物馆被称之为软高技派的作品。

(彩图见实例彩页:实例21-1,21-2,21-3)

图21-1 外观

图21-2 展室室内

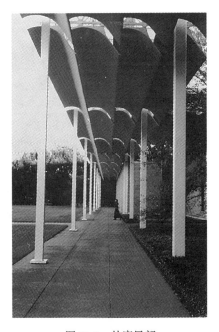

图21-3 外廊局部

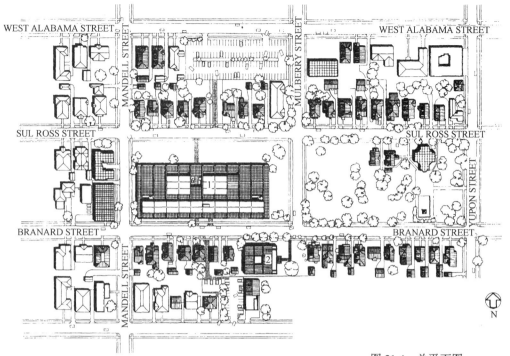

图 21-4　总平面图
1. 曼尼尔博物馆；2. 曼尼尔博物馆加建

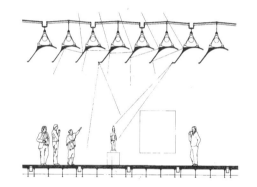

图 21-5　屋顶构造图

图 21-6　局部外观

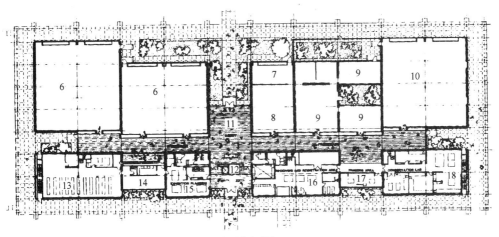

（a）1层平面图

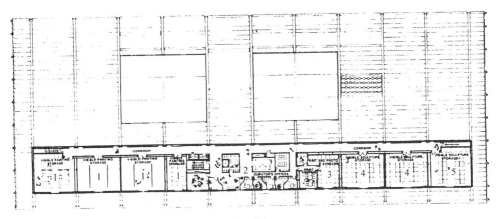

（b）2层平面图

图 21-7　各层平面图

1. 画品库;2. 办公室;3. 画品及相片库;4. 雕塑品库;5. 服装及雕塑品库;6. 当代艺术展室;7. 绘画展室;
8. 世界文化展室;9. 远古艺术展室;10. 现代绘画及雕塑展室;11. 门厅;12. 工作人员入口;13. 图书馆;
14. 工作人员休息室;15. 陈列设计;16. 验收;17. 框架贮存;18. 工作间

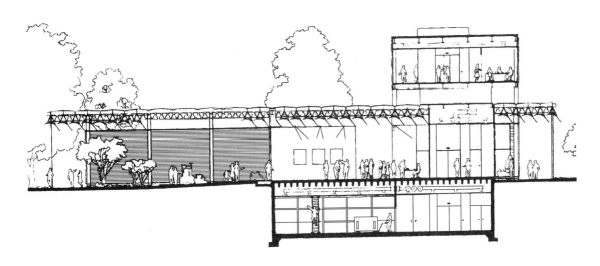

图 21-8　剖面图

22 休斯敦曼尼尔博物馆加建，美国，休斯敦，1992~1995
Menil Museum annex, Houston, USA
建筑师: *伦佐·皮阿诺*（Renzo Piano）

1992年曼尼尔夫人再次邀请皮阿诺为曼尼尔博物馆设计一座附加建筑,用以展出美国抽象派画家 Cy Twombly 的作品。附加建筑位于曼尼尔博物馆路南的小住宅群中。面积为835m²。附加建筑外墙以人造石装饰,立面与主馆不同,但它宜人的尺度仍然与周围建筑配合默契,环境共享。

这幢建筑最成功之处依然是它极具特色的采光系统。这是皮阿诺与 Ove Arup 工程事务所又一次成功的合作。他们通过计算机,模拟休斯敦阳光的强度与变化,对建筑模型进行试验。其目的是为寻找一种屋顶形式,它能将阳光减弱至适当强度,又保持其自然本色不变。

图 22-1 博物馆加建部分东侧外观

新的屋顶共分五层,如图所示。最上1层为固定百叶。第2层是安装固定百叶的格栅状钢篷架。第三层为装有能过滤紫外线的玻璃天窗。第四层是可调节的百叶。第五层是半透明状的织物顶棚。皮阿诺说这种织物顶棚,代表供艺术家创作的空白画布。这个可操作的屋顶对阳光产生多次反射,滤去紫外线,为展室提供适当的自然光照,被称为"阳光机"。

该建筑的平面很简单,展区是个正方形,分成八块,每块是一个展室。墙面不开窗,方便悬挂展品。空调设备都安放在木地板之下。

（彩图见实例彩页:实例21-1）

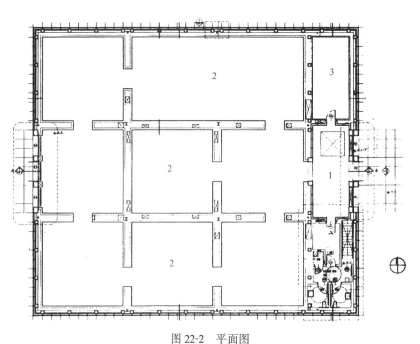

图 22-2 平面图
1. 门厅;2. 展厅;3. 档案室

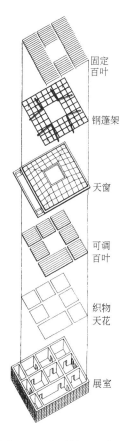

固定百叶
钢篷架
天窗
可调百叶
织物天花
展室

图 22-3 屋顶做法示意图

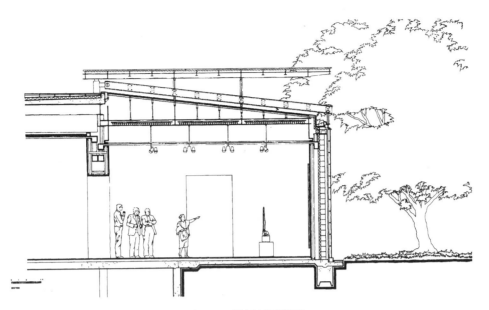

图 22-4　展厅剖面详图

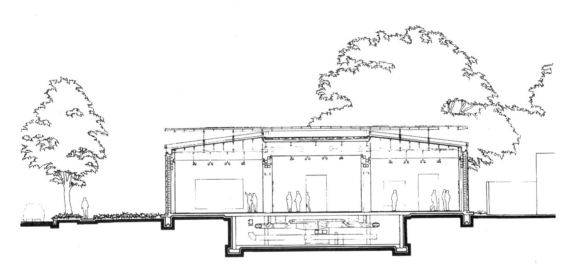

图 22-5　剖面图

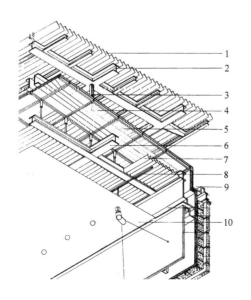

图 22-6　屋顶构造详图

1.固定百叶;2.格栅状钢篷架;3.篷架支撑;4.
经双层镀膜处理的过滤紫外线的玻璃;5.经加
热处理和双层镀膜处理的过滤紫外线玻璃;6.
钢格栅;7.可调节的百叶;8.安装照明设备的轨
道;9.天沟;10.织物天花

23

埃默里大学迈克尔·卡洛斯博物馆，美国，亚特兰大，1990
Michael C·Carlos Museum in Emory University, Atlanta, USA

建筑师：格雷夫斯（Michael Graves）

迈克尔·卡洛斯博物馆位于埃默里大学校园中心主庭园的南侧，是埃默里艺术和考古博物馆的扩建部分，建筑面积3252m²。老馆是一座历史性建筑，由霍恩包斯特（Hornbostel）于1916年设计，1985年由格雷夫斯进行了修复。扩建后的博物馆与东侧另一建筑几乎连成一片，他们共同形成校园建筑群的背景。建设地段北高南低，建筑因地制宜南北形成高差，各有相对独立的入口。建筑东侧有一条开敞的通道，通道内层层下跌的台阶使中心主庭园和南入口、建筑南侧的圆弧形广场与北入口相互联系。

新馆平面大体对称。观众从庭园层主入口进入门厅后，经一圆形进厅可到达

图23-1　新馆南立面外观

周围展出古代艺术的固定展厅。主入口的东西两侧对称地布置了一对室外楼梯，观众也可从这里直抵上层门厅。由此经一长方形进厅再进入报告厅、咖啡厅及临时展厅。各个展厅因形式与色彩不同而各具特色，藉以强化对艺术品的表现力。在1985年的修复和1990年的扩建中，楼地板都沿袭了霍恩包斯特的传统作法。地板上呈现出与展品来自同一文化或同一艺术创作阶段的重要建筑的平面或总平面图，用以强化这所大学博物馆的教学性。

新馆在体量、比例、细部、色彩等方面都与邻近建筑的文脉相协调。甚至大理石墙面的选材都与老建筑相同。

北立面二层入口的一圈柱子是格雷夫斯常用的建筑语言。正如他自己所说："……我一直在提倡'隐喻的建筑'……我试图在更大的调色板上做设计，将可识别的、传统的建筑语言重新措词，同时也吸收现代建筑的布局经验。我的建筑因而以清新的眼光看待古典主义和现代主义，因为两者都包含了构成我们这个时代文化的种种隐喻"❶。

（彩图见实例彩页：实例23-1，23-2）

图23-2　古埃及展厅室内

---

❶　世界建筑导报社·大师足迹（世界大师系列丛书）·百通集团、中国建筑工业出版社，1998

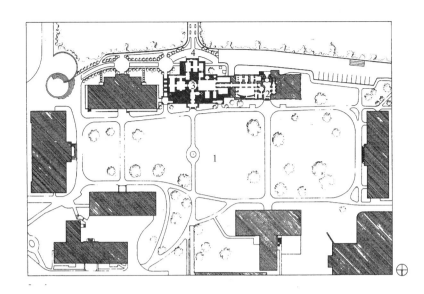

图 23-3 总平面图
1. 中心主庭园；2. 1982～1984 年修复的霍恩色斯特楼；3. 1990～1993 年的扩建部分；4. 南入口广场

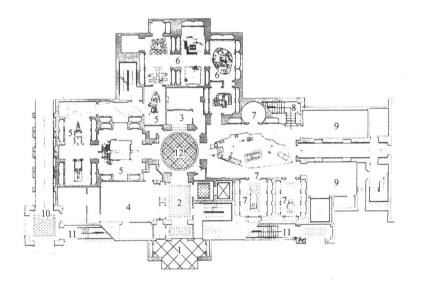

图 23-4 新馆庭园标高层平面图
1. 博物馆入口；2. 门厅；3. 接待、存衣；4. 博物馆商店；5. 古埃及展厅；6. 古代近东展厅；7. 古代经典画廊；8. 楼梯；9. 短期展览展厅；10. 通往广场的室外楼梯；11. 通往上层门厅的室外楼梯；12. 圆形进厅

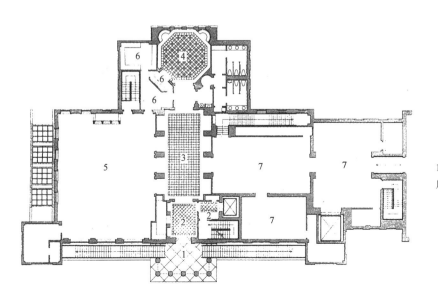

图 23-5 新馆上层平面图
1. 阳台；2. 上层门厅；3. 长方形进厅；4. 咖啡厅；5. 接待厅、报告厅；6. 咖啡间；7. 临时展厅

24

华盛顿大屠杀纪念博物馆, 美国, 华盛顿特区, 1993
United States Holocaust Memorial Museum, Washington D.C, USA

建筑师:詹姆斯·英格·弗瑞德(James Ingo Freed)

华盛顿大屠杀纪念博物馆是为纪念二战期间在纳粹集中营中所遇难的 600 万犹太人的。设计这所博物馆的美国建筑师詹姆斯·英格·弗瑞德(James Ingo Freed)就出身于一个犹太家庭,二战期间为逃避纳粹的迫害而举家迁居美国。为了更深入地了解大屠杀的历史,获得创作的灵感,在接受这项设计之后,弗瑞德与博物馆的原董事阿瑟·罗申伯莱特(Arthur Rosenblatt)一起参观了波兰、奥地利和德国的死亡集中营。那些集中营中的毒气室、焚尸炉技术先进,做工考究,还标注着制造者的名字,反映着人类人性扭曲的丑恶历史。弗瑞德所设计的这座纪念博物馆以一种扭曲的、不均衡的、压抑的、象征的和宁静的建筑美与博物馆的展出融为一体,扣人心弦地表达了对这一历史事实形象的写照,表达了对死难者深深的纪念和哀悼,以及对后人的教育与启示。

该博物馆坐落在华盛顿国家博物馆特区的西南角,位于 14 街与 15 街之间。主入口朝东,在 14 街上。博物馆北侧的奥地特大楼建于 1879 年,是座红砖墙、四坡顶的维多利亚时代建筑。南侧的出版印刷局由石灰石饰面,具有新古典主义风格。为了与左邻右舍的环境协调,博物馆的主立面以及与出版印刷局相邻的外墙都用石灰石装饰。主入口处以简化的弧形柱廊和檐口装饰线脚体现出一种古典风格。北立面的红砖墙和四坡顶又与奥地特大楼相呼应。整幢建筑与周围环境和谐共处。同时,这幢博物馆是一座纪念历史事件的建筑,它的主立面对称布局,庄重简洁,具有强烈的纪念性。4 座 5 层高的砖塔唤起人们对集中营守卫塔的回忆。它的外观以形象的建筑语言,暗示了所纪念的主题。观众从平静的华盛顿林荫道进馆后,博物馆的建筑艺术与无声展出的交融配合,引导他们逐渐进入追忆、纪念、反思这段惨痛历史的角色。

主入口两侧的墙面上镶嵌着集中营里犹

图 24-1 博物馆鸟瞰图

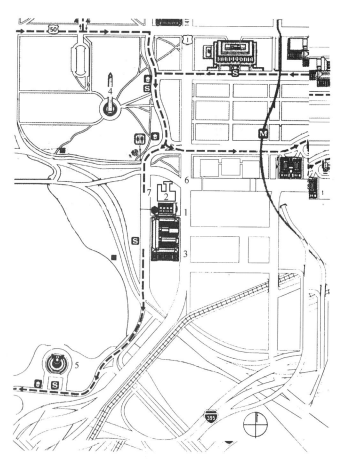

图 24-2 总平面图

1. 华盛顿大屠杀纪念博物馆;2. 奥地特大楼;3. 出版印刷局;4. 华盛顿纪念碑;5. 杰弗逊纪念堂;6. 第 14 街;7. 第 15 街

太难民的相片。骨瘦如柴、衣衫褴褛、目光痛苦、求生、无助、愤怒的神态惨不忍睹。进入主入口圆弧形的片墙之后,建筑物左右两个分开的入口隐喻着进入集中营时,男女分开,家庭拆散的情景。博物馆的中心是见证大厅,共3层高,展室及其他用房布置在它的周围。弗瑞德称它是"记忆的共鸣器,反省的舞台,而不仅仅是一连串特殊的建筑隐喻"。见证大厅呈长方形,一条13°的斜轴线纵贯其间。钢屋架上的玻璃天窗沿着这条斜线布置,向上向下的楼梯紧贴着斜轴线分开,花岗岩地面也被这条轴线上的玻璃地砖一分为二。玻璃地砖为地下室提供了一条斜向的采光带,地下室功能以光带为界划分主次。见证大厅的南北两侧是八座土红色砖塔,钢箍的门洞、角钢门扇都让人联想到集中营的焚尸炉。百叶窗后的探照灯,透过大厅玻璃钢架屋顶看到横跨其上的天桥,给人以被监视的感受。见证大厅内没有布置任何展品,它以给人对集中营产生联想的形态;它用集中营惯用的建材——钢与红砖;它沿斜轴线的天窗落在地面的光影支离破碎,这一切让人体验到一种不均衡和扭曲,一种压抑和紧张。观众在围绕见证大厅往复循环的参观过程中,共鸣与反省的感受也随之不断强化。

从见证大厅进入电梯厅,电梯厢内所播放的历史记录片和录音就开始让观众的心情难以平静。展出从4楼开始,按时间顺序向下排列,共3层。这里有重建的奥斯维新集中营的营房,有被毁灭的犹太城市的历史照片,有当年运送犹太人到集中营的车厢。在这里可以提取与观众性别年龄相当的受难者的材料,还可以点听二战时相关的历史录音。当参观集中营内犹太人的营房时,房间内的猫叫声、切菜声、小孩儿哭声让观众仿佛身临其境。展出从各个角度向人们显示大屠杀的恐怖,启发人们的共鸣与反省。观众最后到达缅怀大厅。大厅呈正六边形,厅内没有任何展品,空旷中充满着庄严与肃穆。宁静中一簇火焰表达着人们对死者的悼念与沉思。

这所博物馆的设计,以其建筑所产生的形态效应与展出内容的交融配合,使人重温历史情节,升华精神感受,成功地起到了震撼人心的纪念效果。

(彩图见实例彩页:实例24-1,24-2,24-3)

图24-3　弗瑞德的构思草图

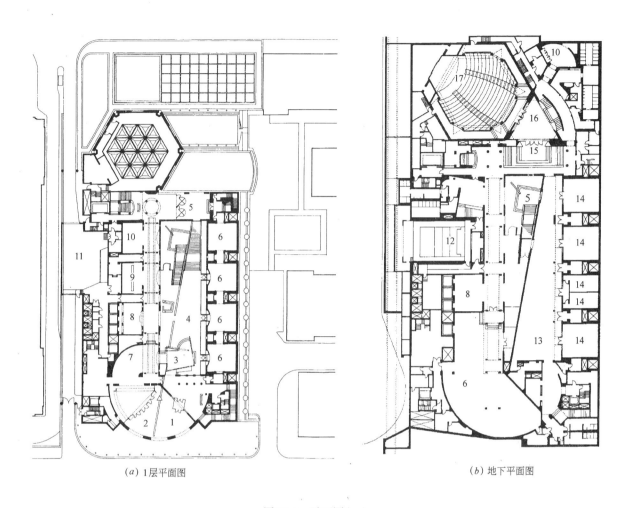

(a) 1层平面图　　　　　　　　　　　(b) 地下平面图

图 24-4　平面图 (一)

1. 团体入口; 2. 东入口; 3. 展示台; 4. 见证厅; 5. 西入口; 6. 临时展场; 7. 国旗大厅; 8. 电梯厅; 9. 衣帽间; 10. 休息室;
11. 装卸台; 12. 电影院; 13. 教育及会议中心; 14. 教室; 15. 剧院入口; 16. 剧院前厅; 17. 缅怀厅剧院

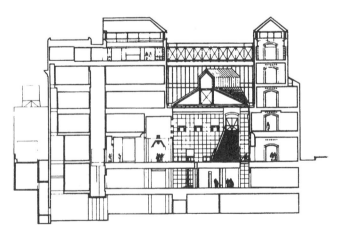

图 24-5　剖面图

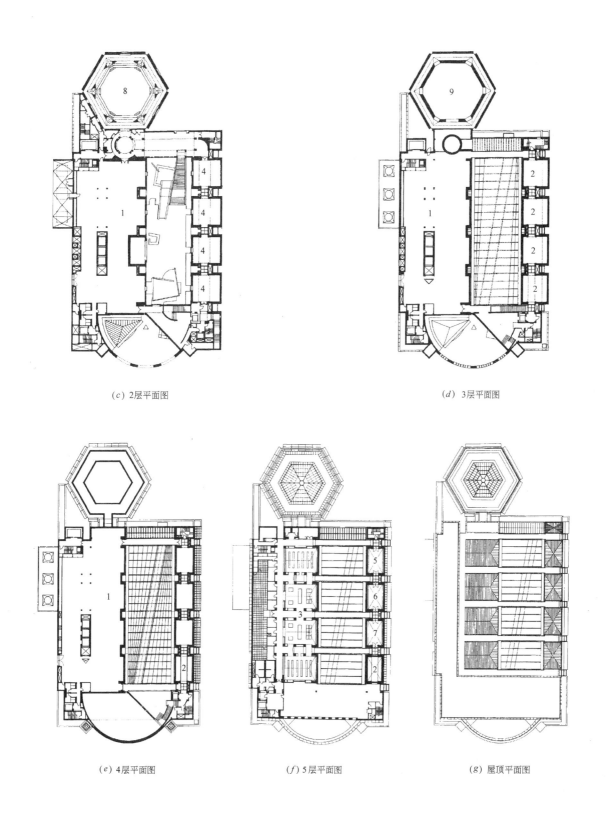

(c) 2层平面图

(d) 3层平面图

(e) 4层平面图

(f) 5层平面图

(g) 屋顶平面图

图 24-4　平面图(二)

1.常设展厅;2.遇难塔;3.图书室;4.学习厅;5.会议室;6.图片档案室;7.幸存者登记处;8.缅怀厅;9.缅怀厅上空

图 24-6　缅怀厅室内

图 24-7　见证厅内细部

图 24-8　北侧遇难塔所展出的一千张 Ejszyszki 村民的
照片,他们中的多数人在同一天被纳粹杀害

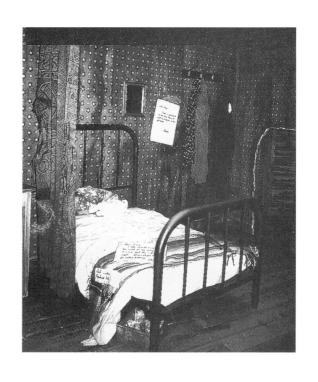

图 24-9　重建的犹太集中营营房室内

25

旧金山现代艺术博物馆,美国,旧金山,1991~1995
San Francisco Museum of Modern Art, USA

建筑师:马里奥·博塔(Mario Botta)

近半个世纪以来,老战士纪念大厦一直是旧金山现代艺术博物馆的所在地,在庆祝它成立50周年之时,理事会决定再建一座新楼。新楼由瑞士著名建筑师博塔设计,美国HOK事务所协作完成。这是博塔所设计的第一座博物馆建筑,也是他在美国的首项工程。1995年在老馆60周年庆典之际新馆建成开放。

图25-1 自夜巴波拿花园望博物馆

博物馆建在旧金山市中心第三街的路北,与新开放的夜巴波拿花园(Yerba Buena Gardens)隔街相对。博物馆临街而建,用地显得有些局促。为了改善这种状况,街对面的花园在正对博物馆的位置让出一个小广场,使博物馆与广场相互成为借景。小广场的东西两侧是桢文彦设计的视觉艺术中心和波尔舍克(James Stwart Polshek)设计的戏剧艺术中心。花园东侧的马丁·路德·金画廊及旧金山会展中心也与博物馆邻近。这一群文化建筑改变了旧城商业区与居住区原有的环境形象,共同形成了旧金山市的文化景观。

博物馆用地5575m²,建筑面积20500m²。平面基本上呈对称布局。除了展室外还有一个200座的报告厅、多功能厅、图书馆、书店、会议室、办公室、车间和一个咖啡厅。

图25-2 中庭室内

博塔在建筑物中央设计了一个巨大的中庭,展室及其他辅助房间环绕在中庭四周。这个中庭无论从空间组织、建筑造型、室内装修和自然光线的运用等方面都很有特色。

当你一进入博物馆,中庭中央的一座极富雕塑感和装饰性的楼梯就成为你的对景。楼梯四周的四根圆柱,支撑着一个圆筒形天窗,正好在楼梯的上方。椭圆形的窗面成45°倾斜,最高处41.2m。

沿楼梯拾级而上,还可体验到中庭空间的丰富变化。楼梯自四楼转变为顺天窗圆筒的弧形,并与五楼镂空的金属吊桥相连。站在金属吊桥上,既可仰望加州的蓝天,又可俯视中庭的景观。灿烂的阳光自天窗倾泻而下,给中庭带来生命活力。中庭的地面、柱础、楼梯、支柱均用黑、灰相间的花岗岩装修,呈博塔所贯用的"斑马纹"状。楼梯踏步下方的条状人工照明与"斑马纹"相互呼应。顶棚及部分墙面用枫木装饰。枫木顶棚上装有点状人工照明,其布局和光影效果也别具一格。

对于多数博物馆来说,自然顶光是最好的光源,既可以获得均匀的光线,尽量避免眩光,又可以充分利用墙面来悬挂展品。博塔一贯重视建筑的光照设计,他认

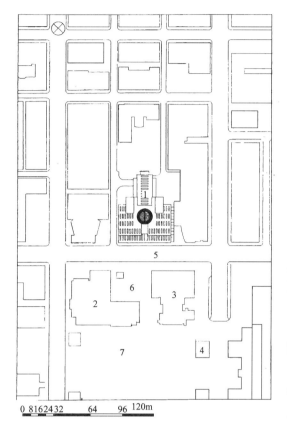

图 25-3 总平面图

1. 博物馆;2. 视觉艺术中心;3. 戏剧艺术中心;4. 马丁·路德·金画廊;5. 第三街;6. 小广场;7. 夜巴波拿花园

为日光是受人欢迎的,光影为建筑带来特殊的感受。然而对于像旧金山现代艺术博物馆这样一座6层高的建筑来说,为大面积的展室争取自然顶光不能不说是一个难题。为此,博塔花了近3年的时间进行研究,并且最终获得成功。

为了参观方便,博塔将展室主要布置在2层和3层。他用"交错"设计的办法将建筑的3层与4层层层后退收缩,使展室只布置在没有上层建筑的位置内,并在相应位置的屋顶上布置条形天窗。这样一来,身处2层、3层的展室,仍然得到了良好的自然顶光。

旧金山现代艺术博物馆的另一大特色是以独树一帜的艺术性与强烈的个性展现了博塔典型的个人创作风格,并使该建筑成为旧金山这一文化景观中的标志性建筑。

博塔认为"在当今城市里,博物馆扮演着昨日城市中教堂的角色"。"博物馆是今天的神庙,是人们寻求高雅的场所"。该设计充分体现了建筑师的这一观念。

首先,博物馆采用对称布局,建筑沿中轴线退台收缩,体形简洁、密闭,让人很难发现窗户的痕迹。然而,几条隐蔽的细长条窗,将这个金字塔般的敦实实体划分成对称的几大块,给这个庄重,具有纪念性的建筑带来生动的活力。建筑外墙大面积采用红砖饰面,精细的砖砌花纹十分细腻。中轴线上黑白相间斑马纹状的圆筒天窗以及树枝状的窗扇是相当醒目的"博塔语言"。它在四周一片造型各异的浅色建筑群中显得不同凡响,展现出典雅、新颖、崇高的艺术气质,具有古典与现代建筑的双重特征,被称之为"现代艺术的殿堂"。

(彩图见实例彩页:实例25-1,25-2,25-3,25-4)

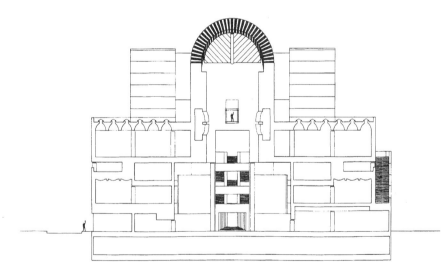

图 25-4 横剖面图

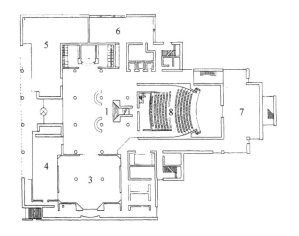

(a) 首层平面图

(b) 2层平面图

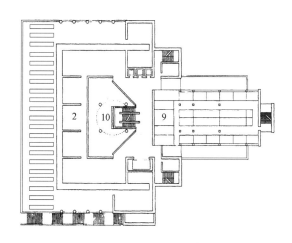

(c) 3层平面图

(d) 4层平面图

1. 入口中庭；
2. 展厅；
3. 特殊功能场所；
4. 咖啡；
5. 博物馆商店；
6. 教育用房；
7. 展品装卸；
8. 剧场；
9. 办公；
10. 中庭上空

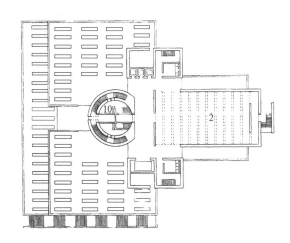

(e) 5层平面图

图 25-5　各层平面图

图 25-6　中庭内的金属吊桥

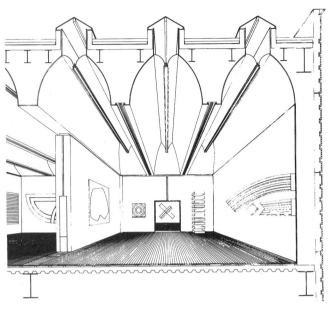

图 25-7　展室自然采光详图

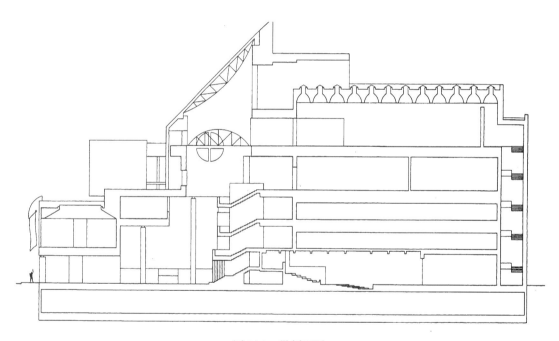

图 25-8　纵剖面图

图 25-9　博塔构思草图

298

26

盖蒂中心，美国，洛杉矶，1984～1997
Getty Center, Los Angeles, USA

建筑师：理查德·迈耶（Richard Meier）

盖蒂中心是一个多功能的博物馆综合体，包括一个450座的报告厅、信息中心、艺术教育所、博物馆、艺术史与人文研究所以及餐饮中心等六大部分。总建筑面积88000m²，其中博物馆的面积为33400m²，是该中心的主体。盖蒂中心耗资10亿美元，被称为世界上最昂贵的博物馆。

1977年法国建成的蓬皮杜中心已超越了传统意义上的博物馆，它不仅有展览、保管和教育的职能，还增加了娱乐休闲的内容。这显示当代博物馆已成为公共活动的场所，功能向综合化的方向扩展。盖蒂中心把信息传递、艺术教育和人文研究都扩展进来，成为比蓬皮杜中心的功能更加多元化的博物馆综合体。它虽然只有博物馆和餐饮中心对外开放，但依然吸引了大量的游客。除了参观博物馆的观众外，还有大量的游客仅仅是为了来观景。盖蒂中心已经成为洛杉矶的旅游景点，它是博物馆功能扩展的最好例证。

盖蒂中心的前身是盖蒂博物馆，建于1974年。这是已故的石油亿万富翁保罗·盖蒂（J. Paul Getty）为了展出其收藏所复制的一座古老别墅。1982年，美国盖蒂信托投资公司在洛杉矶圣莫尼卡的丘陵地带购买了44.5hm²的土地，作为修建盖蒂中心的基地。

盖蒂中心建成之后，建筑界对其评价褒贬不一。美国《时代周刊》将其评为1997年世界最佳博物馆设计之一。同时获得此项桂冠的还有盖瑞设计的西班牙毕尔巴鄂古根海姆美术馆，以及贝聿铭设计的日本京都郊区MIHO美术馆。反之，也有评论批评其学术价值不高，形式守旧。两种评价反差如此之大，恰恰说明盖蒂中心具有鲜明的特色和显而易见的不足。

盖蒂中心最成功之处在于它创造了让游客能在其间享受步移景异的建筑景观，能在室内外透过建筑景框多角度欣赏洛杉矶的海光山色及城市美景。正因为如此，它获得了"洛杉矶雅典卫城❶"的赞誉。

盖蒂中心建在从洛杉矶到圣地亚哥高速公路旁的小山顶上，公路在这里转弯。基地上有东西两个自然形成的小山丘，两条山脊的轴线成22.5°的交角。它们不但正好与公路的转折分别平行，而且其中之一还与洛杉矶的城市网络一致。迈耶利用了这个自然形成的22.5°夹角，顺势将建筑群沿两个轴线方向交错布置。这样一来，建筑群的布局既规则有序又生动活泼，为形成丰富的外部空间及多变的建筑景观打下了基础。除此之外，建筑群的六大部分顺应地形分别布置在东西两个小山丘上。东半部是报告厅、信息中心、艺术教育所和博物馆。西半部是餐饮中心及艺术与人文研究所。东西之间由公共交通、中心广场、环境绿化及中心花园分开。博物馆又分成六个团组相互围合，形成建筑群的主体。纵观全局，建筑所围合的外部空间，或大或小，或方形或矩形，依两个轴线方向不断变化。同时，博物馆的门厅处于建筑群的中心位置。自此向北，穿过报告厅与信息中心间的夹缝，或由此向南经博物馆的内院延伸至观景平台，还形成了不同轴线方向的两条视觉走廊。这一切使游客在行进中体验到空间的丰富变化，从不同的角度欣赏到洛杉矶的海光山色及迈耶所创造的白派建筑的精品荟萃。

盖蒂中心与雅典卫城不同，作为博物馆，它的人流是按参观路线来组织的。对于像盖蒂中

图26-1 自博物馆前大台阶望报告厅、信息中心和艺术教育所

❶ 雅典卫城建在雅典城内的一个陡峭的山顶之上，建筑群依山就势按每年一度祭祀雅典娜大典仪式的过程设计。它将建筑的最佳角度朝向参加大典的游行队伍，使人群在行进中每段路程都能欣赏变化着的建筑景观。卫城内10m高的雅典娜青铜像是建筑群的主题，而位于制高点上体量最大的帕提农神庙是建筑群的高潮。同时，建筑群的设计还考虑到从城下四周仰望时的景象。

299

心这样的大型博物馆综合体,参观流线又比单一的博物馆建筑要复杂得多,它包括室外参观与室内参观两大部分。参观流线正是迈耶组织观景与设计景观的依据。

盖蒂中心的室外景观包括自然景观和建筑景观两大部分,对于自然景观以有组织参观为主,对于建筑景观强调自由观赏的灵活性。当游客到达盖蒂中心后,机动车辆一律停放在山下高速公路旁的停车场内。游客在这里换乘中心的有轨观光电车,电车每4分钟一趟。在历经5分钟蜿蜒上山的行程中,游客可以饱览周围的自然风光。到达中心广场下车后,游客可自行选择,或在建筑群中自由漫步,或直接进入博物馆。

迈耶将建筑依山就势布置得错落有致,建筑外部空间形状多变,大小搭配得当;建筑体形依两条轴线变化,加以曲直结合,形象生动;建筑外观处理细腻、典雅、色彩迷人;建筑尺度十分亲切、宜人,这一切都使室外的自由观众,信步其中,感受到景观无处不在。

博物馆地上2层,分6个团组围绕中心庭院组成。入口团组最大,包括门厅、书店及小型报告厅。在它的西南,有一团组仅与它直接相连,其上层是临时展厅,下层有开敞的咖啡座。其余团组均作展览之用。

展览按年代顺序组织排列,参观路线围绕庭院顺时针行进。每个团组上下两层分别展出不同的艺术品。绘画作品在每个团组的上层,以便获得自然顶光。装饰品、手稿、相片等布置在下层,使其免受紫外线的伤害。参观路线具有灵活性,观众可以参观完一个团组后再到另一个团组,也可以参观完每个团组的同一层再到每个团组的另一层。由于甲方要求让观众可以自由进出室内外,所以建筑设计为观众提供了一条室内、室外不断变化的参观路线,使参观艺术品与欣赏自然与城市景观相互交替。这样既可以消除“博物馆疲劳症”,又可使参观过程生动有趣。

盖蒂中心的设计还很注意建筑与自然的融合。由于甲方坚持限制迈耶使用白派建筑标志性的白色搪瓷饰面板,迈耶花了两年的时间搜索合适的石材,他最终选中了产于罗马附近的钙华石。这种石材近于黄褐色,表面比较粗糙,同自然岩石质感相近,与基地红褐色的土壤也很匹配。迈耶在建筑上大量使用这种石材,尤其用于建筑的基座及建筑与山地交接的部位。这促使建筑与自然环境更加交融协调。这种石材还能在光照之下闪烁,展现加利福尼亚阳光的魅力,也给建筑群增色不少。除此之外,迈耶还亲自指挥建筑周围的植树工作,使树木的密度适合建筑的需要,让建筑环境与自然环境协调过渡。

盖蒂中心的设计也有明显的不足之处。由于设计限高的要求,建筑高度被控制在海拔273m之下。虽然迈耶将许多设施埋于地下,虽然迈耶以原有地形为基本线索,并努力使小山的自然形态更加清晰,但

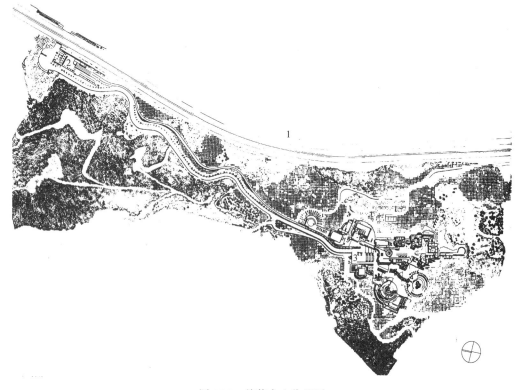

图 26-2　盖蒂中心位置图

1. 高速公路;2. 观光电车站;3. 中心广场

是由于基地本身没有大的起伏，比较平缓，加之建筑物总面积过大，又以高密度方式布置，所以自山下高速公路仰望，建筑在山顶连成一片，其高度近乎一条水平线，缺乏起伏，没有间断，形态相当平淡。

其次，盖蒂中心可谓白派建筑精品博览会。每幢建筑都经过精心设计，充分展现自我，但可惜建筑体量、建筑艺术形象差异不大，尤其是观其总图或自空中鸟瞰，建筑群缺乏主体与高潮。而且迈耶坚持多年的白派传统风格，建筑艺术上没有大的进展与突破。此外，自设计到建成长达13年之久，在建筑艺术、建筑技术、建筑理论迅速多元发展的今天，相形之下显得陈旧，受到形式守旧的批评是在所难免。

尽管有如此的批评，盖蒂中心仍以宜人的尺度、多变的视角、高雅的建筑、优美的环境为身临其境的观众带来步移景异的动态美感，不失为白派建筑的优秀作品。

（彩图见实例彩页：实例26-1,26-2,26-3,26-4,26-5,26-6,26-7,26-8,26-9,26-10,26-11,26-12）

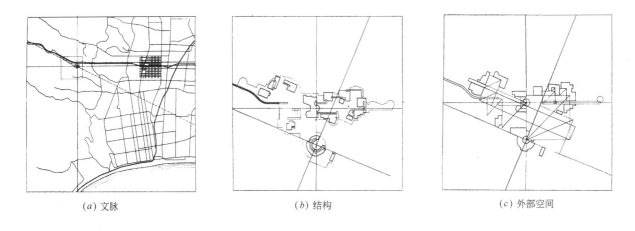

(a) 文脉　　　　　　　　　(b) 结构　　　　　　　　　(c) 外部空间

图 26-3　总平面分析图

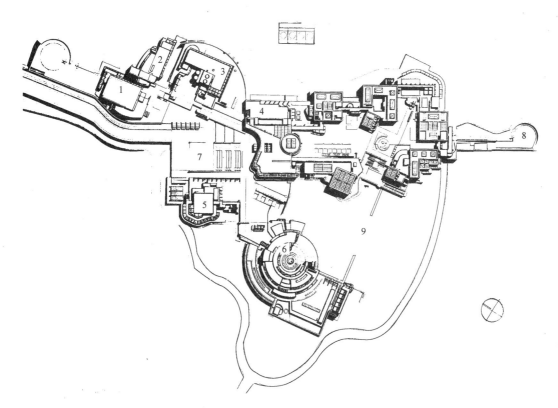

图 26-4　总平面图

1. 报告厅；2. 信息中心；3. 艺术教育所；4. 博物馆；5. 餐饮中心；6. 艺术与人文研究所；7. 中心广场；8. 观景平台 9. 中心花园

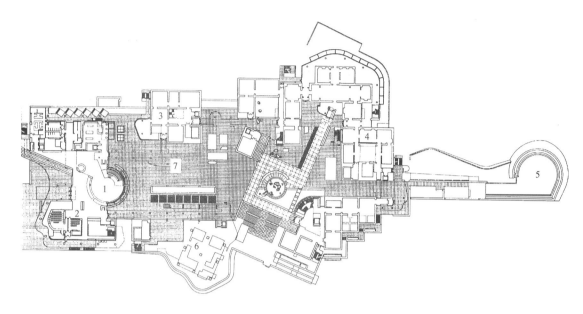

图 26-5　博物馆入口层平面图
1. 入口大厅;2. 报告厅;3. 北展厅;4. 南展厅;5. 观景台;6. 咖啡座;7. 内院

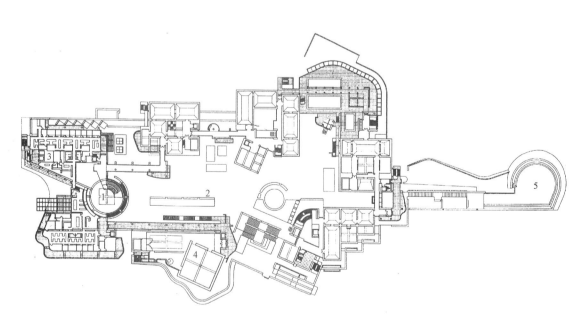

图 26-6　博物馆上层平面图
1. 入口大厅上空;2. 内院;3. 书店;4. 临时展厅;5. 观景台

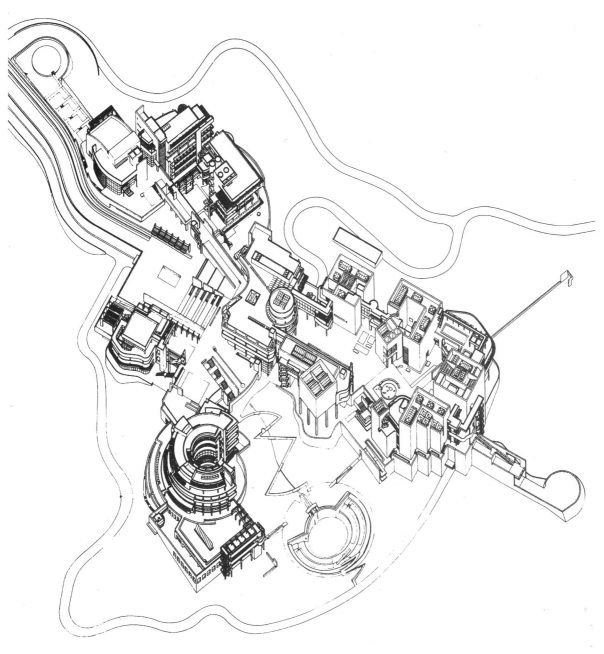

图 26-7 轴测图

27 纽约古根海姆美术馆及加建，美国，纽约，1946～1959，1982～1992
Solomon R. Guggenheim Museum and Addition，New York，USA

建筑师：弗兰克·劳埃德·赖特（Frank Lloyd Wright）
建筑师（加建）：查尔斯·格瓦斯梅（Charles Gwathmey）、罗伯特·西格尔（Robert Siegel）

纽约古根海姆美术馆坐落在纽约 88 街第 5 大道上，于 1959 年建成，它是美国著名建筑师赖特的名著之一。这所古根海姆美术馆是最早建成的展出古根海姆藏品的美术馆。如今，古根海姆美术馆以一种连锁形式在世界各地扩建。而它的纽约老馆由建筑师格瓦斯梅和西格尔进行了加建与翻新设计，于 1992 年建成并对外开放。

纽约古根海姆美术馆是赖特在纽约所设计的惟一一座公共建筑。建筑主体螺旋形的内部空间和外部造型突破了当时传统的设计常规，曾遭到投资者反对。然而，经过赖特 16 年坚持不懈的努力，这座美术馆终于建成。

赖特早在 1925 年马里兰州苏格洛夫（Sugar loaf）山的戈登·斯特朗（Gordon Strong）天文馆设计中，就采用了螺旋形的汽车坡道。

图 27-1　新楼展厅室内

而在纽约古根海姆美术馆的设计中，赖特将螺旋形的空间与建筑外形的创造进一步发挥到顶点。

赖特所设计的这个螺旋形空间是个中庭，这也是中庭在博物馆设计中的首次运用。中庭高约 30m，有 7 层，是个上大下小的圆筒形。中庭底部直径 28m，随着一条螺旋形坡道的升高而逐渐向外扩展。展品就布置在坡道侧面的墙上。墙面稍稍向外倾斜，如同画家作画时倾斜的画架，使展品沐浴在从天窗倾泻而下的自然光线中。参观可先乘电梯向上，由坡道自上而下进行，也可以先从坡道自下而上参观，再乘电梯返回。这个中庭式的展厅与一般水平的线性展示空间不同，它打破了楼板对楼层的隔离，将垂直交通、展示空间、采光天窗有机地组织在一起。让观众在螺旋坡道上的参观连续不断，一气呵成，充满动态。这个中庭已成为一种空间环境艺术，与博物馆的展品相互交融，形成整体。

博物馆的外墙面也像内墙面一样向外倾斜，建筑外观螺旋形连续向上的造型，反映了建筑内部空间连续性的特征。

赖特称他的设计是一个"持续的有机体，……当你走进它时……，你将感到不会停止的弯曲波"。这所建筑是赖特对他的"有机建筑"理论的一次实践。1958 年赖特还宣称"这项建筑设计首次打破了方形和直线统领一切的局面"。虽然站在坡道上欣赏水平吊挂的艺术品遭到一些观众的抱怨，也有人批评赖特的设计只注重形式，与环境很不协调，一点也不"有机"。

图 27-2　赖特设计的古根海姆美术馆外观

但这座美术馆以它卓越的建筑艺术成就,在西方近现代建筑史中占有重要的地位,并成为赖特的建筑纪念牌。

正因为赖特设计的这座美术馆已成为建筑名著,因此它的扩建计划引起了激烈的争论。也有反对者提出了在地下进行扩建的可行性研究。加建工程开工不久,甚至还有21名艺术家对加建联名提出抗议。但是实践证明,格瓦斯梅和西格尔的设计成功地解决了为建筑名著进行地上相连扩建的难题。

格瓦斯梅和西格尔在赖特建筑的后面扩建了一座10层高的新楼,它与老馆的主体咬合在一起。加建部分与老馆的2、4、5、7层在中庭的三角形楼梯处连通。虽然这对螺旋形连续的参观路线有所打断,但是它在空间上依然保持了螺旋形中庭的完整形象。

加建部分是个板式建筑,造型简洁、整体感强。它谦逊地依附在老馆背后,充当着老馆的背景。加建新楼与老馆间还有一段过渡体,它是一片向后退缩的透明玻璃幕墙,这使自侧面看时新楼与老馆似乎拉开了距离,老馆的形象显得依然完整。虽然新楼与老馆的咬合让赖特的螺旋主体不如过去独立,但是有高高的新楼来充当背景角色,新的建筑群体才更加"有机"地组合到高楼林立的纽约城市大环境中。新建筑群体的新面孔受到美国公众的喜爱,埃米莉·吉劳尔(Emily Genauer)在纽约先驱报上将它称为"美国最漂亮的建筑"。

(彩图见实例彩页:实例27-1,27-2)

图 27-3　新楼与老馆之间的玻璃幕墙

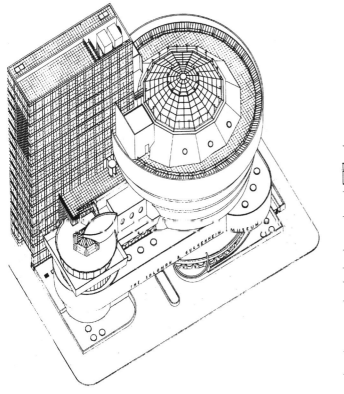

图 27-4　轴测图

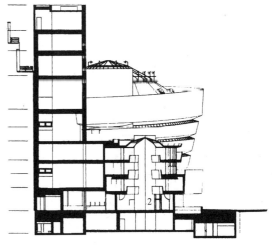

图 27-5　剖面图

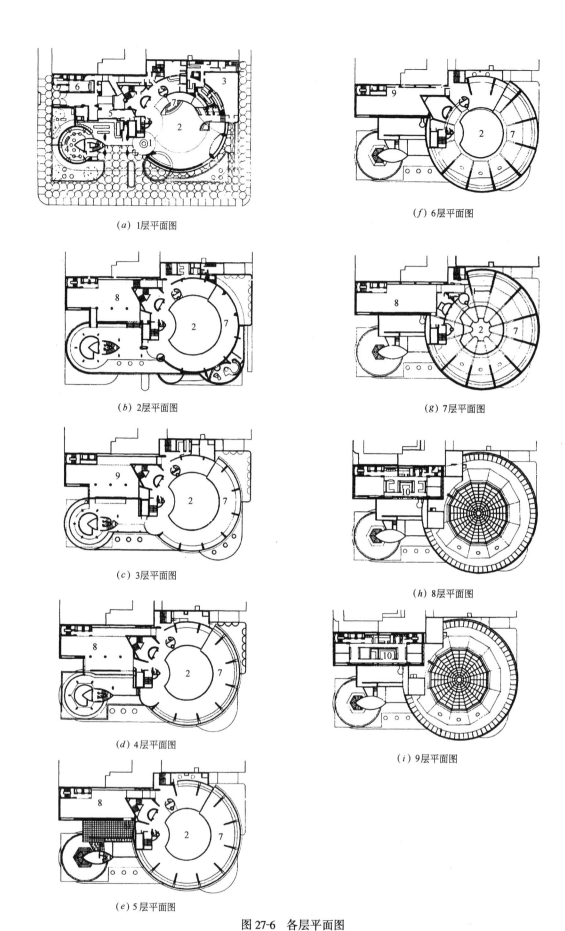

(a) 1层平面图

(b) 2层平面图

(c) 3层平面图

(d) 4层平面图

(e) 5层平面图

(f) 6层平面图

(g) 7层平面图

(h) 8层平面图

(i) 9层平面图

图 27-6 各层平面图

1. 入口;2. 中庭;3. 餐厅;4. 商店;5. 书店;6. 工作人员入口;7. 坡道;8. 展厅;9. 上空;10. 办公

28 毕尔巴鄂古根海姆美术馆，西班牙，毕尔巴鄂，1991～1997
Guggenheim Museum, Bilbao, Spain

建筑师：弗兰克·盖瑞（Frank Gehry）

毕尔巴鄂位于西班牙北部的巴斯克地区，离大西洋比斯开湾约10英里（16km）。它是那威河（Nervion）畔入海口的一座重要港口城市。自19世纪以来，钢铁冶炼业及造船业是该城市经济繁荣的重要支柱。然而近十多年来这些工业衰退，城市经济萧条。大型钢铁厂被废弃，改成国家钢铁博物馆，昔日的钢铁之都失业率高达25%。为了振兴城市经济，当地政府计划进行文化开发，创建旅游业，吸引新的商业投资。兴建该美术馆就是这项经济复兴计划的重要内容。美术馆的展出由纽约古根海姆美术馆负责。

图 28-1　跨过下层铁路的入口广场及广场西侧大台阶

美术馆的建筑设计经国际竞赛，选中了弗兰克·盖瑞的方案。尽管他的方案投资巨大，但它造型奇特、怪异、浪漫、优美，足以担起振兴毕尔巴鄂，使其获得新生的重任。并将像悉尼歌剧院一样成为城市的标志性建筑。从赋予这幢建筑的希望和使命看，选中盖瑞的方案实属必然。

美术馆建在那威河南岸的旧仓库区，横跨那威河的梭飞桥从基地东北角上方越过。基地南高北低，坡向岸边。河对岸的环城街道和山地属城市偏远地带。基地以南是老市区。基地与老市区之间被标高不同的两条并列在一起的城市道路和铁路分开。梭飞桥跨越基地后交通分流，主流向南通往市区，支流向西跨过下层铁路与上层道路相连，用地环境十分复杂。盖瑞的方案对这一地区的环境、交通、建筑、景观作了全

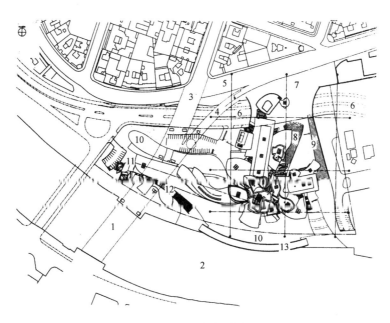

图 28-2　总平面图

1. 梭飞桥；2. 那威河；3. 梭飞桥主路；4. 梭飞桥支路；5. 城市上层道路；6. 下层铁路；7. 入口广场；8. 通向博物馆南入口大台阶；9. 广场西侧通向河岸大台阶；10. 水池；11. 东端"塔楼"；12. 自河岸通向"塔楼"的大台阶；13. 弧形堤岸

盘统一规划,巧妙地处理了许多棘手的问题。

　　盖瑞将美术馆的东端穿插在桥的下方,尾部"塔楼"在桥的东侧高高升起。桥仿佛处于美术馆的拥抱之中,二者组合形成整体。桥上交通支流与市区上层道路交汇处向北扩展,形成跨越下层铁路的宽大过街天桥。这里就是美术馆的前广场。一部大台阶从广场上一直向下通往美术馆南侧的主入口。这样,低处的主入口与高处的城市道路之间联系十分方便。此外,还有一部大台阶自广场西侧向下通向河岸,让来自城市的人流方便到达美术馆的北入口。美术馆北面及东南还被大面积的浅水池所环抱,犹如将美术馆自水中托起。水池与河流交界处是一座架在河堤之上的弧形堤岸。从北入口沿弧形堤岸登上梭飞桥下的大台阶可抵达美术馆尾部"塔楼"。在这个地段复杂的城市环境里,看似眼花缭乱的桥、路、河及地形高差,经盖瑞的精心安排,美术馆与周围的立体交通被组织得井井有条、清晰有序。不仅如此,美术馆的中庭临靠北面的水池布置,从中庭的玻璃幕墙北望,水池、河流、山峦景色尽收眼底。

　　美术馆建筑面积 23782m²,其中展出面积 10405m²,由中庭、展厅、音乐厅、餐厅、咖啡厅、书店、图书室、库房及行政后勤用房等组成。建筑造价 1 亿美元。美术馆有南北两个主要入口,南入口主要为陈列展出服务,与中庭相连。北入口主要供进入音乐厅所用。南、北门厅通过音乐厅前厅相互联系。美术馆的展室分成三种类型簇集在中庭周围。永久陈列布置在 2 层和 3 层,各自由 3 个串连的方形展室组成,用来展览早期现代主义的作品。3 个筒状的采光井将自然光线从屋顶引入各个展室之内。临时展厅布置在中庭的东面,130m 长,30m 宽。它向东延伸到梭飞桥的下方,以一"塔楼"造型结束,用来展览大型的现代艺术作品。特别展室布置在中庭周围,大小不等,形状各异,高度从 6m 到 15m,用来展出特选艺术品。3 种不同类型的展室有 3 种不同的空间形状,适应不同类型展品的展出需要。

　　美术馆的造型非常独特。它一反传统建筑的外貌,以流畅的曲线大面积覆盖了建筑方形的功能空间。它的造型使人联想到盖瑞在日本神户所设计的鱼形餐厅,和他为巴塞罗那港湾创作的鱼形雕塑。当你从空中鸟瞰时,它又像一朵花。整幢建筑好比一座扩大到建筑尺度的雕塑,而雕塑的内部安排了建筑的使用功能。除此之外,建筑外形还用金属、石材、玻璃进行包装。盖瑞大面积使用金属钛作外装材料,这种材料在不同光线的照耀下闪烁着变化多端的色彩效果。这座美术馆是盖瑞将建筑极端艺术化的顶峰作品,它支配着毕尔巴鄂的城市景观。

　　美术馆的中庭也是一件奇特的建筑艺术品。它怪异、复杂、变化无穷的空间让迄今为止的所有中庭望

图 28-3　中庭室内

图 28-4　临时展厅室内

尘莫及。这个中庭是根据纽约古根海姆美术馆的理事托马斯·克伦斯(Thomas Krens)的要求而设计的。托马斯要求新美术馆有一个垂直中庭,但它要与赖特(F. L. Wright)设计的纽约古根海姆美术馆中庭不同。而且托马斯还认为,新中庭应当作为一件展品让人们欣赏。盖瑞设计的这个中庭,北面是曲折多变的玻璃幕墙,它使中庭面朝河流、山丘、环城街道,视野开阔。在中庭的东、南、西三面,外层由各种展室所围绕。内层是多部电梯、楼梯所组成的垂直交通。电梯、楼梯的外表用石材与玻璃钢架包装,外形倾斜、扭曲,形成透明与不透明交替变化的效果。展室之间,展室与垂直交通之间以弧形平台、天桥相互联系,根据楼层不同,平台、天桥的平面又有所变化。这一切令中庭的玻璃屋顶形状怪异,令人眼花缭乱。这个中庭有着当代雕塑般的前卫艺术效果,这是盖瑞所设计的这座美术馆的精华。

图 28-5　中庭内的天桥

1989 年盖瑞获得普利茨克建筑奖时,对他的评语中这样写道:"具有美学的冒险精神,反映了当代社会中价值观与心理矛盾。"从盖瑞 1984 年设计的加利福尼亚航空博物馆、德国维特拉家具博物馆,1992 年建成的美国明尼苏达大学富雷·卫斯门博物馆,到 1997 年落成的毕尔巴鄂古根海姆美术馆可以看到,盖瑞大胆探索博物馆建筑造型艺术的轨迹。建筑从具有直线几何形体的雕塑感,到加进少许曲线变化,而且曲面成分在逐渐增加,直到曲面成为建筑造型的主体。不仅如此,曲面还从单向弯曲向多向自由弯曲变化,使建筑成为艺术感极强的大尺度雕塑。这是盖瑞继柯布的朗香教堂、伍重的悉尼歌剧院之后,让建筑艺术、建筑技术、建筑功能与雕塑艺术相结合的又一大胆尝试。而且,20 世纪末科学技术的长足进步,为盖瑞提供了先进的设计手段,这使盖瑞的建筑造型更加丰富,成为个性鲜明、非同凡响的建筑艺术品。

盖瑞的这项设计使用了法国达索航天公司设计"幻影"喷气机的程序软件。计算机的数据控制着一台机械化的造型机,它能对任何材料进行塑造,使盖瑞的手稿和模型得以实施。计算机在设计中的应用将盖瑞的建筑从传统的建筑艺术中解脱出来,产生了一种突变。它对今后建筑艺术的发展也将会产生深远的影响。然而,社会的需求、经济的支持、科技的发展、功能的限制也依然必将形成对建筑艺术发展的约束和动力。

图 28-6　中庭顶棚

虽然,美术馆的设计也有不尽人意之处。尤其是入口广场的蓝色小楼与建筑群很不协调。另外传统建筑形式与金属饰面的建筑雕塑体间的关系还需要磨合。但毕尔巴鄂古根海姆美术馆的建成,仍然得到了博物馆的管理者和艺术家们的好评,也使建筑界感到震惊和关注。它被认为是"当代艺术在建筑方面的诠释,"是"本世纪最棒的博物馆"、"漩涡形式、特殊材料构成的幻想曲"。并被美国"时代周刊"评为 1997 年世界三个最佳博物馆建筑之一。盖瑞获得 1999 年度 AIA 金质奖章。

(彩图见实例彩页:实例 28-1,28-2,28-3,28-4,28-5)

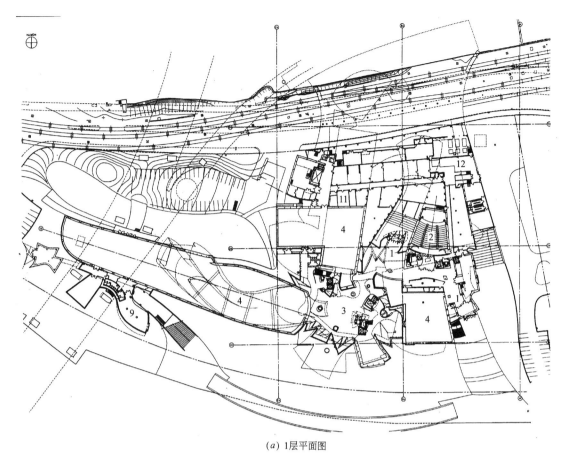

(a) 1层平面图

(b) 2层平面图

图 28-7　平面图(一)

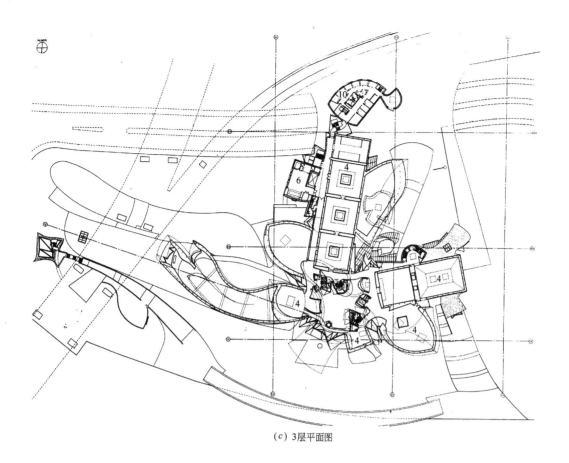

(c) 3层平面图

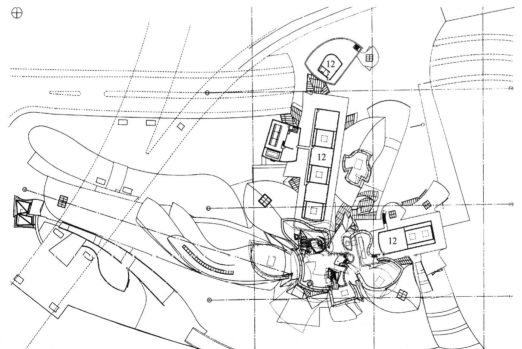

(d) 4层平图

图 28-7　平面图(二)

1.门厅;2.音乐厅;3.中庭;4.展厅;5.图书馆;6.贮存;7.职员休息室;8.书店;9.咖啡;10.办公;11.行政后勤;12.机房;13.餐厅

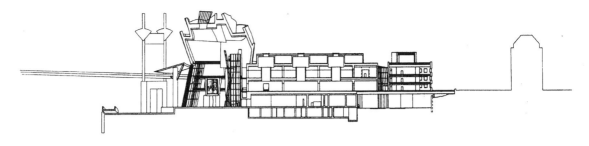

图 28-8　南北向横剖面图

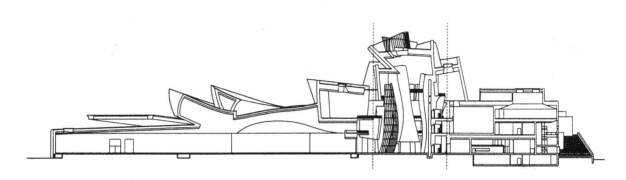

图 28-9　东西向纵剖面图

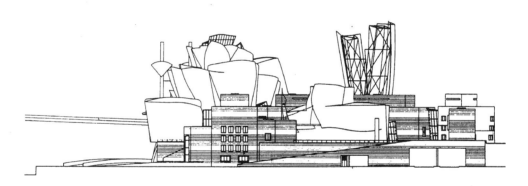

图 28-10　西立面图

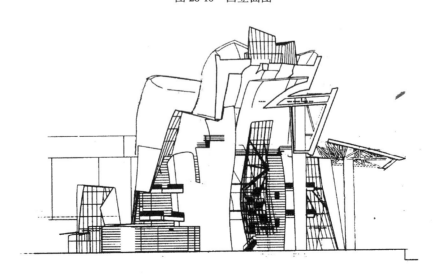

图 28-11　中庭横剖面图

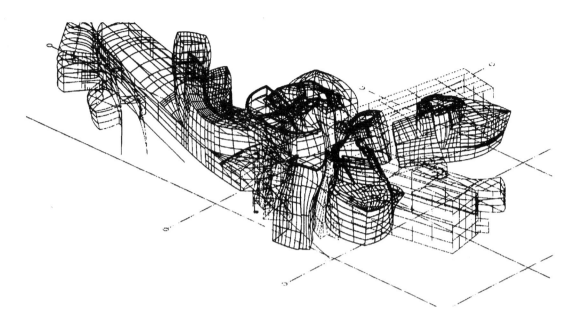

图 28-12　电脑设计图

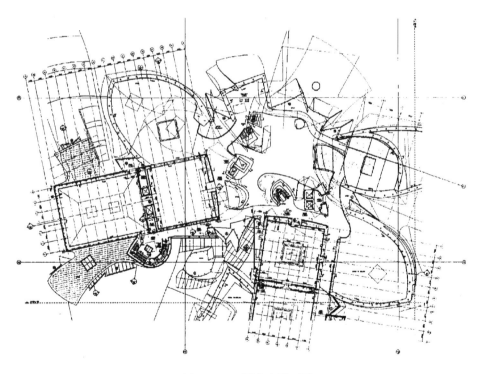

图 28-13　3 层中庭平面图

29 尼姆现代艺术中心，法国，尼姆，1984~1993
Carré d'Art, Nîmes, France

建筑师：诺曼·福斯特（Norman Foster）

尼姆是法国南部的一座古城，城里有些受到严格保护的文化遗址。尼姆现代艺术中心是一个公共艺术作品委员会的会馆。馆址正对着市中心的一座建于公元3世纪的古罗马神庙梅森卡里——该市最著名的古建筑。基地的一边毗邻着通往古罗马竞技场遗址的林阴大道。另一边是一座古罗马浴场，它在一片花园之中。这个历史性的建设地段，已给设计带来相当的难度，不仅如此，艺术中心的位置还正好坐落在一座剧院的废墟上。虽然这座剧院在1952年的一场大火中被烧毁，但是外壳还残存在那里，柱子仍然被认为与梅森卡里的古典柱廊极为协调。对于这个新古典主义柱廊的拆、留问题，建筑师们存在着两种不同

图 29-1　尼姆现代艺术中心外观

的意见分歧。这个项目于1984年进了一次国际竞赛，设计要求新建筑要与庄严的神庙进行对话，还不能超过周围建筑的高度。福斯特以一座体现高技派风格的现代建筑，击败了盖瑞、佩里和鲁威尔，赢得了这项工程。

福斯特的方案将艺术中心略为抬高，布置在一个由台阶形成的基座上。而神庙则处在较四周稍稍下沉的环境中。古神庙与新建中心及周围老建筑间的空地全部用石材铺砌，成为一个面积很大的市民活动广场。这个广场不仅优化了艺术中心的环境，古神庙也借助于广场的建成而地位更加显著，形象更为突出，成为环境中的观赏中心。人们不仅可以在广场上、艺术中心的基座上和门厅里欣赏它，还可以从艺术中心屋顶露天咖啡座上看到它的全景。历史建筑在环境中所扮演的重要角色，被安排得恰如其分。

福斯特将剧院废墟拆除，以一个具有时代感的玻璃方盒子取而代之。方盒子前面是个顶部布满遮阳片的檐廊。檐廊由5根极细的钢柱支撑，体现着科学技术的进步。在这里，罗马古神庙与现代艺术中心，相对而立，一个是历史文物，一个是时代建筑，柱廊这个功能相同的建筑元件虽然已经形象迥异，但历史与现实之间依然进行着忘年之交的美妙对话。在这项设计中，福斯特将两幢时代、风格完全不同的建筑成功地放在一起，它们不仅协调共处，还能相得益彰。

为了使新建筑不超过周围建筑的高度，福斯特将这座9层高建筑中的5层都埋在地下。为了获得自然采光，展厅布置在顶部两层内。而图书馆及艺术品商店则安排在入口层上下，以方便多数人使用。其余的地下部分，除设有小电影厅、讲演厅及会议室外，大部分用作仓库。

在建筑平面的中央是个中庭，向上4层高，向下通向地下部分。其他房间围绕在中庭周围。中庭的顶部是大面积的玻璃天窗，光线

图 29-2　自屋顶咖啡座望古神庙

可以从屋顶直泻到地下层内。天窗下用可活动的水平织物作为遮阳。中庭内一部大楼梯一直通往顶层，随着楼层的升高，楼梯的宽度相应变窄。中庭内钢和玻璃做成的透明电梯、磨砂玻璃楼梯踏步、磨砂玻璃架空走道、透明玻璃栏板，无不处处向人们诉说着时代的变化和科技的进步。这个体现建筑高科技的中庭是该设计的另一特色。

（彩图见实例彩页：实例 29-1、29-2、29-3）

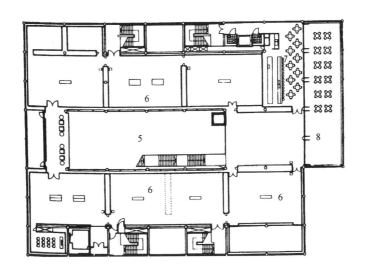

(a) 顶层平面图

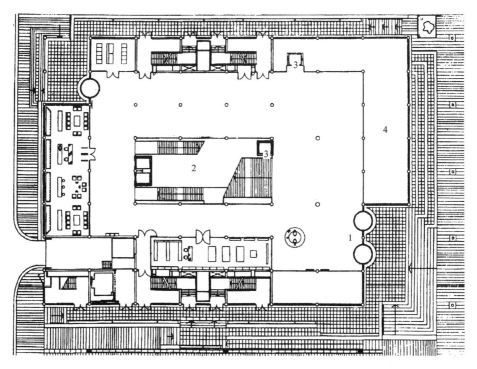

(b) 首层平面图

图 29-3 平面图

1. 入口；2. 中庭；3. 玻璃电梯；4. 图书室上空；5. 中庭上空；6. 展厅；7. 咖啡厅；8. 屋顶咖啡座

315

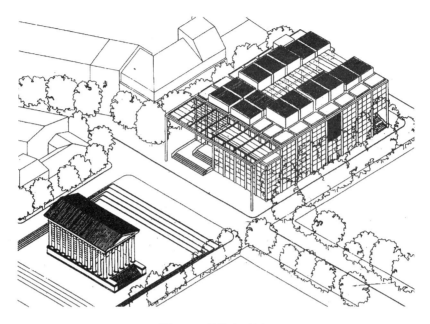

图 29-4　总体鸟瞰图

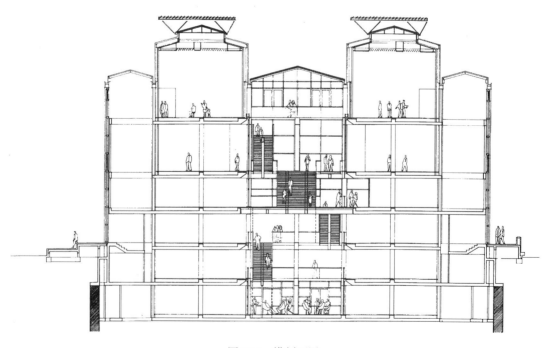

图 29-5　横剖面图

图 29-6　展厅室内

图 29-7　中庭通向地下、地上的楼梯、电梯及图书馆室内

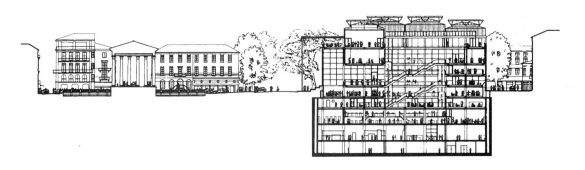

图 29-8　经过神庙、广场与艺术中心的纵剖面图

建筑师：贝聿铭（I.M.Pei）

卢浮宫坐落在著名的巴黎城市主轴线——香榭丽舍大道上。该轴线西头是巴黎新建的拉德方斯巨门。轴线中段有著名的巴黎凯旋门。举世闻名的卢浮宫是该轴线东端的建筑景观，在城市中的位置十分显要。

卢浮宫始建于1190年，最初是一座防御工事。1365年查理五世将它改为宫殿，其后历经了多次加建。在法国大革命之后，卢浮宫改作博物馆，并于1793年向公众开放。虽然卢浮宫作为一座历史建筑已经名扬四海，但是作为一座博物馆建筑它却极不称职。

图30-1　外观

卢浮宫珍藏有大量稀世珍宝，然而，因建筑面积的严重短缺，90%的空间被陈列展出所占用，仅有10%的面积用于贮藏与办公。服务、研究和修复场所根本无法安排。卢浮宫被称为"没有后台的剧院"。

扩建之前的卢浮宫虽然是一座大型博物馆，但是却没有一个像样的主入口，有十多处小入口分散在各处，既无法与这座大型博物馆的规模相匹配，也使参观路线处于混乱状态。加上历史上的多次加建，卢浮宫沿塞纳河的两翼已延伸至457m。绵长的线性参观不仅让观众在迷宫般的展室中上上下下，绕来绕去，"长途跋涉"，也使各展区间的联系极为不便。

此外，法国财政部自1871年起就占用着卢浮宫的北翼里希留殿。随着博物馆的发展，面积狭小的矛盾也日益突出，将财政部从卢浮宫迁走已经势在必行。这不但可以为博物馆争取大量的使用面积，还可以解决卢浮宫长期以来一宫二主这一历史遗留问题，也有利于卢浮宫在全盘统一改造中获得新生。

卢浮宫的扩建工作得到法国总统密特朗的亲自过问。为了寻求建筑设计的最佳人选，法国文化部的代表在遍访世界著名博物馆时征求了馆长们的意见，在15个博物馆中竟有14位馆长一致推荐贝聿铭。由于贝聿铭不愿参加卢浮宫扩建的设计竞标，在密特朗总统的支持下，法国放弃了自1977年以来重大工程必须进行设计竞标的规定，破例直接委托贝聿铭承担扩建卢浮宫的设计重任。

图30-2　剖面透视图

贝聿铭接受委托后十分清楚肩负的重要使命，他说："卢浮宫不是一座普通的博物馆。它是一座宫殿。如何做到不触动、不损害它，既充满生气，有吸引力，又要尊重历史？"❶这正是贝聿铭扩建设计的构思原则。贝聿铭要求给他三个月的时间去思考，而不是拿出方案。其后，贝聿铭多次飞往法国踏勘现场，寻找扩建工作的矛盾焦点，寻求解决矛盾的最佳办法。贝聿铭在1983年4次参观卢浮宫后，认为卢浮宫尤其需要"公共空间"，以及办公、贮藏、修理等辅助设施。他还认为"增建新的结构体会对

❶　巴黎卢浮宫地下宫，法国·世界建筑，1984(5)

卢浮宫造成破坏,将所有需求的空间地下化是惟一解决之道。"●

早在 20 世纪 50 年代法国博物馆总长乔治·沙斯(George Salles)就曾提出在地下扩建卢浮宫的建议,人们也认识到在拿破仑广场设置主要入口可更便捷地到达卢浮宫的各个部分。而贝聿铭则更为明确地提出"卢浮宫的整建,首要任务是在拿破仑广场的地下建设一个'交通中心'"●。贝聿铭还认为"作为这一入口的建筑物要大得足以容纳大量的参观者,要有充足的光线,并且要与现有建筑相谐调"●。贝聿铭将这一构思巧妙地落实到他的玻璃金字塔扩建方案中。

图 30-3　自拿破仑厅地下层望地面入口层平台

贝聿铭的方案是在拿破仑广场的地下设置卢浮宫的总入口,地面上以一座玻璃金字塔相覆盖。这个方案于 1984 年 1 月首次向公众展示,但它遭到法国名胜古迹委员会的强烈反对。法国《费加罗报》将金字塔方案描绘成一个"肤浅的、冰冷的和荒唐的"建筑物。还有评论家将它称作"巴黎脸上的暗疮"。另据《费加罗报》的民意调查,90% 的民众赞同卢浮宫需要整建,但 90% 的民众反对玻璃金字塔的做法●。最激烈的反对者甚至要求贝聿铭在拿破仑广场上搭起金字塔的足尺框架,让巴黎人眼见为凭。

然而,贝聿铭的方案得到了密特朗总统的支持。他还用了整整 3 天的时间向卢浮宫的几位馆长和建筑师们详细介绍了他的金字塔方案,并终于取得了他们的认同。1989 年春天,贝聿铭在拿破仑广场上搭起了金字塔的足尺框架,并向公众公开展示。在展示的 4 天中,有 6 万巴黎人来到现场观看。这个足尺的金字塔框架,以其直观的模拟效果让巴黎人认识到金字塔方案的可行性。4 天后,反对声浪终于平静。

首期扩建工程于 1985 年 2 月动工,1989 年建成,事实证明,贝聿铭的金字塔方案不负众望,大获成功。贝聿铭自己也说:"大卢浮宫是我一生中接受的最大挑战和获得的最大成功"●。

贝聿铭的玻璃金字塔建在拿破仑广场的中央,位于巴黎城市主轴线与卢浮宫南北轴线(由里希留通道到德隆馆的轴线)的交汇处,其位置与巴黎的城市规划相协调。不仅如此,金字塔的四边和周围的水池还分别平行于拿破仑广场四周的里希留馆、德隆馆及叙立馆,新老建筑间融洽交流,联系有机。

图 30-4　马利中庭内景

玻璃金字塔底边长 35.4m,高 21.64m,是卢浮宫主立面——叙立馆高的 2/3。它在广场上的大小恰如其分。金字塔体量自下而上不断减小,简洁的造型相对于其他形式而言对卢浮宫的遮挡最小。此外,它的透明外表并不阻挡视线,无论在室内、室外,透过玻璃金字塔卢浮宫依然清晰可见。金字塔像一座透明的雕塑,成为卢浮宫群体中的景观,还暗示着卢浮宫的主入口与其下方的地下核心——拿破仑厅。

● 黄建敏·贝聿铭的艺术世界·第 1 版·北京:中国计划出版社,1996
❷ 同●
❸ (美)赖贝克(Timothy W. Ryback)·从魔鬼到英雄:贝聿铭历险卢浮宫·胡纹、刘涛译·世界建筑,1997(1)78～81
❹ 同●
❺ (美)赖贝克(Timothy W. Ryback)·从魔鬼到英雄:贝聿铭历险卢浮宫·胡纹、刘涛译·世界建筑,1997(1)78～81

拿破仑厅是个类似于中庭的地下大厅，两层高。阳光从覆盖在它上方的玻璃金字塔倾泻而下，大厅内充满着生气。地下大厅的平面呈正方形，是在"金字塔"底边的外围旋转45°而成。观众由拿破仑广场先进入拿破仑厅的地面入口层。入口层是一个以金字塔底边为底的等腰直角三角形平台，它支撑在位于直角顶点的方形立柱上。这里有一台双跑自动扶梯和一座螺旋形圆楼梯将人流从地面层引到地下大厅的底部。圆楼梯的中央还有一台圆筒状电梯在不断升降，供残疾人使用。人们在地下大厅购票后可自行选择从大厅东、南、北三个直角顶点处乘自动扶梯到达夹层，这里分别与通往叙立馆、德侬馆、里希留馆的地下通道相连。地面的三个小"金字塔"也分别为这三处引进阳光。夹层里还有环绕大厅的回廊，这使夹层各部分的联系也十分方便。人们也可以直接从地下大厅向西，它通向卢浮宫卡鲁索商店、地铁站和可容纳100辆大巴士、600辆汽车的地下停车场。在西行途中贝聿铭安排了一处倒锥形玻璃金字塔厅。它不仅为地下带来阳光，其独特的形式还让人们感到惊喜不已。

拿破仑厅是卢浮宫的地下交通中心，它井井有条的垂直交通、水平交通系统将卢浮宫的"宫"里与"宫"外，地上与地下，大厅与各展馆，大厅与交通设施，大厅与周边服务体系便捷、清晰、有序地组织联系起来。它不但满足了卢浮宫对总入口的需求，还把原来绵长的线性参观改变为合理的放射性参观，方便了各展区间的联系，也为参观提供了可选择性与适当的停顿。

拿破仑厅还是卢浮宫的服务中心。大厅里的售票、问询、存衣等设施一目了然，方便地为观众服务。观众还可以便捷地到达大厅周边集中布置的餐厅、咖啡厅、书店、礼品店、音乐厅等服务设施。

贝聿铭的玻璃金字塔和拿破仑地下大厅的扩建方案，成功地处理了重要历史建筑在现代化扩建中所面临的美学问题。妥善地解决了给老建筑赋予新功能后所面临的使用问题。不仅如此，最难能可贵的是贝聿铭使卢浮宫扩建中的美学问题、功能问题的解决互为依托，相辅相成，巧妙有机地联系在一起，使古老的卢浮宫成为一座真正现代化的美术馆，贝聿铭因此而获得了巨大的成功。

由于卢浮宫扩建时已有近800年的历史，所以动工之前法国政府先组织对拿破仑广场进行了考古。在长达两年的考古工作中挖掘出130万件历史文物，还发现了1190年所建造的城堡基础。这座保存完好的城堡基础被纳入贝聿铭的扩建计划，成为中世纪卢浮宫的展品。

1993年底，贝聿铭主持完成了卢浮宫改造的二期工程，即对里希留馆的整建改造。这是贝聿铭与法国建筑师尼科特（Guy Nicot）、麦克里（Michel Macary）、威尔莫特（Jean Michel Wilmotte）以及贝聿铭事务所的史蒂芬（Stephen Rustow）合作的成果。他们在保持里希留馆原有建筑外观和室内具有卢浮宫标志的三座大楼梯的前提下，改建了建筑的内部。拆除了不必要的隔墙与低矮的顶棚，增加了现代化美术馆所需的保安、空调、自动扶梯、人工照明等设备。将顶层改为顶部自然采光的展室用以展出法国绘画作品。另外，他们还将原有的两座内院改造成有玻璃顶的马利中庭与布杰中庭。在这两个中庭里有着室外庭院般的高差、树木、阳光明媚。中庭与周围展室的空间相互流通，观众犹如置身于法国古老的城市环境中，在这里欣赏着法国5～19世纪的雕塑作品。

1997年对叙立馆和德侬馆的改造也相继完工。至此，卢浮宫的改扩建工作基本完成。展出面积由原有的30,000m² 增加到60,000m²。此时的卢浮宫虽然看上去依旧是法国著名的古老宫殿，但拿破仑广场上新建的玻璃金字塔已经向人们诉说着卢浮宫迈进现代人生活的变迁。它的使用功能现代化了，它的硬件设施也现代化了。而作为卢浮宫改扩建工作的总建筑师贝聿铭，他在这座古老的历史建筑成功地向一座现代化大型博物馆转化中功不可没。

（彩图见实例彩页：实例30-1、30-2、30-3、30-4、30-5、30-6）

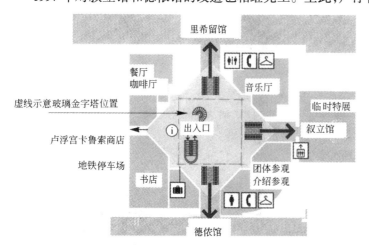

图30-5　拿破仑厅交通示意图

320

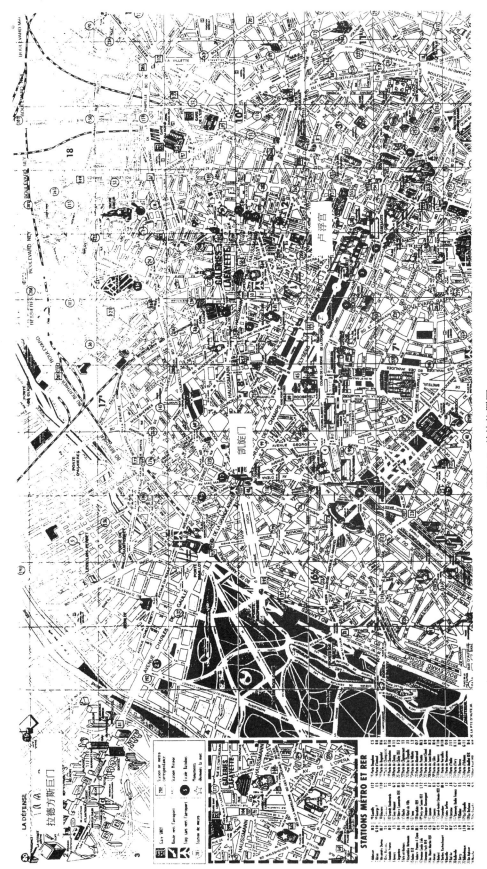

图 30-6 总体位置图

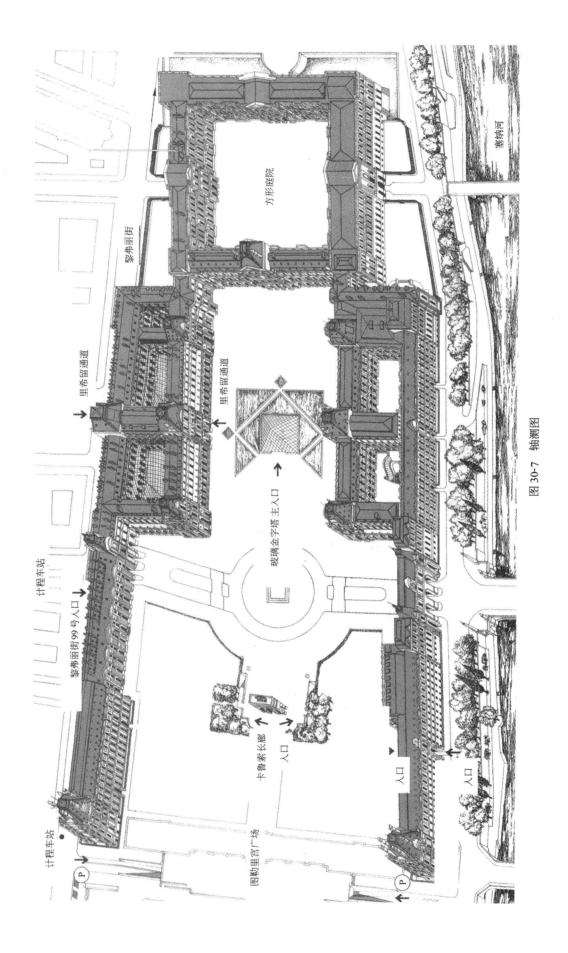

图 30-7 轴测图

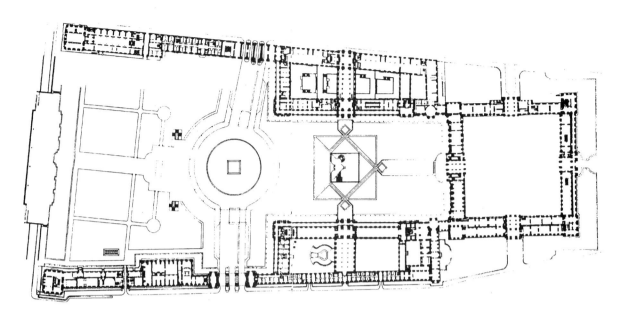

图 30-8　首层平面图

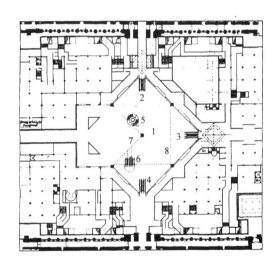

图 30-9　拿破仑底层平面图

1. 拿破仑厅；
2. 通向里希留馆；
3. 通向叙立馆；
4. 通向德侬馆；
5. 螺旋形圆楼梯；
6. 通向入口平台自动扶梯；
7. 虚线表示入口三角形平台；
8. 虚线表示玻璃金字塔位置

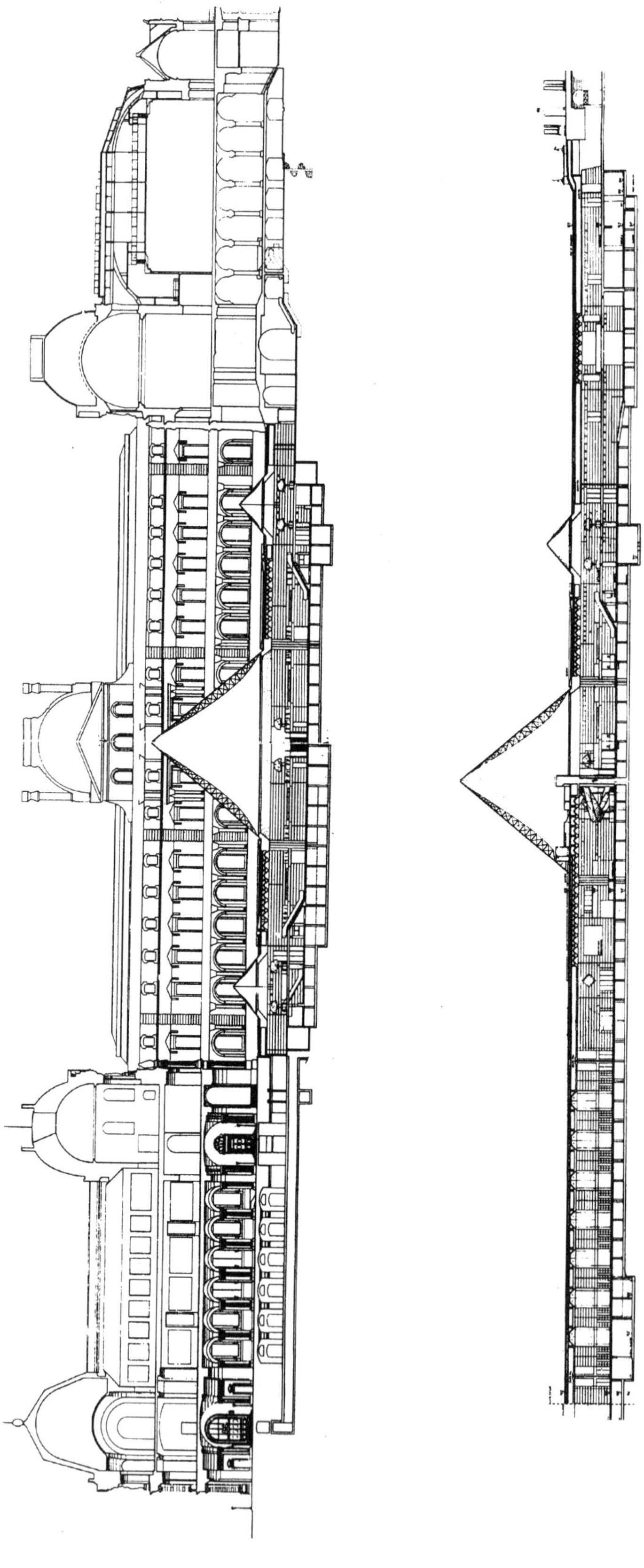

图 30-10 剖面图

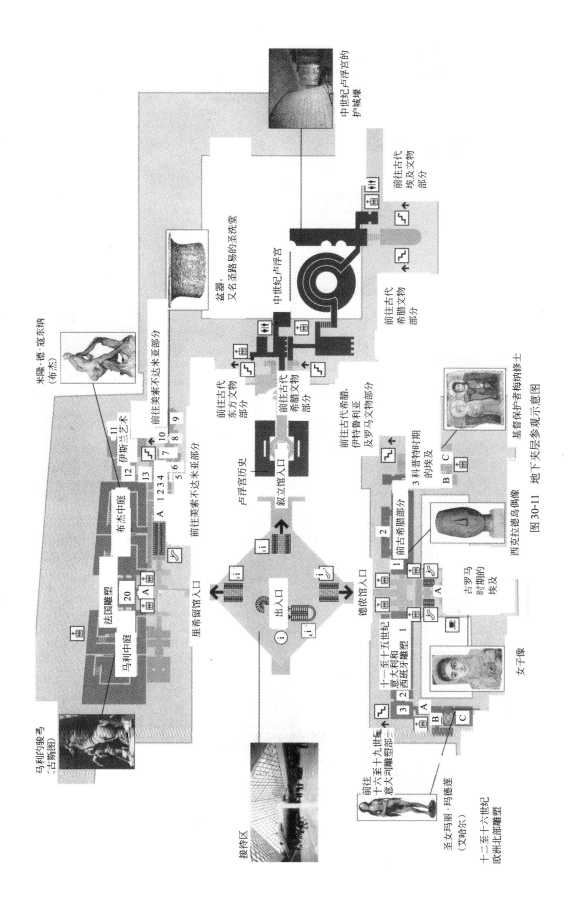

米隆·德·寇东纳
（布杰）

马利约骏马
（古斯图）

马利中庭

布杰中庭

法国雕塑

20

前往美索不达米亚部分

伊斯兰艺术

11

12

13

1 2 3 4

5 6 7 8 9 10

里希留馆入口

前往美索不达米亚部分

盆器，又名圣路易的圣洗堂

中世纪卢浮宫

卢浮宫历史

前往古代东方文物部分

前往古代希腊文物部分

叙立馆入口

中世纪卢浮宫的护城壕

前往古代埃及文物部分

前往古代希腊部分

出入口

德侬馆入口

前往古代希腊、伊特鲁利亚及罗马文物部分

3 科普特时期的埃及

基督保护者梅纳修士

古罗马时期的埃及

2 前古希腊部分

1

A B C

西克拉德岛偶像

图30-11 地下夹层参观示意图

女子像

十二至十五世纪意大利和西班牙雕塑

1

十六至十九世纪意大利雕塑部分

十二至十六世纪欧洲北部雕塑

圣女玛丽·玛德莲（艾哈尔）

接待区

31

巴黎蓬皮杜文化中心，法国，巴黎，1977
Centre Pompidou, Paris, France

建筑师：皮阿诺、罗杰斯（Piano + Rogers）

蓬皮杜文化中心位于巴黎市中心区，是一处有活力的，集信息、娱乐和文艺活动于一体的文化活动场所。为了增强社区活力，吸引大众参与，设计要求之一是要使场馆空间能提供多种可能性，便于灵活使用。

皮阿诺和罗杰斯的方案在竞赛中获胜，基于一种格网秩序，在一个结构与设备外露的巨大骨架中提供了可供弹性使用的均质空间。技术设施的外露一方面强调了技术美学，另一方面带来了室内空间划分的灵活性。整幢建筑在平面、剖面和立面上均可作调整，以适应不同功能的使用要求。

图 31-1　外观

从外观上看像一台巨大机器的文化中心，沿街道一侧有涂上强烈色彩的管道，广场一侧立面上则有一个带有筒顶玻璃罩的自动扶梯。由于结构构造上的许多细部使该"巨大的机器"在历史环境中还不显得过分干扰。这一建筑表达的机器美学在一定程度上受当时英国阿基格拉姆（Archigram）思想的影响。蓬皮杜文化中心带来了一种新的建筑观念，为传统的文化类建筑创作提供了新的思路。

（彩图见实例31-1，31-2）

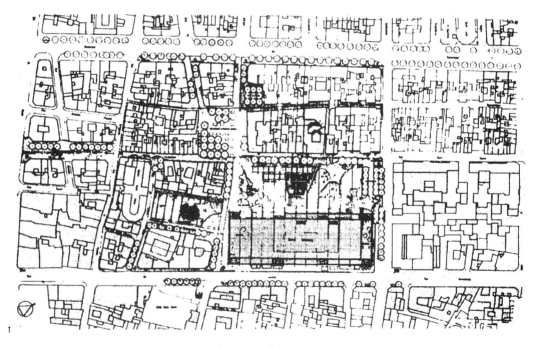

图 31-2　总平面图

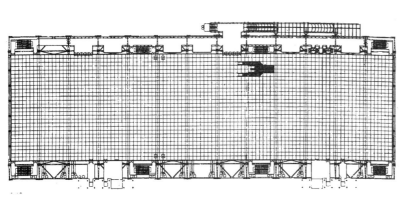

图 31-3　标准层平面图

图 31-6　屋顶平台

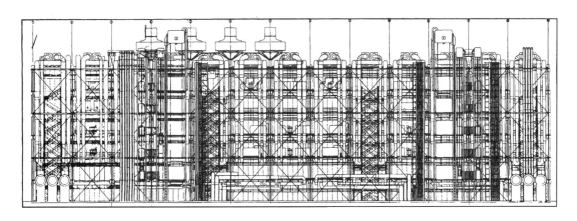

图 31-4　立面图

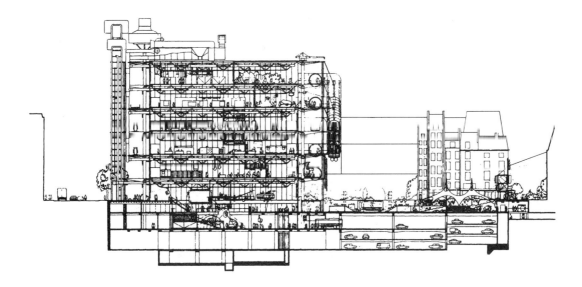

图 31-5　剖面图

32

明兴格拉德巴赫市博物馆，德国，明兴格拉德巴赫，1982
Municipal Museum of Monchengladbach, Germany

建筑师：汉斯·霍莱因（Hans Hollein）

　　该博物馆一反传统的博物馆做法——不是一栋单一整体的建筑，而是由多个不同的体量组合而成的富有变化的建筑群。其富有变化的造型和空间环境的塑造与城市环境有机地结合在一起，因而，它不仅仅是一个博物馆，还是一个供人丰富体验的城市空间，被誉为"现代的雅典卫城"。

　　博物馆主体坐落在一个大平台之上，朝向修道院。结合修道院花园的坡地设计了层层迭落的台阶状平台和自然弯曲的坡道。大平台的东侧是由若干方形（锯齿形采光屋顶）构成的馆藏品部分，灰色锌铁的外饰面显得过于简朴。平台上最高的体量是行政大楼与图书馆，其中被"咬去"的一角是为了以自由的曲面与花园中自由的平台及坡道形式相呼应。在平台的西侧是一个从展厅的格网系统中游离出来并扩大的方块，是报告厅和临时展览空间。介于报告厅和馆藏品之间的小亭是博物馆入口，正对通往市区的人行天桥。整组建筑在布局上采用了两套定向系统，一是与城市街道及大教堂相呼应的行政与馆藏部分，一是与修道院相呼应的报告厅部分。馆内的咖啡座有很好的观景条件。这种分散的布局以及多个不同体量建筑组成的群体意识，正是对该馆所处的特定地形以及城市空间中的历史文脉悉心维护的结果。

　　在室内展厅空间的塑造上，霍莱因注重作为展品背景的空间气氛的营造。因此我们看到该博物馆虽然在结构和体型上呈现出很强的格网秩序，但在室内空间上却是丰富多变的：有方形的顶棚采光的展厅，也有圆形的人工照明的展厅。展厅的层高及大小也各有不同，充分体现展品与其空间环境的依存关系。

　　这一以异质性要素构成的博物馆显然与"集装箱"式的蓬皮杜中心或密斯的柏林馆大异其趣。它是一片城市风景。

　　（彩图见实例彩页：实例 32-1，32-2，32-3）

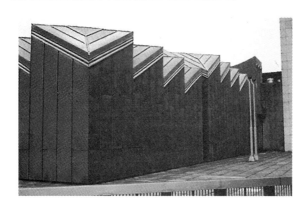

图 32-1　入口层平台上展厅采光天窗外观

图 32-2　咖啡厅外观

图 32-3　展厅室内

图 32-4　轴测图

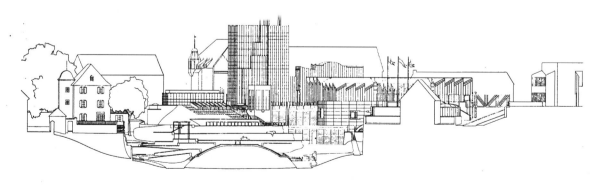

图 32-5　南立面图

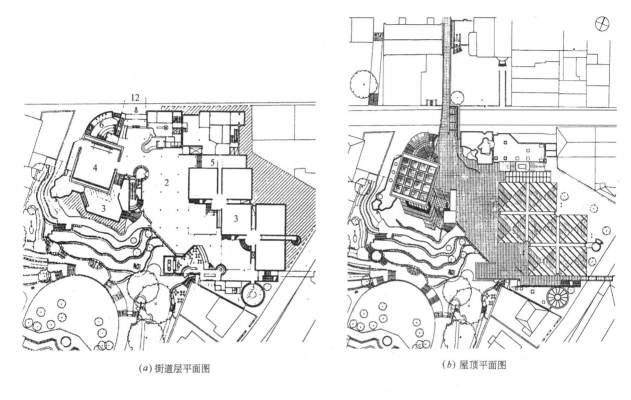

(a) 街道层平面图　　　　　　　　　　　　　(b) 屋顶平面图

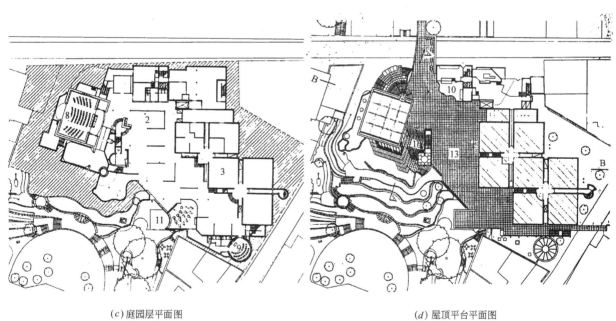

(c) 庭园层平面图　　　　　　　　　　　　　(d) 屋顶平台平面图

图 32-6　各层平面图

1. 入口；2. 展厅；3. 展室；4. 临时展厅；5. 画廊；6. 视听室；7. 咖啡厅；8. 报告厅；9. 小报告厅；
10. 馆长；11. 平台；12. 街道层入口；13. 步行平台

图 32-7　展厅室内

图 32-8　入口层平台

图 32-9　展厅天窗

<table>
<tr><td>**33**</td><td>斯图加特国立美术馆新馆,德国,斯图加特,1984
New Staatsgalerie,Stuttgart,Germany</td></tr>
</table>

建筑师:詹姆士·斯特林,迈克·韦尔福德(James Stirling,Michael Wilford)

　　这是一项对建于 1837 年的老美术馆的扩建工程,新馆中还包括报告厅、咖啡、剧场、音乐学校等内容。斯特林在 1977 年的设计竞赛中以 1 票之多赢得头奖,贝尼希(G. Behnisch)屈居第二。该馆建成后在德国建筑界引起空前的学术争论。

　　新馆的平面布局使人想起辛克尔设计的在柏林的博物馆——矩形的展厅围绕一个圆形的中厅,只不过在斯特林这里,去掉了中厅的屋盖,而代之以一个露天的雕塑庭院。这一中庭可以说是新馆在空间组织上的纽带。虽然新馆的平面布局对称而严谨,但斯特林通过对各个功能体量在形式上的不同处理及引入平台、坡道等,塑造了一个错落有致的、生动的城市景观。

　　在造型上,斯特林运用了许多历史建筑的形式片段,并结合现代的材料,把建筑环境的历史感与时代精神融为一体,如古典比例划分的石材墙面,类似古埃及建筑中那种横向展开的凹形装饰,中庭及室内展厅的划分都在吟唱着传统,传统被作为一个可见的环境背景。而结构性很强的入口门檐、轻质弧曲的入口大厅的玻璃墙面、室内露明的电梯等都在展示着现代技术。在颜色上,传统的因素静默沉稳,而现代的构件,如入口挑檐、亭子以及坡道的扶手栏杆等,犹如刺耳的尖叫,又夺目耀眼。

　　在美术馆室内展厅的设计上,斯特林采用了 19 世纪古典博物馆的传统做法,展厅被严格组织在一条轴线上,各展厅间门上的三角装饰以及圆形的展厅序号标注等,都散发出浓烈的古典气息。

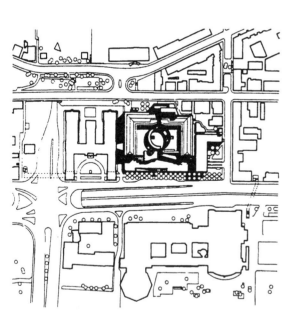

图 33-1　总平面图

图 33-2　雕塑庭院

总之,斯特林的新馆,在尊重历史环境下,将抽象的建筑布局原则与形象的传统建筑的历史片断相结合,把纪念性与非纪念性、严谨与活泼、传统与高科技等一系列矛盾的范畴统一在一起,开辟了德国博物馆建筑史上的一片新天地。

　　(彩图见实例彩页:实例 33-1,33-2,33-3,33-4,33-5,33-6)

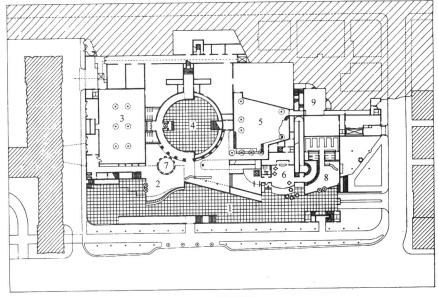

(a) 入口层平面图

图 33-3　平面图

1. 入口平台;
2. 主门厅;
3. 临时展厅;
4. 雕塑庭院;
5. 讲堂;
6. 咖啡座;
7. 书店;
8. 剧场门厅;
9. 音乐教室;
10. 陈列平台;
11. 公共步道;
12. 图书馆;
13. 剧场;
14. 彩排厅;
15. 常设展厅

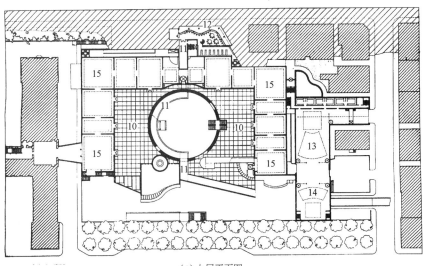

(b) 上层平面图

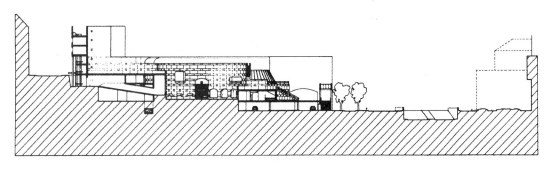

图 33-4　剖面图

图 33-5　鸟瞰图

图 33-6　自新馆入口平台望老馆

图 33-7　展厅室内

34 法兰克福建筑博物馆,德国,法兰克福,1984
German Museum of Architecture, Frankfurt, Germany

建筑师:翁格斯(Oswald Mathias Ungers)

该博物馆坐落在法兰克福美因河畔,是对建于本世纪初的一栋别墅的改建工程。

翁格斯保留了旧有别墅的外观,在别墅四周加建了一圈裙房,其中临街入口一侧是门廊,游客可以在门廊中欣赏到别墅的外立面。在别墅后部,翁格斯用院落及空廊把原有场地中的一些树木组合进博物馆建筑。整个别墅突出在四周低矮的裙房之上,它既是建筑博物馆展品的一个外壳,也是法兰克福城市建筑发展历程中一个活生生的展品。它提供给市民对该特定历史环境的"记忆"。

在室内空间的塑造上,翁格斯采用了"房中房"的技巧,即原有的室内被掏空,插入了一个由四根柱子支撑的贯通五层的空间内核,顶部为一高度抽象的双坡屋顶。在原有的别墅屋顶上加建了天窗。这一白色的、在别墅内组织展览空间的"房中房"是建筑原型的象征。它作为该博物馆的永久展品,体现了该建筑与建筑博物馆展品在主题内容上的关联。

这是一栋朴实无华、纯净的建筑,理性的空间结构与富有生命力的自然(树木和光)相交融,是新旧建筑有机结合的范例。它虽然没有任何装饰,却是一项触及建筑本质的新时代的艺术创造。

(彩图见实例彩页:实例34-1,34-2,34-3)

图 34-1 外观

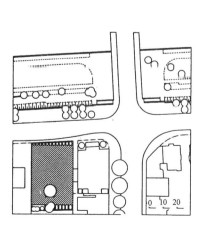

图 34-3 轴测图

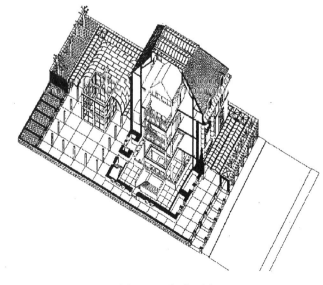

图 34-2 总平面图

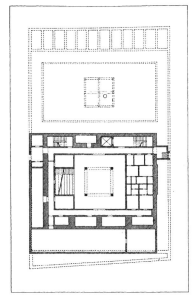
(a) 地下层平面

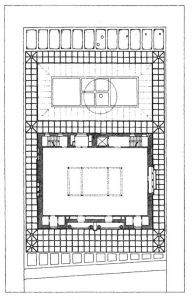
(b) 2层平面

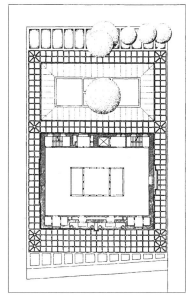
(c) 3层平面

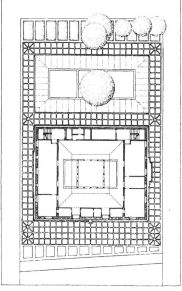
(d) 4层平面

图 34-4　平面图

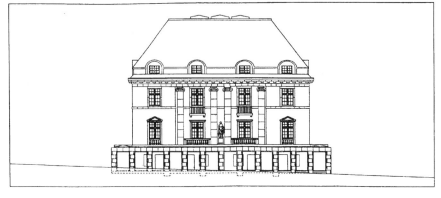

图 34-5　北立面图(沿街)

图 34-6　展室室内

图 34-7　门廊

图 34-8　1层展厅与庭院

法兰克福工艺美术博物馆, 德国, 法兰克福, 1985
Museum of Art and Crafts, Frankfurt, Germany

建筑师: 理查德·迈耶 (Richard Meier)

这是 1979 年一个国际竞赛的头奖方案, 当时霍莱因和文丘里并列第二。

该馆的设计涉及到一栋建于 19 世纪末的别墅建筑的保护与改建。迈耶从老别墅中提炼出一个 4m × 4m 的格网, 作为新建筑的设计模数。新馆在平面上以 L 形围绕老别墅, 保留了原有场地中的树木, L 形的两端及转折处均是一个与老别墅在尺度上相同的方形体量 (平面 17.6m × 17.6m), 这样在建筑整体意象上, 三个方形与原有别墅的"方形"构成一个整体性很强的完形。新老建筑之间有底层架空的廊桥相连。考虑与美因河岸的关系, L 形体还作了 3.5° 的偏转, 给理性的建筑格局注入了活力。

与斯特林或霍莱因不一样, 迈耶在这里继承了现代建筑的传统, 尤其从柯布西耶那里。白色的体块、倾斜的坡道及大面积的玻璃窗轻盈灵透, 用的是彻头彻尾的现代建筑语言。当然, 这里这种轴线的偏转在柯布及密斯的年代还少见。(彩图见实例彩页: 实例 35-1, 35-2, 35-3)

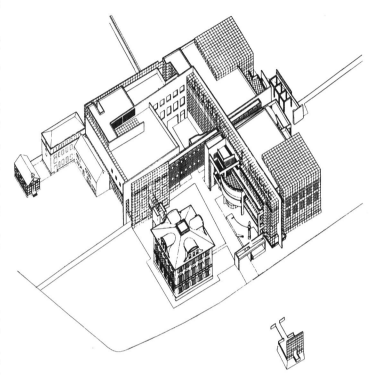

图 35-2 轴测图

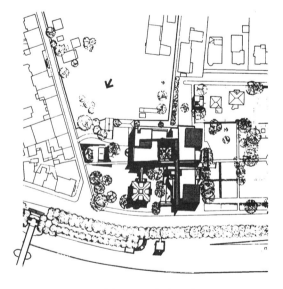

图 35-1 总平面图

图 35-3 外观

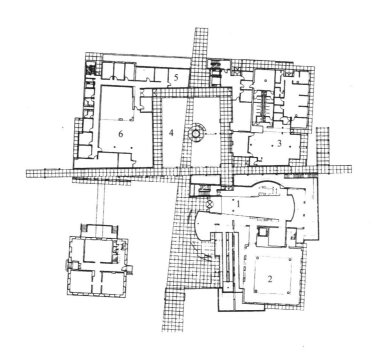

图 35-4 首层平面图

1.入口大厅；2.临时展厅；3.餐厅；4.庭院；5.管理；6.图书馆

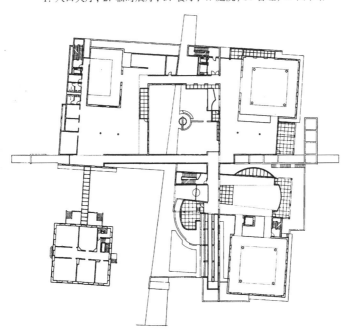

图 35-5 3层平面图

图 35-6 立面图

图 35-7　室内坡道

图 35-8　环境小品

图 35-9　展厅室内

36 法兰克福席恩美术馆,德国,法兰克福,1985
Schirn Art Gallery, Frankfurt, Germany

建筑师: 班厄特、杨森、舒尔茨、舒尔特斯(Bangert, Jansen, Scholz & Schultes)

在1981年举办的该美术馆及其周边历史环境的设计竞赛中,柏林的 BJSS 设计小组一举夺冠,当时共有 103 家设计事务所参加了方案竞赛。

该馆位于法兰克福市中心,介于市政厅广场(古罗马堡)和大教堂之间,紧靠一处古罗马遗址。建筑师以现代的设计语言,重新修复了法兰克福旧城中心区的空间结构,并赋予该历史地段以强烈的识别性。

在布局上,美术馆以东西向狭长的展厅连接市政广场与大教堂,同时也隐喻中世纪法兰克福旧城街巷空间的一个界面。展厅底层有廊道,廊道之下以台阶解决所处地形的高差。在展厅北部紧靠老城步行区中,有一半圆形的体量作为美术馆与内城的联系,其中有咖啡、餐厅等。展厅的南部方厅把美术馆补充为一个十字形,并提供给人良好的眺望美因河的观景条件。美术馆十字布局的交叉点是入口空间,它是一个顶层漏空,一圈有回廊的圆柱体,具有古罗马建筑那种浑厚的气势,也是美术馆的一个识别标志。

这是一栋挺有争议的建筑,有评论家认为,它是一个对历史环境极具挑衅性的作品,巨大的体量像一挺机枪对准大教堂。当然更多的人欣赏它,认为它批判性地修复了历史环境的创伤。它不仅是富有个性的现代建筑,而且在城市空间中被作为一种历史发展的体验空间来设计。市民游客可以接近它、穿越它、体验它。它是城市空间的一个组成部分。

(彩图见实例彩页:实例 36-1,36-2)

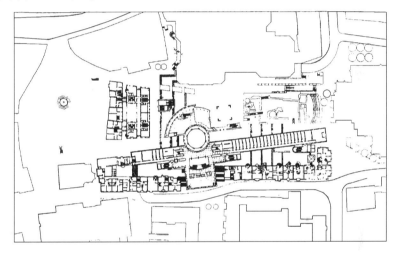

图 36-1 首层平面图

图 36-2 外观

图 36-3 入口

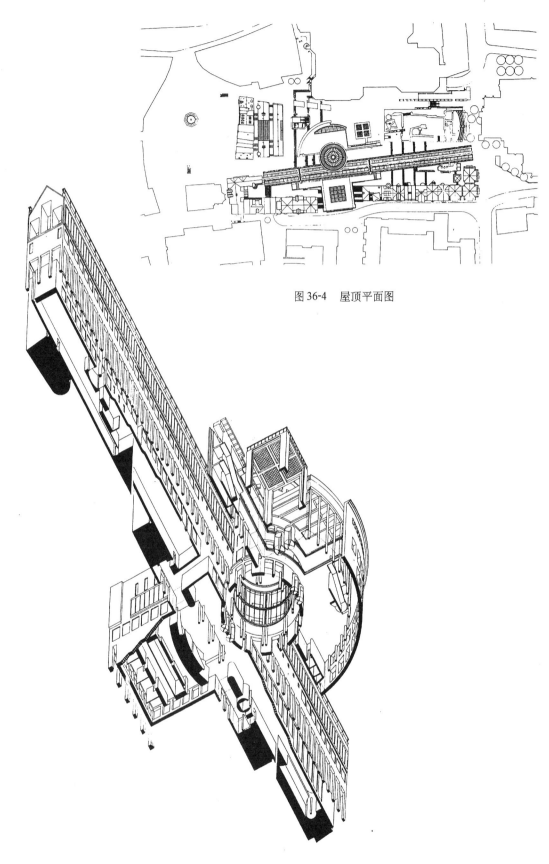

图 36-4　屋顶平面图

图 36-5　轴测图

37

法兰克福德国邮政博物馆，德国，法兰克福，1990
German Postal Museum, Frankfurt, Germany

建筑师:贝尼希(Behnisch & Partner)

图 37-1　外观

图 37-2　展厅室内

在 1982 年德国邮政博物馆方案竞赛中，贝尼希获头奖。当时国际建筑界正以极大的热情专注于后现代建筑思潮，但贝尼希却是孜孜不倦地漫步在现代建筑的道路上，追求他的透明、民主的建筑。德国邮政博物馆丰富了现代建筑语汇，詹克斯把它归为"晚期现代派"作品。

和美因河畔其他博物馆一样，邮政博物馆也涉及到对原来建于本世纪初的一幢别墅的保护、改建和利用问题。它位于迈耶的工艺美术博物馆和翁格斯的建筑博物馆之间，为保留原有的花园及树木，博物馆的主要展厅被设在地下，在地面以上新旧馆之间并无实体联系。新馆只是一个与老街道垂直的瘦长的 3 层体量，简洁的线面、明快的色彩，与 20 世纪初古典复兴的老别墅构成鲜明的对照。出檐深远的门廊及略微高出街面的入口平台友好地邀迎着游客。老建筑被改建为博物馆的行政办公楼，其外立面也被赋予了新馆中的色彩和表现当代建筑技术的构件。

贝尼希是一位经常能在建筑中出奇制胜的人物，在邮政博物馆中，他用一个斜向插入地面的玻璃筒暗示了底层展览区域的存在，同时它连接了地下与地上的建筑空间，赋予地下展厅以明亮的采光和宽敞的空间效果。人在地下展厅还可透过大厅看到原有的别墅。

该博物馆不仅巧妙地在空间划分上把邮电发展的历史呈现在参观者面前，也以其新的建筑形象和技术手段为该地段注入了时代气息。

（彩图见实例彩页:实例 37-1,37-2,37-3）

图 37-3　底层大厅

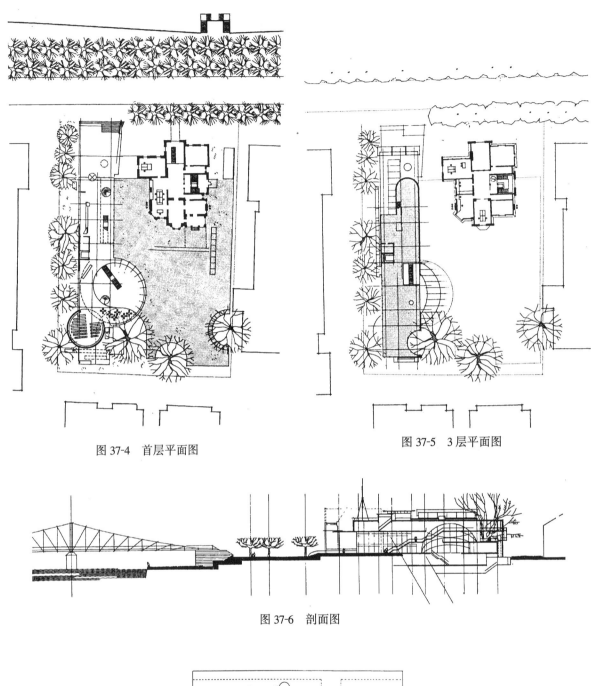

图 37-4　首层平面图

图 37-5　3层平面图

图 37-6　剖面图

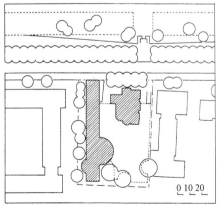

0 10 20

图 37-7　总平面图

38

法兰克福现代艺术博物馆,德国,法兰克福,1991
Museum of Modern Art, Frankfurt, Germany

建筑师:汉斯·霍莱因(Hans Hollein)

汉斯·霍莱因在1983年为该项目举办的国际竞赛中获头奖,共有98家事务所参加竞赛,其中包括皮阿诺、库哈斯、翁格斯等国际著名建筑师。

该博物馆位于法兰克福市中心大教堂北部的一块三角形地段。地段的形式决定了博物馆的平面形式。霍莱因以一个紧凑、完整的被称为"一块蛋糕"的形体弥补了城市结构的一块空缺,并以引人注目的造型标志了城市中这一进入老城中心的入口地段。

博物馆的入口设在南部一角,朝向大教堂,有意识地强调了新建筑与老城中心的联系。在外形塑造及材料应用上考虑周围建筑的影响,并运用了一些历史建筑的片断,被认为是后现代的建筑手法。

博物馆的基本结构是三边围绕一个中心采光大厅,室内主要是三层,屋顶顶部采光采用了19世纪博物馆的建筑传统。博物馆的室内丰富多彩。由入口经过一系列大小不一、高低不同的空间变化及各式楼梯、台级、平台、开口等,给人提供许多视线交往及观景场所。博物馆中心的楼梯是室内空间一个定向的基点。简言之,其室内空间的组织给人无穷的惊喜,是一首交响曲,一首类似施特劳斯"蒂尔·奥伊伦施皮格"(Till Eulenspiegel)的乐曲,有一个清晰的乐曲结构,有高有低,有响有轻,有轻松有严肃。

(彩图见实例彩页:实例38-1,38-2,38-3,38-4)

图38-1 自博物馆望大教堂

图38-2 博物馆大厅

图38-3 楼上展厅室内

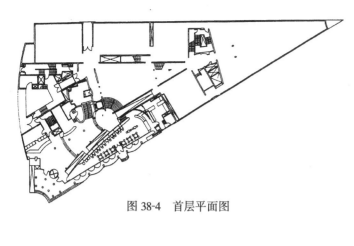

图 38-4 首层平面图

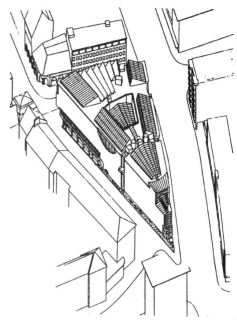

图 38-6 轴测图

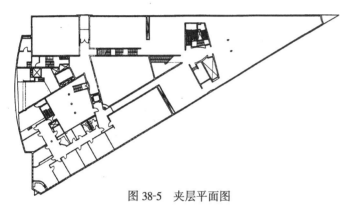

图 38-5 夹层平面图

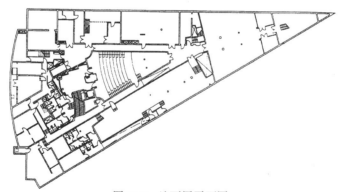

图 38-7 地下层平面图

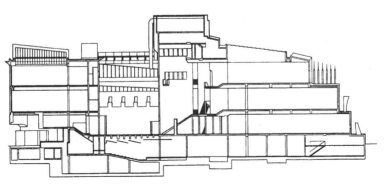

图 38-8 剖面图

39 科隆瓦拉夫·理查茨和路德维希博物馆，德国，科隆，1986
Wallraf-Richartz & Ludwig Museum, Cologne, Germany

建筑师：彼得·布什曼，戈德弗里德·哈伯尔（Peter Busmann, Godfrid Haberer）

这是 1975 年举办的国际竞赛的头奖方案。当时斯特林、翁格斯、博姆等著名建筑师也参加了该博物馆的设计竞赛。

这一 20 世纪艺术博物馆坐落在科隆市中心，介于大教堂和莱茵河岸一块狭小的地段，紧邻火车站和莱茵河大桥。它实际上由两个博物馆组成，还有一个 2000 座的交响乐厅。

为了保留城区教堂与莱茵河边公园的联系，博物馆在布局上分为两部分，在地面上留出了一条步行通道，并由丹尼·卡拉文（Dani Karavan）塑造了一个别致的户外广场，成为受市民及游客喜爱的户外活动场所。广场的底部是交响乐厅。博物馆的入口设在与大教堂同一个标高的广场上，其巨大的门厅也是开放式的城市空间，其中有书店、咨询等。门厅中有一部巨大的单跑楼梯导向楼层展厅。

博物馆的造型富有特色，其屋顶由 1/4 圆弧的镀锌铁皮及斜向北部的玻璃坡顶组成。在整体造型上，横向展开的呈波浪状的博物馆与大教堂竖向升腾的气势构成鲜明对比。另外，在莱茵河一侧，为使巨大的博物馆在尺度上与城市住宅相呼应，其端部也呈现出与城市住宅山墙类似的节奏。

独特的屋顶形式给展厅的室内空间带来了新意。北向的顶光为展厅提供了良好的采光。博物馆的技术设备隐藏在室内空间中与屋顶反向的 1/4 圆体中。

（彩图见实例彩页：实例 39-1，39-2）

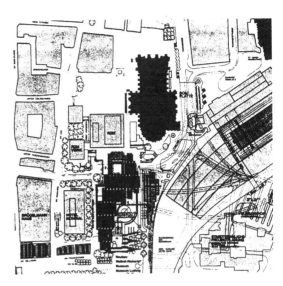

图 39-1　总平面图

图 39-2 鸟瞰图

图 39-3　两座博物馆间的步行通道

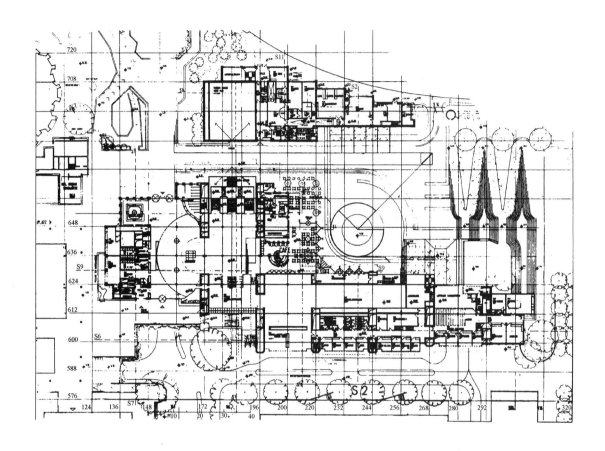

图 39-4　入口层平面图

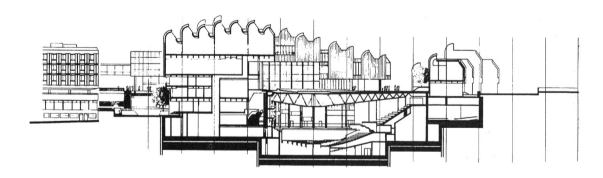

图 39-5　剖面图

40

维特拉家具博物馆,德国,魏尔,1989
Vitra Design Museum, Weil am Rhein, Germany

建筑师:弗兰克·盖瑞(Frank Gehry)

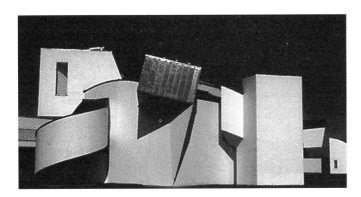

图 40-1　外观

图 40-2　室内

维特拉家具博物馆是被称作当代巴洛克大师的盖瑞的代表作之一,也是盖瑞在美国本土以外实现的第一个作品,这一具有解构主义倾向的建筑是维特拉家具厂用以陈列自 17 世纪以来的家具及其有关图书资料的场所,由展厅、图书馆、办公、贮存以及相关的辅助设施用房组成。

就像盖瑞的其他作品一样,该家具博物馆反映盖瑞一贯的建筑美学观念,他以便宜的材料(如白色抹灰的墙面和金属板的屋顶等)和看似残破、片断、舞动的形体塑造了一个"可进入的雕塑",继承了表现主义建筑的传统;他以丰富的空间设计,独特的顶光处理,以及精确的施工技术营造了解构的氛围。在室内到处都有使人惊喜的景观,包括斜角、片断的屋顶以及奇特的光线设计。各展厅之间彼此交融又各有特色。

这一座落在家具厂入口处的标志性建筑,似一片飘浮在海面上的冰山,每年吸引无数的建筑界人士前来参观。

(彩图见实例彩页:实例 40-1,40-2,40-3)

图 40-3　入口

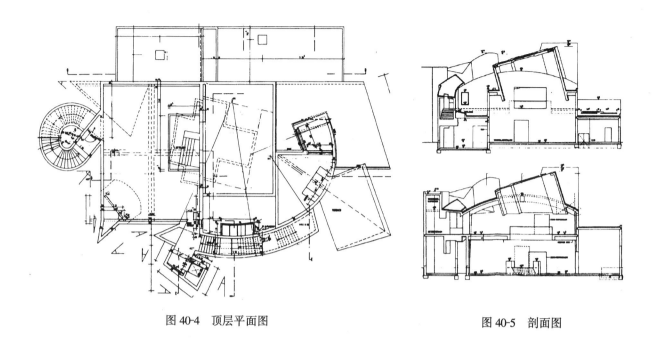

图 40-4　顶层平面图

图 40-5　剖面图

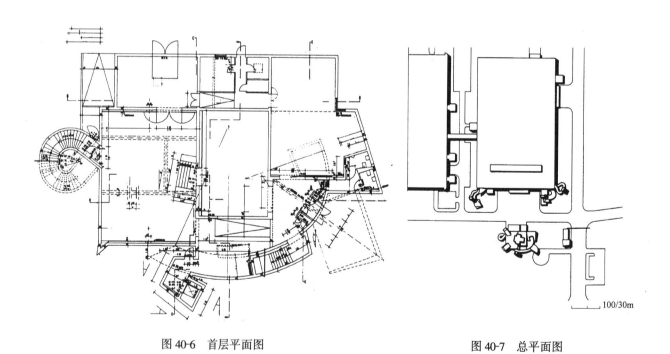

图 40-6　首层平面图

图 40-7　总平面图

100/30m

41

波恩艺术博物馆，德国，波恩，1992
Art Museum, Bonn, Germany

建筑师：阿克塞尔·舒尔特斯（Axel Schultes）

20世纪90年代初，随着波恩艺术博物馆、德国艺术展览馆和德国历史馆的相继落成，在波恩诞生了一个新的文化中心。其中的波恩艺术博物馆用以陈列和展出奥古斯特·马克（August Macke）和莱茵画派的作品以及二战后德国的艺术成就。

波恩艺术博物馆位于弗里德里希·艾伯特大街靠莱茵河一侧。这条四车道的大街是穿越波恩的过境交通干线。拥挤的车流、噪声、汽车排出的废气以及该地段零乱的城市空间所带来的视觉上的混乱构成该地段毫无特色可言的环境特征。"在这个什么都不是的地方"（舒尔特斯语），舒尔特斯插入了一个巨大简洁、明晰可辨的方形体量，在这一汽车川流不息，人们油门一踩

图 41-1　外观

即飞速而过的地方造就了一个引人注目继而邀人停留的场所，一个艺术的殿堂。

总体布局上，为使博物馆与街道的喧闹保持一种距离感，并使其能闹中取幽，舒尔特斯在靠艾伯特大街一侧为我们呈现了一堵"墙"，一堵几乎封闭的13m高70m长的"墙"。"墙"内是三层的行政办公用房。墙上狭窄的开口使人联想到历史上的古堡。这堵"墙"象征着护卫艺术的防线。

舒尔特斯用"墙"拒绝了被汽车蹂躏的外部世界，但同时也有开口朝向地铁站出入口，自然而然地接引着参观者。而参观者步入这一开口后并没能直接进到博物馆内部，而是一个前院，一个介于世俗与艺术净土之间的过渡。

该博物馆惟有北侧敞开，朝向艺术展览馆，在出檐深远的屋顶之下有坡道、楼梯、平台，还有纤巧的柱列成群结队。自帕拉第奥以来，与欧洲建筑结下不解之缘的柱廊在这里被舒尔特斯作了创造性的引用。

舒尔特斯这一艺术的殿堂由对角线划分成三角形的两个部分。一部分是办公、存衣、会堂、咖啡和临时展厅；另一部分是固定藏品陈列。两者由中心部位一个类似露天圆形剧场般的楼梯连接。这儿有自然光照耀，它在封闭的近乎隐士般简朴的门厅中闪烁着希望，把人从迷茫中带入心灵的世界。

该博物馆的展厅部分严格按格网布局。各展厅间由1.5m厚的墙体隔开，其中设置了电梯、防火楼梯以及各种技术设施。三角形的顶端设有庭院。展厅室内的采光采用方格形的天窗，以使大片均质的自然光能像透过筛子的水一般洒入展厅。展厅内墙面白色粉刷，平整光洁，没有任何装饰和干扰因素，地面是橡木地板，展品直接固定在墙上。创造一个充满生气的自然光照耀的艺术殿堂，这是在该博物馆设计中舒尔特斯自始至终追求的目标。

为了更好地表达他的这一对"光的崇拜"，舒尔特斯在材料上选择了可以整体浇铸的轻质混凝土。在这里，混凝土的可塑性得到了充分的发挥，混凝土沉重的物质性和光的非物质性的对比赋与该博物馆以永恒的魅力和个性。

（彩图见实例彩页：实例41-1，41-2）

图 41-2　展览庭院

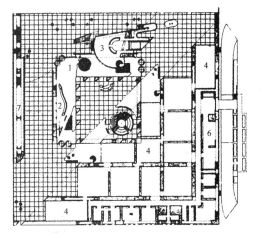

(a) 1层平面图

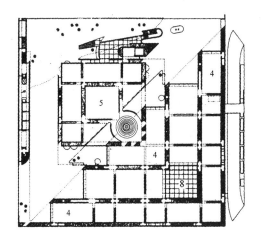

(b) 2层平面图

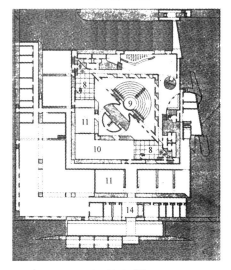

(c) 地下层平面图

图41-3　平面图

1.门厅；2.书店；3.咖啡；4.展厅；

5.临时展厅；6.车间；7.行政；

8.庭院；9.报告厅；10.图书馆；11.库房

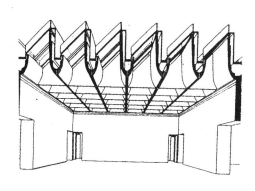

图41-6　展厅天窗采光示意图

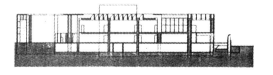

图41-5　剖面图

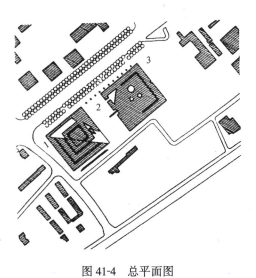

图41-4　总平面图

1.波恩艺术博物馆；2.广场；3.德国艺术展览馆

图 41-7　外观

图 41-8　外观

图 41-9　外观

建筑师:古斯塔夫·佩歇尔(Gustav Peichl)

该馆于1992年4月竣工,是波恩一处一流的举办展览兼会议、音乐、戏剧等多种文艺活动场所。奥地利建筑师佩歇尔是在1987年德国政府举办的该馆的国际设计竞赛中获头奖的。

佩歇尔的构思是在这一特定的地段塑造一个引人注目的标志性建筑物,并能最大限度地满足展览馆功能所提出的对灵活性的要求。该馆96m×96m见方,简洁明了的建筑造型没有任何累赘的附加装饰。作为波恩城市空间的延续,该馆没有紧压城市红线布置,而是退进4m,在红线上竖立了16根铁锈色的柱子,柱子在艾伯特大街一侧把展览馆和波恩艺术博物

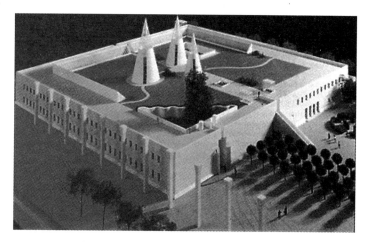

图42-1　模型照片

馆联成一体,并作为一个较开放的边界,围合了这两馆之间的户外广场,这16根柱子象征德国统一后的16个州。

该馆封闭、内向的性格也是环境的产物,它比舒尔特斯的艺术博物馆更像是一个堡垒建筑。墙面上开设大小形式一样的窗户,只有入口处朝向广场的门洞稍大。展览馆的入口有一个三角形的庭院,门厅的墙面由正弦曲面的玻璃墙构成。水波浪般透明的墙面及院中的绿化与严谨、庄重的展馆外观构成对比。展馆的屋顶为雕塑花园,其中有三个大小不同的采光塔,它们既解决了部分室内展厅的采光,又构成了艺术展览馆的外显标志,并象征造型艺术的三姐妹:建筑、绘画和雕塑。在屋顶花园,人们还可以远眺莱茵河岸的山光水色。

艺术展览馆这一简洁明了的建筑形式可以说是建筑美学与合理的使用功能的有机结合。展馆封闭性的外围是一圈10m宽的服务带,其中有车间、库房、行政办公、图书馆、咖啡等。位于展馆中心的展厅部分也有大有小,有独立的展室,也有联成一体的展廊,还有大小不一的展厅。展厅的高度也各有不同,以满足现代艺术提出的对各种展项的复杂空间要求。

(彩图见实例彩页:实例42-1,42-2)

图42-2　门厅

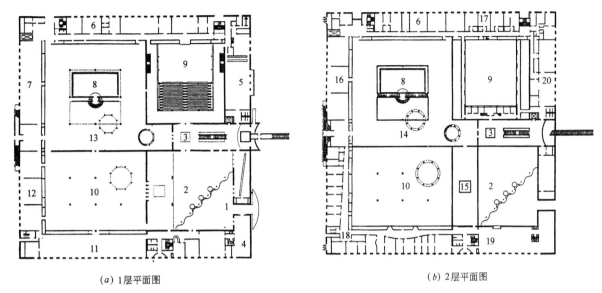

(a) 1层平面图　　　　　　　　(b) 2层平面图

图 42-3　平面图

1.前院;2.门厅;3.大厅;4.商店;5.餐厅;6.车间;7.准备间;8.中厅;9.报告厅;10.大展厅;11.东画廊;12.西画廊;
13.1层展厅;14.2层展厅;15.中展室;16.南展室;17.工作间;18.行政办公;19.图书馆;20.新闻发布

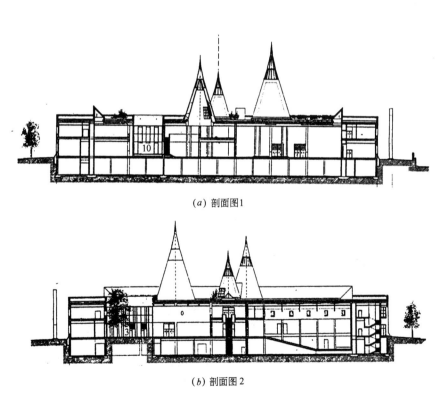

(a) 剖面图1

(b) 剖面图 2

图 42-4　剖面图

图 42-5　户外广场

图 42-6　前院

图 42-7　通往屋顶平台的楼梯

图 42-8　大展厅

<table>
<tr><td>**43**</td><td>柏林犹太人博物馆,德国,柏林,1999
Jewish Museum, Berlin, Germany</td></tr>
</table>

建筑师:丹尼尔·里勃斯基(Daniel Libskind)

　　丹尼尔·里勃斯基在1989年举办的犹太人博物馆方案设计国际竞赛中,以其独具匠心的解构派设计方案获头奖。该博物馆实际上是柏林博物馆的扩建,于1992年11月奠基,1999年建成。犹太人博物馆地下1层,地上4层,总建筑面积为10000m²。博物馆的入口设于老馆,新旧馆在地下层相连。

　　老的柏林博物馆是一幢巴洛克式建筑,位于柏林市中心。新的犹太人博物馆在地面上与老馆分离,是一个被称之为"石头的闪电"的弯折形体,与老馆形成鲜明对比。这一弯折体的构思是受德国纳粹时期强迫犹太人佩戴的六角星标志的启示。这六角星被称作大卫之星,是犹太人的象征。这一闪电般的外形或"破碎的大卫之星"由一条轴线贯穿,在曲折的体量中是展厅,在贯通的轴线部分则包含所有二战中在柏林被迫害的犹太人的名字。这一曲一直代表着两种思维和秩序——一个多样化的片断组成的直线和一个趋于无穷的折线相互交织,但各有自己的方向。这两条轴线描绘了德国人和犹太人之间的关系。里勃斯基把该博物馆称为"线之间"(between the lines)。

　　(彩图见实例彩页:实例43-1,43-2,43-3)

图 43-1　外观

图 43-2　鸟瞰图

图 43-3　展厅

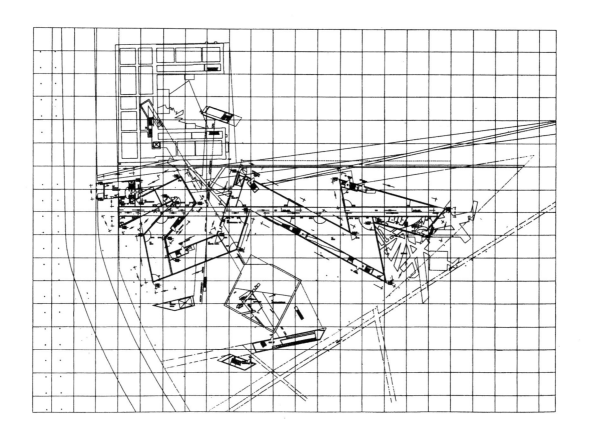

图 43-4　首层平面图

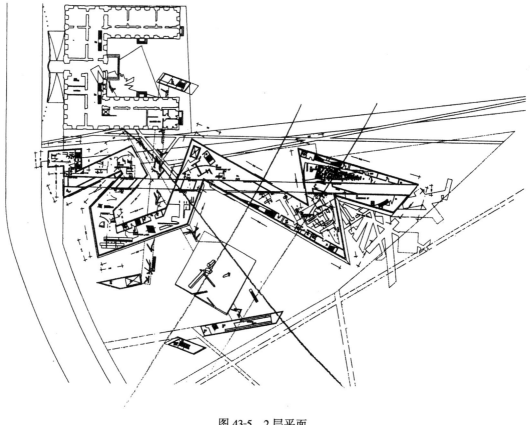

图 43-5　2 层平面

图 43-6　展厅

图 43-7　总平面图

哥本哈根方舟现代艺术博物馆,丹麦,哥本哈根,1996
Arken Museum of Modern Art, Copenhagen, Denmark
建筑师:瑟伦·罗伯特·伦德(S. R. Lund)

这一被称为"艺术的方舟"的现代艺术博物馆坐落在哥本哈根南郊,落成于 1996 年 3 月 22 日。建筑师伦德在 1986 年设计竞赛中获得该项目头奖时,年仅 24 岁,还是建筑系的学生。

该博物馆的构思是通过主体建筑和周围人工设施的塑造使建筑这一人造景观与海滩、港口、大海等自然景观相互作用与交融。在景观喻意上,博物馆的外部形态被有意作为一种船的意象,以使方舟博物馆与地段特征更为紧密地结合一体。

船并不仅仅是一种形式,而是作为该博物馆创造性构思的出发点。狭长的建筑被分解为几片墙的穿插,并伸向自然风景。博物馆的空间组织围绕着中心一个 150m 长的所谓"艺术轴"大厅,该

图 44-1 外观

厅最宽处 10m,最高处 12m,最低处仅 3m。观众由此梭形中庭可以进入其他展厅。

该博物馆总建筑面积 8200m²,是专为 1996 年哥本哈根作为欧洲文化之都而建的。对这一现代艺术的方舟评价褒贬不一,但它无疑代表了当今一股重要的现代建筑潮流。它以现代的建造技术与材料,刻划特定的场所精神,它是主观的,又是客观的,而且是不可复制的。

(彩图见实例彩页:实例 44-1,44-2)

图 44-2 餐厅庭院

图 44-3 中庭

图 44-4 大展厅

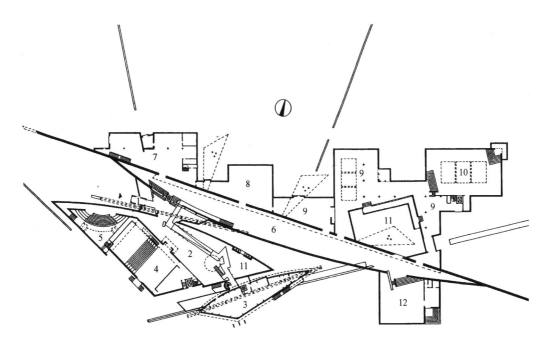

图 44-5　首层平面图

1. 入口;2. 门厅;3. 餐厅;4. 多功能厅;5. 影视厅;6. 中庭;7. 工作间;
8. 贮藏;9. 临时展厅;10. 展廊;11. 内庭院;12. 书画展厅

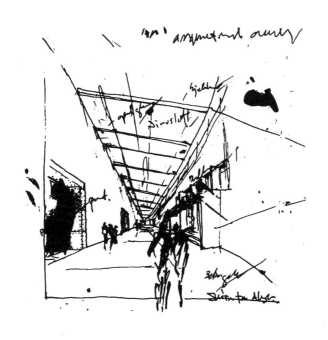

图 44-6　构思草图

图 44-7　北立面图

<table>
<tr><td>45</td><td>维罗纳卡斯泰维奇博物馆,意大利,维罗纳,1958～1964
Castelvechio Museum,Verona,Italy</td></tr>
</table>

建筑师:卡洛·斯卡帕（Carlo Scarpa）

　　卡斯泰维奇博物馆是斯卡帕的代表作。这是对建于 14 世纪的一个斯卡拉家族城堡的改建。世界上有一些建筑师,他们并不受时尚的影响,而是专注于简洁的形式,注重材料细部的塑造。其手法既不是高科技的,也不是历史主义的,他们的态度是现代的。在历史环境的建筑创作中,新的因素与历史的现状完全不同,然而却能绝妙地嵌入其中。他们用建筑来描述历史发展的各个层面。斯卡帕可谓是这一创作倾向的精神领袖。

　　从外观上看,该博物馆的新建部分,如墙后的门窗分格、栏杆等并不引人注目。在原城堡塔楼与威尼斯式府邸的交接处,斯卡帕嵌入了一处"裂痕",以突出放在一个梁托支撑的平台上的斯卡拉像。新的元素如连桥、观景台、钢柱等均从老建筑中穿出,犹如解构式做法的被肢解的屋顶,在保证雕像免受自然气候侵蚀的同时,也为其提供了良好的采光。

　　在博物馆的室内,到处都可以看到新旧元素之间相分离的做法,如在老建筑的墙角挖入一条缝,使原有建筑与新添因素之间保持"距离"。斯卡帕对材料及细部的处理有其独到之处,人们称他的建筑具有"永恒的细部"。

　　(彩图见实例彩页:实例 45-1,45-2)

图 45-2　首层 12～15 世纪雕塑展厅

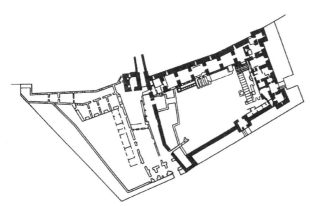

图 45-1　平面图

图 45-3　内院立面

图 45-4　雕塑展厅

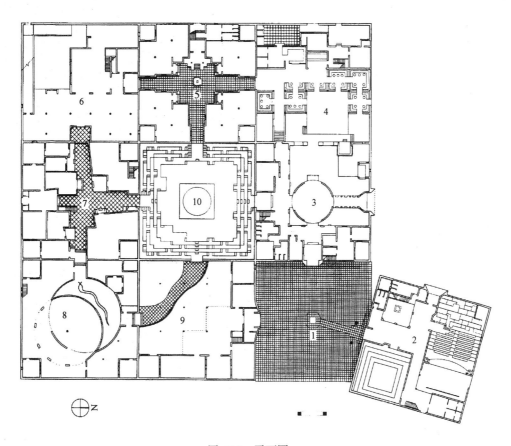

图 46-1　平面图

1. 入口;2. 金星;3. 火星厅(管理);4. 月亮厅(咖啡贵宾室);5. 水星厅(珠宝、手工艺品、精品);

6. 凯土星厅(织品);7. 土星厅(手工作坊);8. 拉胡星厅(武器);9. 木星厅(图书室);10. 太阳院

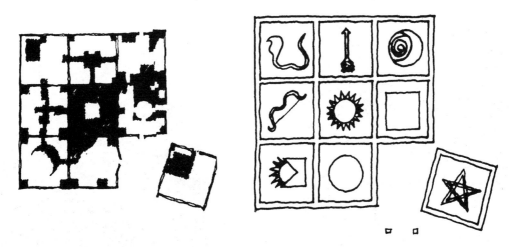

图 46-2　布局的象征意义

在古代印度,曼陀罗(Vastu Purusha Mandala)被认为是一种人在广博宇宙中安置居所的理想模式,这种曼陀罗模式由一个基本的方形组成,可以有各种不同的划分,最常见的是9、64和81格,它们经常被用于印度古代的城市和建筑布局。建于1727年的斋浦尔古城由一代君王杰·辛哈二世所建。他以曼陀罗的模式,结合城市所在的独特地形和气候条件,通过一系列有秩序和级差的道路系统、住屋类型、户外公共空间及良好的定向,把宇宙秩序和地区环境相结合,使斋浦尔成为古印度最杰出的规划城市。

图46-3　外观

柯里亚在设计斋浦尔博物馆时,吸取了印度的这一城市传统,把现代博物馆建立在一个丰厚的古代文明的土壤之中。他吸取了曼陀罗的模式,吸取了印度城市因地制宜,把理想与现实高度结合的创造性思维,以一个完整的方形曼陀罗为原型,并把其中一个方形移转到一侧,提供了一个入口广场,也继承了斋浦尔古城以曼陀罗为原型、结合当地特定地理环境布局的传统。

在这里,曼陀罗的九格方形还分别代表了9个星座。在博物馆中心部位的方形是一个庭院,吸取了著名的曼德拉水池的台阶意象。其他8个方格分别是展厅、行政用房、表演厅、图书馆、咖啡厅等。

(彩图见实例彩页:实例46-1,46-2)

图46-4　中心庭院

图46-5　行政部分穹顶大厅

图46-6　馆内街景

建筑师:黑川纪章建筑·都市设计事务所(KISHO KUROKAWA Architect & Associates)

美术馆建成已有 10 余年,现在走近它,仍然会感受到 50 多年前那场灾难给这座城市乃至整个国家留下的挥之不去的阴影。它是为广岛建市 100 周年、建城 400 周年而设立的,也是日本第一座现代美术馆。

建筑位于富有浓郁文化色彩的比治山艺术公园内,可以俯瞰整个广岛城。整个建筑由中央环回廊连结南北两翼构成。从引导入口的大台阶向上望去,入口处环形回廊上的切口极富感染力,它雕塑般的力量会立刻抓住来者的注意力。入口右侧的雕塑广场给建筑笼上了一层悲凉的气氛,干枯的黄砂上整列的扭曲的黑色焦灼物在绿荫丛中显得尤为刺眼。建筑外壁上刻意强调处理的通风口等构件也在给人某种情感的暗示。

在建筑金属、玻璃的现代外衣下流露着日本传统建筑文化的痕迹,如坡顶、格栅窗等。考虑到公园的整体限高,地面建筑只有 1 层,主要展厅布置于首层与地下 1 层,中央的环形回廊联系着两侧的展厅。由于地形所限,货物只能来自于与参观者相同的方向,设计者利用地势高差巧妙地解决了这一难题,并且在地下为艺术品的收藏、保护、整理设置了一系列针对性的设施,满足美术馆收藏与保护功能的要求。

该作品获得 1990 年日本建筑学会奖。

(彩图见实例彩页:实例 47-1 ~ 47-3)

图 47-1 美术馆主入口

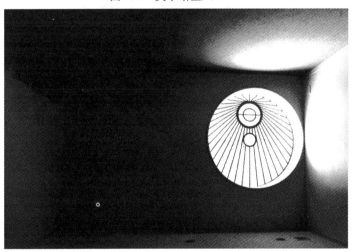

图 47-2 休息厅窗洞

图 47-3 室外雕塑

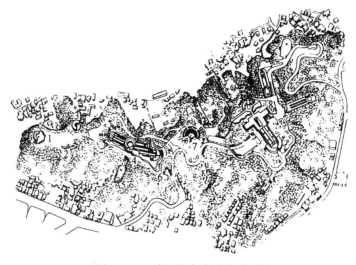

图 47-4 比治山艺术公园总平面图

1. 壁泉；2. 掩避所；3. 青空图书馆；4. 广岛市现代美术馆；5. 雕塑广场；6. 雕塑之林；

7. 室外剧场；8. 博物馆

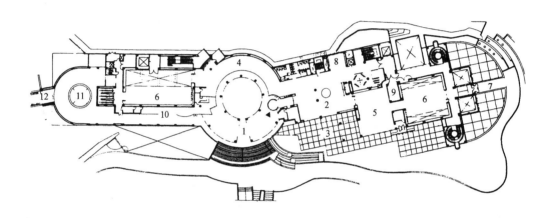

图 47-5 首层平面图

1. 入口前广场；2. 门厅；3. 室外展场；4. 回廊；5. 展示门厅；6. 展厅；7. 通路；8. 图书；9. 仓库；

10. 咖啡厅；11. 采光庭；12. 隧道

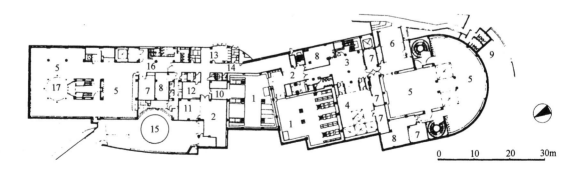

图 47-6 地下 1 层平面图

1. 收藏库；2. 卸货处；3. 前厅；4、5. 美术剧场；6. 室外雕塑展示；7. 仓库；8. 设备间；9. 公园卫生间；10. 熏蒸；

11. 临时保管；12. 摄影；13. 修复室；14. 走廊；15. 升降台；16. 楼梯间；17. 采光庭

48 奈良国立博物馆陈列馆新馆，日本，奈良县，1970～1973
New Building of Nara National Museum, Nara, Japan

建筑师：吉村顺三（Junzo Yoshimura）

奈良国立博物馆设立于 1895 年，是拥有一百多年历史的著名博物馆。由日本老一代建筑师片山东熊设计的博物馆老馆建筑已被定为国家重要文化财产，也是保存至今日本最早的近代建筑之一。

新陈列馆的建设处于一个相对尴尬的境地：一方面建筑位于日本传统文化的发祥地——奈良，周围的建筑几乎都是清一色的传统式样；另一方面，与之相邻的老馆却是一个彻头彻尾的西洋古典"帝冠式"建筑。建筑师吉村顺三采用了折中的处理手法，从日本传统民居建筑的形制得到启发，更多地从把握传统建筑的神韵出发，取得与周边环境的协调统一。

在建筑的基底设置了三面环绕的水池，起到了很好的与环境过渡的作用。首层是开敞式，除了架空的柱脚便是透明的玻璃围合门厅，人的视线很通透，两侧的绿林没有被隔绝的感觉。首层的处理很容易让人联想起日本民居中进入首层地面前的架空部分。陈列厅的主体部分在 2 层，用坡道与一层空间取得紧密联系，陈列室布置极其简单实用，沿着采光中庭两侧平行排列，并且各自对应收藏库。

建筑 2 层外壁采用很具日本特色的横向羽木板状的墙面划分，窗户的外侧也有传统的格栅窗，只是材料已变成了混凝土与金属。屋顶的处理更具传统特色，屋面起坡缓慢，出檐深远。屋顶上的瓦被特意夸大了尺寸，并制成青色。檐口处理简洁舒展，不拘于常规，给人的感觉开朗大方、古朴端庄，似有中国唐代建筑之神韵。

该建筑获得了 1974 年日本第 15 届 BCS 建筑奖。

（彩图见实例彩页：实例 48-1～48-4）

图 48-1　倒影在水池中的博物馆

图 48-2　传统意味鲜明的屋顶与墙面处理

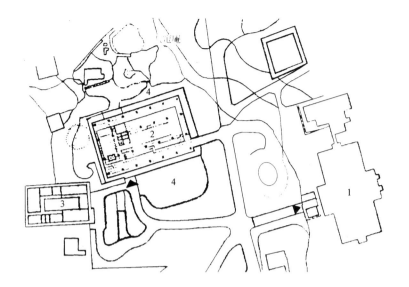

图 48-3　总平面图

1. 老馆；2. 陈列馆新馆；
3. 办公室；4. 水池

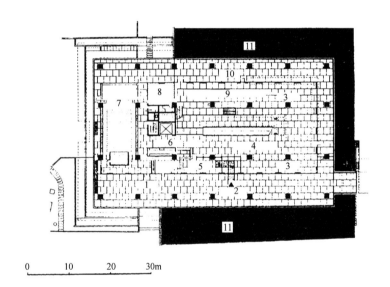

0　　10　　20　　30m

图 48-4　首层平面图

1. 东门厅；2. 主门厅；3. 陈列室；
4. 多功能厅；5. 讲演厅；6. 衣帽
间，小卖；7. 讲堂；8. 接待室；9. 休
息区；10. 平台；11. 水池

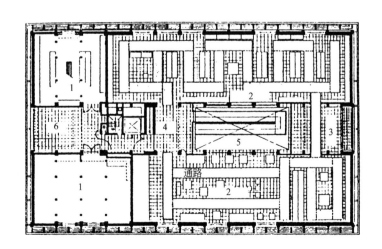

通路

图 48-5　2 层平面图

1. 收藏库；2. 陈列室；3. 休息室；
4. 前室；5. 中庭；6. 制作

东京都现代美术馆,日本,东京都,1985～1995
Museum of Contemporary Art, Tokyo, Japan

建筑师:柳泽孝彦＋TAK建筑·都市计画研究所(TAK Associated architects)

柳泽孝彦如同许许多多就职于日本组织型建筑事务所的建筑师一样,曾经很少为人所知晓,直到他在东京第二国立剧场国际设计竞赛中一举中标,由于业务经营上的需要,成立了柳泽孝彦＋TAK建筑·都市计画研究所之后,他的名字才从竹中工务店的幕后走向了前台。第二国立剧场的成功使柳泽孝彦获得了极高的荣誉,然而在此之后,柳泽的名字则更多地和美术馆联系在一起,他在一系列美术馆设计竞赛中连连中标,他的好几个美术馆

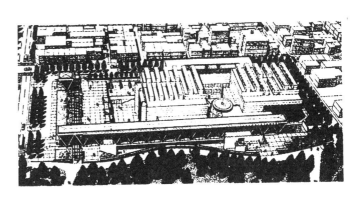

图49-1　轴测图

作品,如中川一政美术馆、郡山市立美术馆、富冈市立美术博物馆等都获得过日本建筑学会或日本艺术院的嘉奖,几乎成为日本现代美术馆设计的教科书。柳泽是那种有着自己成熟固定风格的建筑师,这种风格根植于日本传统文化的土壤,又融入现代的材料技术。他的作品极其理性,又能让人从中体会到日本建筑师追求的"意境",更能细细品味到日本式建筑审美的精髓,这也许是为什么几乎柳泽的每一件作品都好评如潮的原因吧。

图49-2　内庭中"枯石"与金属壁面的对比

东京都现代美术馆是柳泽最具代表性的一个美术馆作品,也是日本规模最大的现代美术馆。

柳泽从把握建筑与环境的有机联系入手展开设计。建设用地位于东京都江东区内,曾是江户时代的老城区,用地南侧是一片草木葱郁的运动公园。建筑以一个玻璃长廊作为与公园的过渡空间,长廊下面设计了一个开敞的室外庭园,庭园寓意"江户的山与水",是柳泽作品中惯用的日本式流水庭园。庭园与公园以坡道相通,借情借景,融为一体,静谧深远的意境与馆中展出的艺术品相得益彰。

玻璃长廊是建筑的门厅,采用一种完全整体化的桥梁式结构体系,以巨大的整跨结构体悬架在庭园上空,寓意跨越历史的桥梁。长廊建筑造型简洁而富有节奏感,以"V"字形的结构构件为母题,中间采用了金属穿孔遮阳板,给人的感受如同柳泽的作品给人的一贯印象——极具日本传统韵味,却处处展现现代技术与材料。

展览空间的设计表达出柳泽对现代美术馆建筑空间的理解,正如日本建筑师青木淳撰文指出:"美术馆的空间本质是参观者'看到的东西'与建筑'让人看到的东西',东京都现代美术馆通过简练的手法与抽象的空间形式,达到了两者的高度和谐统

一。"整个展示空间以参观者流线来组织，单纯的空间形态、单元化的展示空间极其简洁理性，突出"让人看到的东西"是展厅内的展品，而不是建筑本身。

东京都现代美术馆的功能设置体现了现代美术馆的建设理念，它不但拥有美术品收集、展览、研究功能，更强调美术馆的公众开放性与教育功能。馆内设有免费向公众开放的美术图书馆、阅览室、多媒体视听室。其多媒体视听手段在日本美术馆界独树一帜，全馆的多媒体展示室大到可容纳一两百人，小到二三人，来者可以在此借助电脑网络检索到馆内正在举行和曾经举行过的各种展览，还可以借助多媒体手段了解到世界各国美术馆的收藏资料和展出信息，完全跨越时空地域界限。

该作品曾获得1995年第51届日本艺术院奖。

（彩图见实例彩页：实例49-1～49-4）

图49-3　室外雕塑展示场

图49-4　长廊下部"江户的山与水"室外庭园

图49-5　多媒体演示厅

图49-6　面向南侧公园的入口长廊

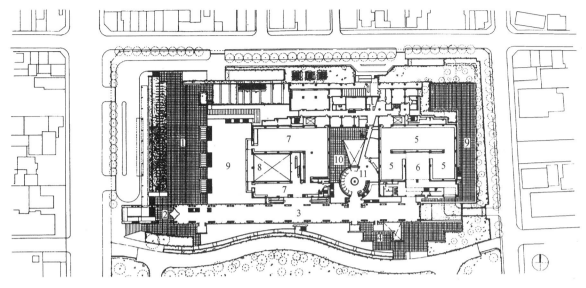

图 49-7　总平面、首层平面图
1. 广场；2. 主入口；3. 入口大厅；4. 公园侧入口；5. 常设展厅；6. 中厅；7. 展厅；8. 室外展示场上空；
9. 室外展示场；10. 内庭；11. 多媒体画廊

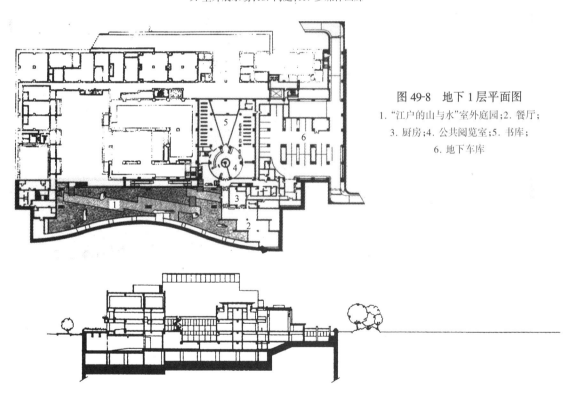

图 49-8　地下 1 层平面图
1. "江户的山与水"室外庭园；2. 餐厅；
3. 厨房；4. 公共阅览室；5. 书库；
6. 地下车库

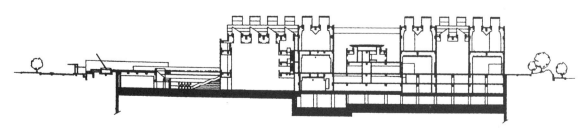

图 49-9　剖面图

建筑师:菊竹清训建筑设计事务所(KIKUTAKE Architect & Associates)

菊竹清训是战后日本早稻田派建筑师的代表人物之一,其风格崇尚理性的建筑思考与创造性地融合环境。由菊竹设计的江户东京博物馆位于东京都墨田区隅田川畔两国车站边,这一带曾经是江户时代东京都最繁华的地段,也是日本传统文化场所的聚集地,著名的"国技馆"——大相扑馆就位于博物馆用地西侧。不远处的隅田川是一条纵穿东京城区的入海河流,现在已经成为一条旅游线路并形成带形的亲水公园。紧邻用地南侧的市内铁路干线与车站则整日喧嚣嘈杂。如何在这样一个人口稠密、交通繁忙的地段设计一座历史博物馆,的确并非易事。

图 50-1　常设展厅内的江户时代东京城貌的仿真模型

博物馆的设计沿革了菊竹"底部架空"的偏好,整个建筑的主体部分被四个巨柱架在空中,在下面留出巨大的广场,这样避免了与"国技馆"的直接冲突,也使得博物馆绝尘于喧嚣的车站之外。位于3层的广场被命名为"江户东京广场",是闹市中居民的一个难得的开放活动空间。整个建筑分为三部分:架在空中的博物展示部分、中间的活动广场(也是博物馆的人流集散口)部分以及广场下方的研究部分。

无论是站在车站站台上,还是乘车从旁边的高速公路走过,或者在隅田川边的休憩公园,都能看到这个跃然空中的庞然大物,巨大的斜屋面向人们提示这个历史博物馆的存在。从车站边沿着专用的自行坡道便可渐渐上升到3层的广场上。开敞广场上设有休息茶亭、售票处以及载乘参观者向上的自动扶梯。

整个博物馆的参观流线从上而下,沿着漆成红色的自动扶梯上行,直接到达架在顶层的5层,便是博物馆的主展厅——常设展厅内。进入展厅,参观者仿佛回到了几百年前的历史场景中,在这个无柱的巨大空间内,陈列着博物馆内最著名的展品——江户时代两国桥附近的巨大仿真模型,还配有许多不同比例展示不同年代人们生活场景的模型,向参观者再现从江户时代到近代,东京城市的发展变化以及一些重要的历史事件。从顶层沿向下的自动扶梯,便可来到许多多媒体展室,这里借助现代的声光技术手段向人们展示历史场景。在广场以下的下层部分,还设有许多面向研究人员的展室及研究室等。

由于采用了整体架空的结构体系,博物馆得以将收藏库设在架空部分的底部,这样带来了巨大的好处:它可以防止地下收藏库对珍贵藏品带来的潮湿等的不利影响,更可以有效防盗。

为了解决建筑主体架空难题,整个建筑采用了巨型钢结构,其超大规模的树脂橡胶减震装置是技术的巨大成功。大展厅内的空调采用地面吹出方式,保证参观者活动区域的舒适度,而不必为巨大的空间付出过多的能源,大大提高了空调系统的使用效率。

(彩图见实例彩页:实例 50-1~50-3)

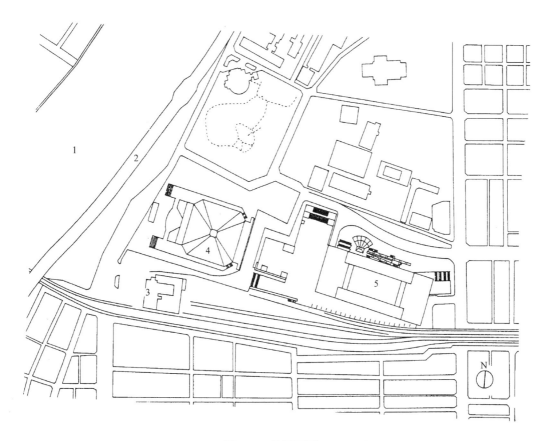

图 50-2 总平面图

1. 隅田川;2. 首都高速路 6 号线;3. JR 线两国车站;4. 国技馆;5. 江户东京博物馆

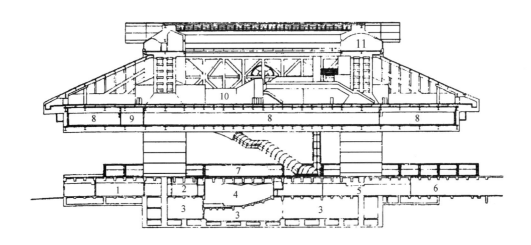

图 50-3 展厅剖面图

1. 管理部分;2. 研究室;3. 设备间;4. 报告厅;5. 门厅;6. 车行入口;
7. 江户东京广场;8. 储藏库;9. 前室;10. 常设展厅;11. 餐厅

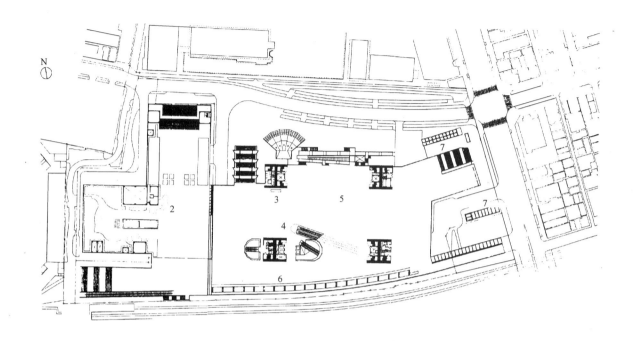

图50-4 3层平面图(入口广场层)

1. 水池;2. 休息处;3. 售票处;4. 主自动扶梯;5. 江户东京广场;

6. 观览廊架;7. 地铁出入口(规划)

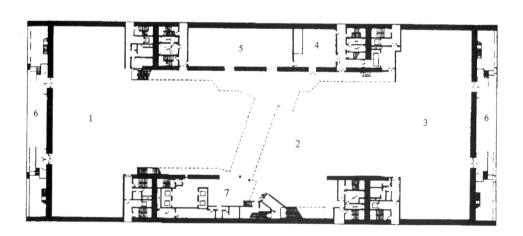

图50-5 5层平面图(主要展厅层)

1. 江户部分;2. 常设展厅;3. 东京部分;4. 展示准备室;

5. 展示室;6. 避难通道;7. 出口

51 葛西临海水族馆，日本，东京都，1986~1989
Kasei Seaside Museum, Tokyo, Japan

建筑师：谷口建筑设计研究所（TANIGUCHI Architect & Associates）

这是一个在建筑与景观、人的视觉与幻觉之间取得成功的实例。

水族馆位于东京湾畔葛西临海公园一角，整个公园覆以绿色，没有高大建筑，视野开阔，是一个以观赏海景与休憩为主的滨海公园。水族馆的建设用地处在面海的一片坡地上，建筑师谷口吉生巧妙地利用地形，将建筑主要体量隐藏于坡地以下，从入口侧看去，露出地面的只有一个巨大的

图 51-1　亦幻亦景的入口广场

玻璃穹顶，矗立在一片平静的水面上，21m高的玻璃穹顶平面呈正八边形，上部收成圆形，其抽象精美的几何造型与宽广的公园地貌景观对比而和谐，从远处望去，与公园景观融为一体，还以其特有的标志性与远处依稀可见的迪斯尼乐园遥相呼应。

参观者从进入公园后通往水族馆的通道开始，便体会到一种独特的气氛。入口处设有一个"水的广场"，40m宽、100m长的广场一侧有一条100m长的瀑布，瀑布的水声向人们暗示水世界的存在。沿着窄窄的通道前进，经过45°转折空间，再越过一段小桥，前面的世界突然开阔，在一个巨大的圆形平台的正中矗立着晶莹透亮的玻璃穹顶，平台的3/4被喷水池覆盖。水池的水面与远处的海平面连成一体，加上喷水产生的水雾以及两层水面之间恰到好处设置的几片帆影，使人突然产生幻觉，仿佛自己已经置身茫茫的大海之中，这种奇妙的感觉让人不得不折服设计者的匠心独具，水世界的主题不言自明。

从玻璃穹顶自上而下，参观者仿佛从海面进入海底，一步步体验海底生物世界。参观区域光线很暗，透明水箱中按接近海洋实际的光环境布置，使人亲临感很强。水族馆呈圆形平面布置，在中央地带设有一

图 51-2　水族馆休息平台上的"帆影"

个环形剧场,坐在此处可以环视游弋于四周巨大环型水箱中的金枪鱼群,气势蔚为壮观。将海洋生物按照种群及分布的地域分在不同的展区,其外侧连通着一个个饲养池,并且与环形平面外侧的服务流线相衔接。

参观流线结束于底层的休息厅,与室外海滩上的休息平台相通,平台上便是那组膜构造的帆状帐篷,平台下的水池在帆影与建筑之间起到了很好的过渡作用。在此真正的阳光、大海与帆影展现在人眼前,幻觉与现实通过建筑师创造的时空在人的视觉与感觉间变幻。

(彩图见实例彩页:实例 51-1、51-2)

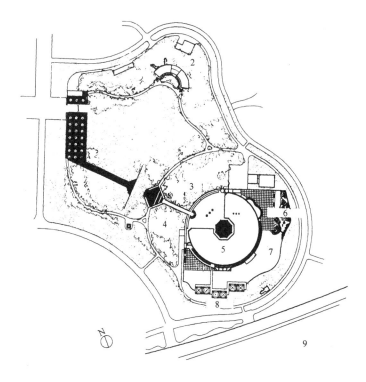

图 51-3　总平面图

1. 水的广场;2. 水边的自然;3. 空的广场;4. 入门广场;
5. 喷水池;6. 平台;7. 汽水池;8. 帐篷甲板;9. 东京湾

图 51-4　从公园眺望平台看远处的水族馆入口

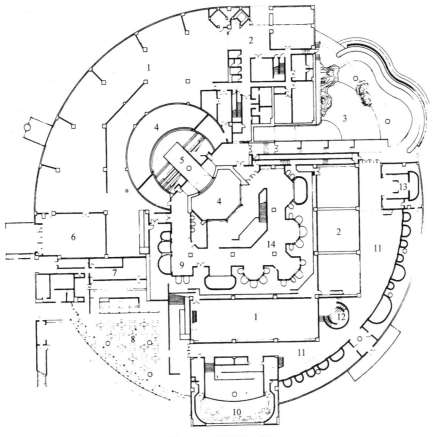

图 51-5 首层平面图

1. 过滤室;2. 饲育室;3. 浅滩生物;4. 金枪鱼;5. 环型剧场;6. 设备间;7. 厨房;8. 餐厅;
9. 深海生物;10. 海鸟的生态;11. 东京的海洋;12. 试验展示;13. 海藻之林;14. 世界的海洋

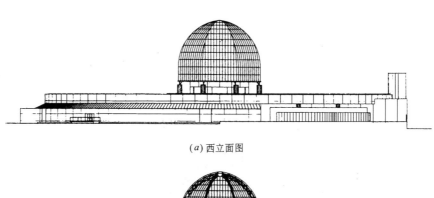

(a) 西立面图

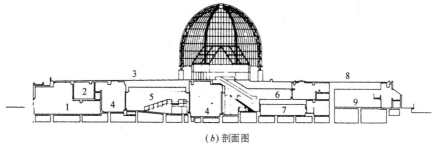

(b) 剖面图

图 51-6 水族馆立剖面图

1. 过滤室;2. 电气间;3. 空的广场;4. 金枪鱼;5. 环型剧场;6. 门厅;7. 世界的海洋;
8. 喷水池;9. 东京的海洋

滋贺县立琵琶湖博物馆,日本,滋贺县,1992~1996
Lake Biwa Museum,Shiga,Japan

建筑师:日建设计(NIKKEN SEKKEI)

琵琶湖是日本列岛内最大的内陆湖泊,它完整地记载了400万年湖生生物的进化历程,在世界上也是极其罕见的生物活化石宝库。博物馆与滋贺国际环境技术中心比邻而建,其建设基于对人与环境关系的重新认识,是一次在环境概念上的尝试。崭新的环境价值观、全新环境技术的运用以及对现代博物概念的拓展使该建筑令人耳目一新,也是该博物馆留给人印象最深刻的地方。

邻湖而建的博物馆由综合展示栋、淡水鱼水族展示栋以及调查研究栋三部分组成,无时无刻不在强调湖的存在以及人与湖的密切关系。从主入口进入综合展示栋门厅,面对中庭的9~12m高整面玻璃幕墙将窗外的湖景完全展现在来者面前。沿着渐渐向下的通廊来到距湖最近的圆形水族展示栋,在这里,可以通过玻璃拱廊在水下观看水生鱼类,还可以透过玻璃墙看到湖生生物种群的生动剖面,湖与人的关系用最直接的方式展现出来。

博物馆的概念被重新诠释,人的活动被组织到博物展览中,成为一种交互式的动态展示。展示的概念是开放的,不但展示历史与现状的实物,更将研究者的研究室向观众开放,参观者甚至可以自己动手参与研究工作,博物馆也因此吸引了大批青少年参观学习者。

建筑外墙采用从湖中清出的淤泥制成的再生面砖,尽量减少室外地面硬质铺装面,以保证地表雨水浸透量。从屋面及铺装面收集的雨水经利用并进行除污处理后再排入湖中,建筑中大量应用自然能源,所有的建筑材料都可再生利用,大大降低了建筑的环境负荷。

屋顶120m长的弧型大屋面很容易让人联想起远古时代琵琶湖主要运输工具——船的形象,全部由自然材料制成,是现实的技术与浪漫的想象相结合的产物。

(彩图见实例彩页:实例52-1~52-5)

图 52-1 主入口

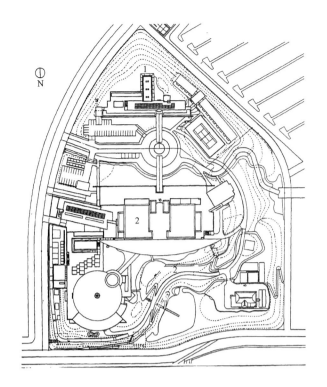

图 52-2　总平面图
1. 滋贺 UNEP 国际环境技术中心;
2. 滋贺县立琵琶湖博物馆

图 52-3　2 层平面图
1. 中庭上空;2. A 展厅:琵琶湖的
生长历史;3. B 展厅:人与琵琶湖
的历史;4. C 展厅:湖、环境与人
的共生;5. 研究室;6. 报告厅上空

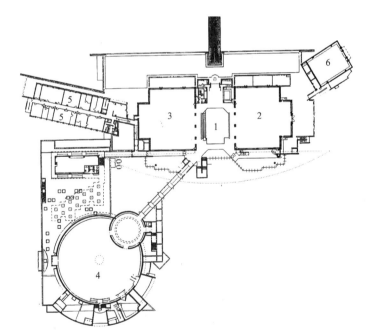

图 52-4　剖面图
1. 门厅;2. 中庭;3. 设备间;4. 储藏库

图 52-5　博物馆是青少年喜爱光顾的科普场所

图 52-6　在玻璃拱廊下观看水生鱼类

图 52-7　大厅地面铺装的琵琶湖航拍照片

53 京都府立陶板名画庭，日本，京都府，1991～1994
Garden of Fine Art, Kyoto, Japan

建筑师：安藤忠雄建筑研究所（TADO ANDO Architects & Associates）

　　这是一个展示光影的世界，这是一个让人用视觉、听觉、嗅觉来感受艺术的空间。沿着坡道徐徐而下，场所移动的同时，让人听到变化的落水声，给人层层展现出随着光影变化而改变表情的空间。随着坡道的转折顿错，穿越素混凝土片墙支撑起的动感空间，展示在画庭中的陶板名画一幅幅流入人的视野。在这里，无法用"层"来识别高低，更无法用"间"来界定左右，一切都在流通与变化之中，让人在迷宫般复杂的空间中鉴赏世界名画。

　　1991年京都府决定，在其北山城市中心地段设立一所能忠实再现世界名画，并将其保存在陶板上的画庭，这也是世界上第一个室外的绘画庭园。展出的作品有米开朗琪罗"最后的晚餐"及中国的"清明上河图"在内的4幅（曾经在1990年"国际花与绿博览会"展出）世界古典名画，还有4幅专为名画庭创作的作品。无疑选择安藤设计的这一项目是再合适不过了，他将名画带进了一个让人从未体验过的环境里，让艺术的魅力与建筑的魅力交相辉映。

　　（彩图见实例彩页：实例53-1～53-4）

图53-1　清水混凝土片墙、坡道、金属玻璃扶手是安藤建筑惯用的素材

图 53-2 跌落的流水、穿插的回廊为空间增添生气

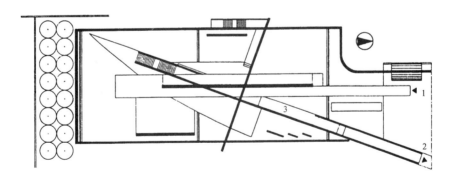

图 53-3 首层平面图
1.入口;2.出口;3.回廊

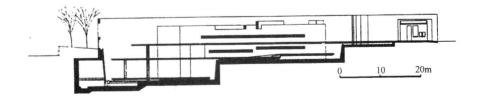

图 53-4 剖面图

MIHO 美术馆,日本,滋贺县,1993~1996
MIHO Museum,Shiga,Japan

建筑师:贝聿铭建筑师事务所(I. M. PEI-Architect & Associates) + 纪萌馆设计

MIHO 美术馆坐落于日本中部滋贺县甲贺郡的一片自然保护公园内,周围群山叠嶂、绿树葱郁,景色异常秀美。当建设者于 1990 年初决定在此建设一座美术馆时,便想到了贝聿铭先生,并将最充分的信任与创作自由度交给了这位具有东方血统的西方现代建筑大师。贝聿铭先生仔细勘查了这个拥有 100hm² 用地的公园后,从中选取了相隔 500m 的两小块用地,将建筑面积 2 万余平方米的美术馆分成接待栋与美术馆栋两部分,通过精心设计的一系列通道将二者联系起来。同时,基于公园 13m 的建筑限高,建筑物的大部分设在地下与半地下,在地面以上仅保留一层建筑,生怕触动了这里的一草一木,小心翼翼地保护着公园的自然环境。

据说贝先生的创作受到中国晋代文人陶渊明《桃花源记》的启发,试图在此再现现代桃花源的诗韵。当参观者来到这里,无论是东方人还是西方人,无论是否了解桃花源的故事,都不妨碍他从这座建筑群体中品味到一种含蓄、曲折、细腻的审美趣味。

图 54-1 美术馆接待处入口

图 54-2 透过隧道与吊桥,可以看到远处美术馆的入口

设计者为参观者设计了一条十分有趣的参观路线:来者首先到达接待楼,这个在三角形中挖去半圆的建筑物内主要是艺术品商店、餐厅、办公等服务设施,从这里望去,看不到美术馆的任何踪迹,只有郁郁葱葱的树林。沿着林间小路穿过一片樱花林,便进入一个隧道。隧道内道路弯曲,光线略暗。走出隧道,眼前豁然开朗,不远处,显露在绿树丛中的美术馆,其蓝色玻璃的日本式屋檐以一个特意设计的夹角面对来者。要到达美术馆,还需经过一座悬架在隧道出口处山涧上长 120m 的金属吊桥,银色的吊桥造型轻盈舒展、苍劲有力,金属拉索直中见曲,宛若划过山涧的一叶利剑。

美术馆栋由地上一层地下两层构成,分南北两个部分,中间以连廊与庭园连接。建筑处理体现了贝聿铭对待类似建筑的一贯风格:折中——运用玻璃金属等现代材料,再现日本传统的建筑形象。建筑内外壁以法国产浅黄色石灰岩饰面,屋顶以简洁的几何形体勾勒出日本传统建筑的形象特征。由金属与玻璃制作的屋顶在内部设有百叶。百叶由铝合金制成,表面覆以木纹印刷贴面。细腻的室内效果很容易让人联想起日本传统的隔栅窗。

内部空间的设计完全依照展示优先的原则进行,针对不同的展品设计了最适

合展示的空间。为此,建筑设计与展示设计是同步进行的,根据每一件展品的历史背景、颜色、尺寸等特性,安排专门位置。展示空间简洁洗炼,照明设计完全配合每一件展品特征,采光天窗恰如其分地将自然光投射到展品上,大部分人工照明场所的灯具也是针对性地布置在吊顶、展柜、地面的适当位置,给参观者以最佳的观赏效果。

施工过程中,严格控制土方开挖范围以及树木砍伐数量,建造时不得已改变的山貌,通过屋顶的形状和屋顶覆盖的绿化得以最大限度地恢复,建筑也因此与环境取得更深层次的和谐。

(彩图见实例彩页:实例54-1～54-4)

图 54-3　美术馆展厅室内

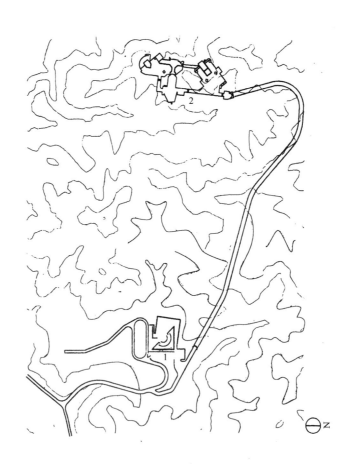

图 54-4　总平面图

1. 接待处;2. 美术馆

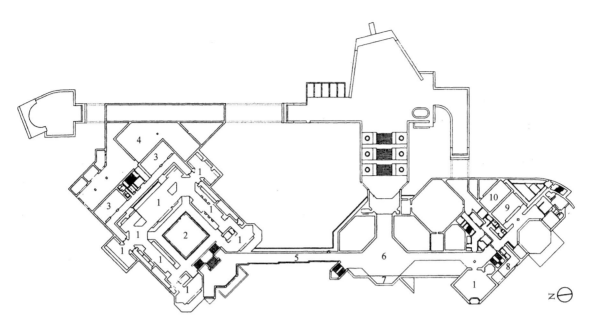

图 54-5　美术馆首层平面图

1. 展示室;2. 中庭;3. 展示准备室;4. 设备间;5. 联系通道;6. 门厅;7. 平台;8. 馆长室;9. 会议室;10. 书库

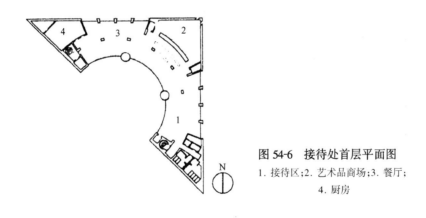

图 54-6　接待处首层平面图

1. 接待区;2. 艺术品商场;3. 餐厅;
4. 厨房

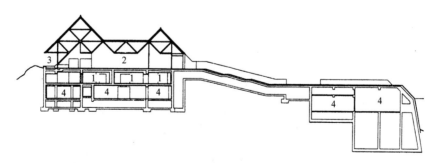

图 54-7　美术馆剖面图

1. 展示室;2. 门厅;3. 平台;4. 设备间

和歌山县立近代美术馆、县立博物馆，日本，和歌山县，1992～1996
Wakayama Modern Museum, Wakayama, Japan

建筑师：黑川纪章建筑·都市设计事务所（KISHO KUROKAWA Architect & Associates）

  建筑与该城的象征——和歌山城堡隔路相望，处于一片公园当中。用地与道路有 6m 的高差，建筑师用连续的踏步与阶梯状的水面联系二者，并且用一列连续的方形灯柱增强入口广场的纵向指向感。灯柱标志出建筑的领域感，还在均衡建筑主体庞大的体量方面起到了很好的作用。面向入口广场的建筑屋檐做成夸张的三层巨大金属弧面，层层外挑的形式似乎能够让人联想起日本传统建筑檐口的某种感觉。建筑与公园之间增加了一片水面，二者之间的关系变得更加生动而有机。水面上的平台有多重功能，夜间可以在此上演话剧、音乐等，在灯柱与屋檐的灯光映照下，成为古老城堡旁边的又一景观。

  建筑包含了美术馆与博物馆两部分，之间以玻璃天桥相连系。馆内设有 1000m² 的无柱展厅，在其顶部悬吊着 53 块 3.9m 见方网格化布置的可移动展板，内部空间可以自由组合划分，适应性很强。在一些收藏展示毕伽索等人珍贵作品的展厅，为防止紫外线的破坏作用，采取了严格的遮阳措施。

  （彩图见实例彩页：实例 55-1～55-3）

图 55-1　从美术馆的大檐廊下可以看到不远处的和歌山城堡

图 55-2　博物馆休息厅

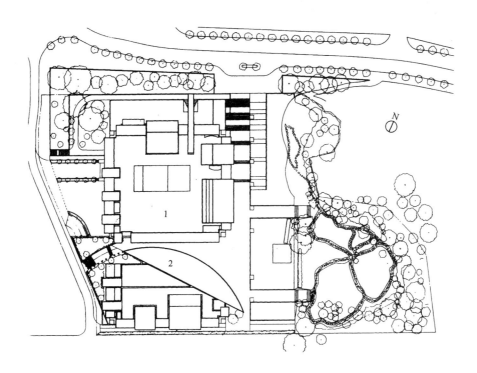

图 55-3　总平面图
1. 美术馆;2. 博物馆

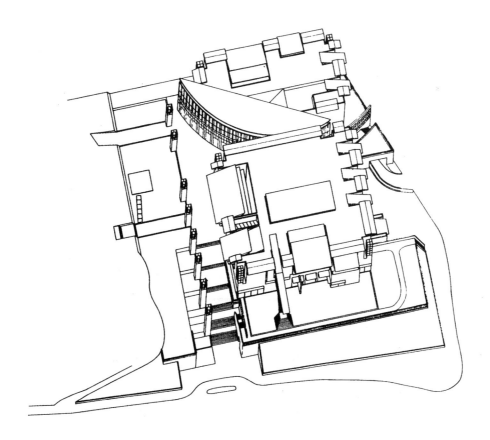

图 55-4　博物馆轴侧图

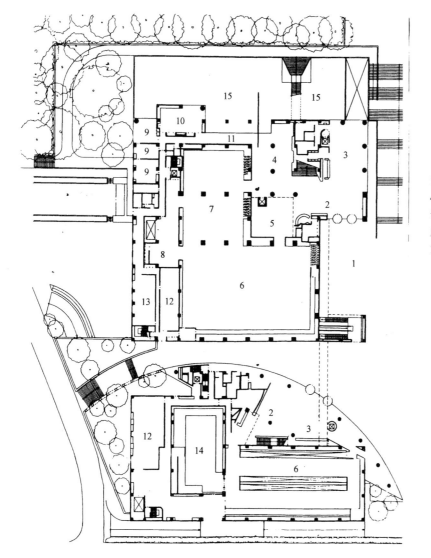

图 55-5　首层平面图

1. 入口前广场；2. 门厅；3. 美术商店；
4. 美术资料室、图书室；5. 展厅；6. 常
设展厅；7. 小常设展厅；8. 展示资料仓
库；9. 办公室；10. 接待室；11. 画廊；
12. 空调设备间；13. 会议室；14. 一般
展厅；15. 水池

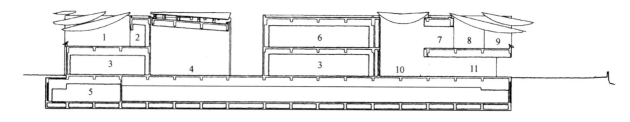

图 55-6　剖面图

1. 室外展示室；2. 画廊；3. 常设展厅；4. 门厅；5. 一般收藏库；6. 一般展厅；7. 前厅；8. 茶室、餐厅；
9. 平台；10. 展厅；11. 美术资料室

主要参考文献

1. Douglas Davis. The New Museum Architecture. New York, USA：Abbeville Press Publishers, 1990

2. Gerhard Mack. Art Museums Into the 21st Century. Basel, Switzerland：Birkhäuser Publishers, 1999

3. Justin Henderson. Museum Architecture. Massachusetts, USA：Rockport Publishers, 1998

4. Catherine Donzel. New Museums. Paris：Telleri Publisers, 1998

5. Francisco Asensio Cerver. The Architecture of Museum. New York, USA：Arco for Hearst Books International Publishers, 1997

6. J·Carter Brown. A Profile of the East Building. Washington(D.C.)：Black Star Publishing Company, 1989

7. Colin Rowe, Peter Arnell and Ted Bickford. James Stirling：Buildings and Projects. New York, USA：Rizzoli International Publications, Inc, 1984

8. Cesar Pelli, Paul Goldberger, Mario Gandelsonas and John Pastier. Cesar Pelli：Buildings and Projects 1965-1990. New York, USA：Rizzoli International Publications, Inc, 1990

9. Brad Collins and Diane Kasprowicz. Gwathmey Siegel：Buildings and Projects 1982~1992. New York, USA：Rizzoli International Publications, Inc, 1993

10. Eugene J·Johnson. Charles Moore：Buildings and Projects 1949-1986. New York, USA：Rizzoli International Publications, Inc, 1986

11. Karen Nichold, Lisa Burke, Patrick Burke, and Janet Abrams. Michael Graves：Buildings and Projects 1990-1994. New York, USA：Rizzoli International Publications, Inc, 1995

12. Norman Foster. Architectural Monographs No 20. Great Britain：Academy Editions, 1992

13. Renzo Piano. The Renzo Piano logbook. London, Great Britain：Thames and Hudson Ltd., 1997

14. Carles Broto. Education & Culture：Architecture Design. Barcelona, Spain：Prot Galaxy, 1997

15. Philip Jodidio. New Forms：Architecture in the 1990s. Spain：Benedikt Taschen Verlag GmbH, 1997

16. Cee de Jong & Erik Mattie. Architecture Competitions：1950-Today. Spain：Benedikt Taschen Verlag GmbH, 1994

17. David B Stewart and Hajime Yatsuka. Arata Isozaki：Architecture 1960-1990. New York, USA：Rizzoli International Publications, Inc, 1991

18. Aileen Reid. I.M.Pei. New Jersey, USA：Crescent Books, 1995

19. The Architectural Review

20. (英国)肯尼斯·赫德森．王殿明、杨绮华、陈凤鸣译．陈凤鸣校．八十年代的博物馆．北京：紫禁城出版社,1986

21. (日)伊藤寿朗 森田恒之主编．吉林省博物馆学会译．博物馆概论．长春：吉林教育出版社,1986

22. 黎先耀主编．博物馆学新编．淮阴：江苏科学出版社,1983

23. 赵作炜主编．文物博物馆专业基础课纲要．北京：文化部文物局教育处,1983

24. (美)迈克尔·坎内尔．贝聿铭传．倪卫红译．北京：中国文学出版社,1983

25. 刘先觉主编．现代建筑理论．北京：中国建筑工业出版社,1999

26. Richard C·Levene and Fernando Marquez Cecilia主编．法兰克·盖瑞．薛皓东、庄能发译．台北：圣文书局股份有限公司,1997

27. 《建筑师设计手册》编译委员会．建筑师设计手册(上册)．北京：中国建筑工业出版社,1990

28. 黄健敏．贝聿铭的艺术世界．北京：中国计划出版社,1996

29. 《建筑设计资料集》编委会．建筑设计资料集4．第2版．北京：中国建筑工业出版社,1994

30. (意)布鲁诺·赛维,Brano Zevi．建筑空间论．张似赞译．北京：中国建筑工业出版社,1985

31. 王立山．建筑艺术的隐喻．广州：广东人民出版社,1998

32. 程世丹编著．展览建筑．武汉：武汉工业大学出版社,1999

33. 王景惠、阮仪三、王林编著．历史文化名城保护理论与规划．上海：同济大学出版社,1999

34. (美)布伦特·C、布罗林,Brent C·Brolin．建筑与文脉——新老建筑的配合．翁致祥、叶伟、石永良、张洛先译．北京：中国建筑工业出版社,1988

35. 王天锡．贝聿铭(国外著名建筑师丛书)．北京：中国建筑工业出版社,1990

36．项秉仁．赖特(国外著名建筑师丛书)．北京：中国建筑工业出版社，1992

37．李大夏．路易·康(国外著名建筑师丛书)．北京：中国建筑工业出版社，1993

38．窦以德等编译．诺曼·福斯特(国外著名建筑师丛书．第二辑)．北京：中国建筑工业出版社，1997

39．艾定增、李舒编译．西萨·佩里(国外著名建筑师丛书．第二辑)．北京：中国建筑工业出版社，1991

40．窦以德等编译．詹姆士·斯特林(国外著名建筑师丛书．第二辑)．北京：中国建筑工业出版社，1993

41．张钦哲、朱纯华编著．菲力浦·约翰逊(国外著名建筑师丛书)．北京：中国建筑工业出版社，1989

42．邱秀文等编译．矶崎新(国外著名建筑师丛书．第二辑)．北京：中国建筑工业出版社，1990

43．张绮曼、郑曙旸主编．室内设计资料集．北京：中国建筑工业出版社，1991

44．黎先耀、张秋英编著．世界博物馆大观．北京：旅游教育出版社，1991

45．来增祥、陆震纬编著．室内设计原理(上册)．北京：中国建筑工业出版社，1996

46．吴焕加．20世纪西方建筑史．郑州：河南科学技术出版社，1998

47．中国博物馆学会编．中国博物馆志．北京：华夏出版社，1995

48．中国博物馆总览编辑委员会．中国博物馆总览．日本：中国博物馆总览刊行委员会，1990

49．奥平耕造编著．美术馆建筑案内．日本：彰国社，1997

50．梁鸿文、朱纯华选编．博览建筑．北京：中国建筑工业出版社，1981

51．余卓群．当代博览建筑．北京：中国建筑工业出版社，1997

52．曾坚．当代世界先锋建筑的设计观念，天津：天津大学出版社，1995

53．Helmeus Vinoly．高原红译．端木红主编．世界新建筑．台北：建筑出版事业有限公司，2001

54．陈从周、章明主编，上海市民用建筑设计院编著．上海近代建筑史稿．上海：上海三联书店，1988

55．龚德顺、邹德侬、窦以德．中国现代建筑史纲．天津：天津科学技术出版社，1989

56．庄裕光．风格与流派．北京：中国建筑工业出版社，1993

57．吴焕加．论现代西方建筑．北京：中国建筑工业出版社，1997

58．卢成昌编著．创造教育的理论与实践．成都：四川教育出版社，1994

59．建筑学报

60．世界建筑

61．世界建筑导报

62．建筑师

63．华中建筑